本书为北京市共建项目专项“城乡生态环境北京实验室”资助

The Pursuit of Lushan Wisdom

问道庐山

论庐山风景名胜区规划

金笠铭 郦大方 钱 云 等◎著

科学出版社

北 京

内 容 简 介

本书以科学保护与发展的规划理念，回顾了庐山风景名胜区规划的历史沿革，重点解析了2011版总体规划的编制过程和主要内容，涵盖了自然与人文景观保护规划、核心景观保护规划、建筑遗产保护规划等诸多方面，探索更好传承和彰显庐山作为世界人文景观遗产的规划之道。

本书可供风景园林相关专业和规划设计机构参考借鉴。

图书在版编目（CIP）数据

问道庐山：论庐山风景名胜区规划 / 金笠铭等著．—北京：科学出版社，2021.6

ISBN 978-7-03-068645-9

Ⅰ.①问…　Ⅱ.①金…　Ⅲ.①庐山－风景区规划－研究　Ⅳ.①TU984.181

中国版本图书馆CIP数据核字（2021）第072466号

责任编辑：张　莉　金　蓉 / 责任校对：贾伟娟

责任印制：李　彤 / 封面设计：有道文化　赵　英

科学出版社 出版

北京东黄城根北街16号

邮政编码：100717

http://www.sciencep.com

北京建宏印刷有限公司印刷

科学出版社发行　各地新华书店经销

*

2021年6月第　一　版　开本：720×1000　1/16

2025年2月第三次印刷　印张：18 1/4　插页：1

字数：300 000

定价：158.00元

（如有印装质量问题，我社负责调换）

序　一

庐山，自古以来就是中国的风景名山和人文圣山，其自然景观和人文景观价值极高，举世瞩目。近代以来，庐山见证了中国社会发展进程中许多重大历史政治事件的发生，人称“政治名山”。1982年，庐山被批准成为我国第一批国家级重点风景名胜区。1996年，庐山风景名胜区又成为中国第一处被联合国教科文组织授予的“世界文化景观”。今天，庐山不仅仅是中国人民的瑰宝，更是全人类的瑰宝。珍惜保护利用好庐山，成为我们对全中国和全人类的历史责任。

珍惜保护利用好庐山，首先需要有一个高水平的规划。面对这样的历史重任和难题，以清华大学建筑学院城市规划系金笠铭教授为首的多学科、多部门规划团队，迎难而上，坚忍不拔，以科学求实、与时俱进的精神，十年奋斗，较为圆满地完成了庐山风景名胜区规划任务。国务院在2012年8月正式批准了这个规划。

我们面前的《问道庐山：论庐山风景名胜区规划》这本书，不仅系统地论述了庐山风景名胜区规划的来龙去脉和主要理念，更反映了规划团队在规划过程中所进行的艰苦探索。他们力求总结出规划的经验教训，为后来者提供借鉴。他们在规划中研究，又以研究推动规划，这种深入探索“问道”的严谨科学态度和历史责任感，让我十分敬佩。

规划团队确立了规划的核心理念，即科学保护与发展的理念，并提出“保护为先，利用优化，统筹协调，渐进整合”的方针。

“不识庐山真面目，只缘身在此山中。”难能可贵的是，规划团队既能够深入庐山的历史和现实，又不局限于庐山本体，打破了规划编制的时限和地理区域的范围。庐山紧邻中国最大的河湖水系长江与鄱阳湖，研究中形成“山—江—湖”一体化的大山水的“大庐山”规划理念，打破了规划空间上的局限性，从更大区域的生态安全保护格局及旅游资源整合角度，使规划具有更大的高度和广度，从更广阔的视野和更长远的时间维度，把握发展途径和前景，气势更加雄伟，更具有战略意义。跳出庐山看庐山，面目就更清楚一点，这就使“问道”充满了哲理。

同时，庐山这个以自然山水风景为主的名胜区里面存在一个社区——牯岭。这是庐山有别于国内其他风景名胜区的一大特征。这里近代以来逐步形成的别墅区及为其配套的市政设施，形成了城镇型社区的人文形态。规划不能见物不见人，需要安排好牯岭的发展和管理，处理好自然人文景观和社区发展及居民生活环境改善的关系。研究过程中对于改革“一山多治”体制的问题，也做了有益探索。如此，可以想见他们的任务是何等艰巨。

工作过程中，规划团队得到了江西省政府有关部门、庐山风景区管理部门的积极支持，他们请教了有关方面的专家学者，借鉴了1982年同济大学和江西省城乡规划设计研究总院共同编制的《庐山风景名胜区总体规划（1982—2000）》，他们还和地方原住民、游客以及经营者进行了合作互动。经过十年坚持不懈的努力，终于修成正果，为庐山的保护与发展勾画出了一幅美好蓝图。他们期望通过庐山管理体制改革，使蓝图真正得以实现。

谈到管理，想起我去过几次庐山，多是走马观花，谈不上深入认识和理解，但记得有一次是在庐山开会，专门研究国家风景名胜区的管理问题。那是1999年4月，当时我担任建设部（住房和城乡建设部前身）的总规划师，俞正声部长和赵宝江副部长让我和城建司的同志们共同组织有关方面研究风景名胜区资源能否上市的问题。因为此前我国西部某名山的门票上市和东部某名山的索道上市，引起其他风景名胜区关注。对此，中国社会科学院有关同志明确提出反对意见，得到国务院领导重视，并要求建设部组织有关方面研究并提出意见。记得参加那次庐山讨论会的有国务院法制办公室、中国社会科学院等有关方面的同志，江西省庐山风景名胜区管理局的同志也出席了会议。经过讨论，达成共识。回到北京后，我们又开了几次会反复研究。中国社会科学院、建设部和国家文物局等部门一致坚持我国风景名胜区资源不可上市，不能由于上市而引起可以预见的严重负面影响。上报领导后，国务院同意了我们的意见，风景名胜区上市现象得到了及时制止。这件事对于在社会主义市场经济条件下，如何更好地认识和保护我国风景名胜区具有重要而积极的意义。现在回想起来，也算是我担任建设部总规划师期间做的一件有益工作，甚感欣慰。这里需要提出来的是中国社会科学院的张晓同志，正是他和其他同志坚持真理，实事求是，启动和推动了这项工作。他也参加了在庐山召开的那次会议。我们应当记住他们并感谢他们。

如何加强风景名胜区的管理，道路还很长，规划只是方法之一。如何提高规划水平？如何实施规划？如何改革管理体制？如何更好地体现国家意志和国际管理？还有许多工作需要我们不断地探索，不断地“问道”。

《问道庐山：论庐山风景名胜区规划》出版了，这是件很好的事情。希望多多宣传，让更多的人看到它，让该书能够更好地发挥它的积极作用。

陈为邦
原建设部总规划师
2018年2月

序　二

北宋著名诗人苏轼曾在《题西林壁》中如此描绘庐山：

横看成岭侧成峰，
远近高低各不同。
不识庐山真面目，
只缘身在此山中。

此诗后两句已成为后人公认的至理名言，用来形容探寻神秘事物而深陷其中的困惑处境。庐山也因此成为神秘的代名词。

为了揭开庐山的真面目，中国古代的帝王将相、文人墨客、僧人学者尽其所能，或题诗歌咏，或泼墨描绘，或兴学传教，从不同视角走进了庐山，赋予庐山国内其他风景名山难以企及的人文色彩和神奇魅力。

庐山在风云激荡的近代又一度成为人们关注的政治舞台，在这里演绎了一系列左右中国命运的重大历史事件。以蒋介石为首的国民党政府曾以庐山为“夏都”，在这里既谋划了“围剿”红军和发动内战的反动阴谋，又发出过全国共同抗战的正义呼声。以毛泽东为首的第一代中国共产党领导集体，于中华人民共和国成立后在庐山举行了几次重要会议，吹奏着中国社会主义建设的战斗号角。这些都赋予了庐山比国内其他风景名山更浓厚的政治色彩和昔日激情。

一些具有现代意识和殖民色彩的西方传教士也相中了这块风水宝地。其中尤以李德立为代表，把西方较为先进的规划理念和商业地产带上了庐山，进行了中国近代史上最早的成规模、成系统的山地型别墅度假区的规划建设，使庐山成为中国较早的避暑胜地之一，又赋予了庐山牯岭独特的国际色彩和现代功能。

改革开放后的庐山面临着旅游大潮的冲击和已跃身为世界文化景观遗产更要加倍保护的两难处境。如何破解这一难题，如何在保护与发展中寻求最佳平衡点，成为新一轮庐山总体规划面临的严峻挑战。如何以更开放的意识、更科学的方法主导本轮规划？如何在合理的保护下更好地永续利用？如何把多年制约庐山发展的体制障碍变成整合庐山可持续发展的有力保障？如何兼顾管理者、经营者、旅游者、原住民的利益，寻求多方共赢的良性格局？这些问题都需要在本轮规划中找到满意的答案。

为此，本轮总体规划中有一些颇有建设性的理念和概念，如“山—江—湖”一体化的理念、“科学保护与发展”的理念、“渐进整合”的理念、“关注民生”及“管理体制改革”的理念等。当然，这些理念还要落实到具体的规划方案中，把理想的愿景变成可行的措施，这需要规划编制者的智慧和多方的参与。要实现以上理念，不仅取决于规划全过程的执着和努力，还取决于规划实施阶段庐山管理者及全体山民，以及庐山周边更大区域管理者及民众的充分理解、支持和共同努力。我们坚信，通过社会各界人士的积极参与和齐心合力，一个更加迷人、美丽、和谐的庐山将呈现在世人面前。

郑光中

清华大学建筑学院城市规划系原系主任、教授

2018年8月

序　三

庐山，中华文化的精彩篇章，神州大地的千古名山。

庐山，国家颁布的第一批国家级风景名胜区，中国首个世界文化景观遗产地。

庐山，记载了国人太多的爱恨情仇，演绎着历史上无数个悲欢故事。

庐山，是篇写不完的大文章，是座描绘不尽的大山水。

自古至今，中外志士仁人在钟情这座谜一样的名山同时，也纷纷探索着规划之道。在有证可考的古代，有人用诗词歌赋畅想着庐山桃花源般的田园风光（如山水诗创始人陶渊明、谢灵运、李白等诗人）；有人则用神奇画笔描绘着庐山梦幻般的山水仙境（如山水画始祖顾恺之、荆浩等画家）。这些诗画不仅洋溢着浪漫色彩的山水抒情，也是充满艺术想象力的中国式山水规划。而在庐山传经布道的长老道士和学者们（如慧远高僧、陆修静宗师、朱熹大师等）则精心营造了遍布全山的寺庙道观和书院，成为庐山“儒、释、道”人文景观的规划先师。近现代以来，比较有代表性的规划活动者是英国人李德立，他曾于19世纪末在庐山牯岭东谷开辟避暑地，并聘请英国规划师进行了正规的规划。尽管他是以度假休养为名进行殖民地产开发，但此举不仅为庐山留下了大量欧洲各国风格的别墅建筑，也为中国引进了近代西方较先进的规划理论和方法（以风景建筑学为理念的规划做法）。而后在民国时期，庐山管理当局又在西谷等地扩大了别墅区的范围，并为庐山成为“夏都”规划建造了一些公共建筑和市政设施。20世纪30年代，庐山管理当局曾制定了《国家公园计划》，对庐山山上的建设管控发挥了积极的作用。

1949年中华人民共和国成立以后，随着大量国家级及江西省各级休疗养院的设立，庐山进行了以牯岭为中心及联系山下的水、路、电等基础设施的配套建设，但缺乏全山范围的规划控制。20世纪80年代初，由同济大学与江西省城乡规划设计研究总院合作编制的《庐山风景名胜区总体规划（1982—2000）》，开创了国内风景名胜区规划的先河，为庐山风景名胜区在新时期的管理和利用奠定了良好的基础。而后，相关部门和学者又陆续编制了庐山一些局部地区的规划，但多是零敲碎打，修修补补。直至21世纪初，由于新形势的发展迫切需要修编新一轮总体规划，通过竞选，确定由清华大学建筑学院和北京清华城市规划设计研究院承接这项工作。

本轮总体规划自2003年启动，至2012年国务院正式下达批准文件，共历时十年。规划编制组为此付出了艰辛的努力，同时也集中了庐山及社会各界人士的智慧，对庐山的科学保护与利用进行了全面系统的规划，为庐山未来二十余年的发展勾画了一幅美好的蓝图。总的评价是，本轮总体规划是成功的，其规划的思路和方法是正确的，其规划成果是切实可行的。

本轮总体规划的主要特点是：以“保护为先，利用优化，统筹协调，渐进整合”为总原则，跳出了就庐山论庐山的狭窄思路，能从更大区域和空间考虑，以“大庐山”“山—江—湖”一体化的理念去规划融合庐山的风景资源，以人文与自然景观的有机融合彰显庐山的风景特色，以人为核心稳妥有序地进行庐山的社会调控，积极推进庐山管理体制的渐进整合，依法治山。这顺应了我国全面建成小康社会的物质和精神需求及生态文明建设需求，使庐山以旅游为主导产业的各项事业提升到更高水平。

古往今来，有关庐山的各类论著汗牛充栋，但涉及庐山规划的专著却寥若晨星，这显然与庐山的地位和影响极不相称。

参与庐山总体规划的清华大学、北京林业大学等院校的师生们编写的《问道庐山：论庐山风景名胜区规划》一书是全面解读此轮总体规划，并引申庐山规划诸多问题的学术专著。期望该书能为专业工作者和对此感兴趣的读者提供学习借鉴的宝贵经验。本人荣幸地为该书写序，并祝贺该书出版！借此向支持和关注庐山规划的各界人士表示衷心的感谢！

沃祖全
江西省政协原副主席
2018年3月25日

目　录

十年攀登一座山

——庐山规划十年感言

金笪铭 *

千逐日月揽金梭[①]，百旋葱茏志拼搏[②]；峰回路转闯关卡[③]，坎坷险旅运智谋。
匡庐奇美世人歌[④]，锦山绣谷梦幻多[⑤]；深涧飞瀑奔雷吼[⑥]，白鹿难驰东林坡[⑦]。

大师首创冰川说[⑧]，西洋建筑牯岭热[⑨]；伟人竞相登险峰[⑩]，引领新风唱恋歌[⑪]。
欲识庐山真面目，跃上苍穹俯山河；大江大湖连浩渺[⑫]，文遗文粹最中国[⑬]。

---

* 金笪铭，清华大学建筑学院城市规划系教授。本文成稿时间：2014 年 11 月。

① 自 2000 年年初上庐山做牯岭西谷地区规划至 2012 年已跨越 12 年，4000 多个日子，岁月如梭。

② 取自毛泽东诗词“跃上葱茏四百旋”，登庐山时无论从北路还是南路走，均要走百旋盘山道。

③ 上庐山要过山门关卡，由于工作缘故，每次上山过卡均很顺利，并不需要“闯”关卡。然而我们的规划要层层审批，不知“闯”过了多少“关卡”。

④ 庐山自古即有“匡庐奇秀甲天下”的美名，无数名人、常人都为庐山美景所陶醉，也留下不少千古绝唱。

⑤ “锦山绣谷”寓意“锦绣谷”。其实庐山到处是如此美的山谷，到处都充满诗的意境和梦的幻境。

⑥ “深涧飞瀑奔雷吼”，取意徐霞客游庐山石门涧留下的惊人之语。

⑦ 白鹿洞书院与东林寺均为庐山独有的人文景观，在中国国学书院史及佛教净土宗形成史上有重要地位。此处用幽默的语句调侃这两处胜景。

⑧ “大师”指李四光，他在庐山发现第四纪冰川遗迹并创立了“第四纪冰川学说”，由此庐山也被评为世界地质公园。

⑨ 英国人李德立（Edward Selby Little，1864—1939）于 19 世纪末做了牯岭东谷的规划，此后有近 30 个国家在此建别墅，成为中国近代最早大规模修建西洋建筑的避暑胜地。

⑩ 伟人，系指以毛泽东、周恩来、朱德等为代表的中国近代的多位伟人。

⑪ 意指 20 世纪 80 年代初，电影《庐山恋》公映，受到广泛好评，某种程度上引领了改革开放之初的社会新风。至 21 世纪初，此影片已在庐山影院放映达上万场之多，创造了一部影片放映场次最多的吉尼斯世界纪录。

⑫ “大江”指长江，“大湖”指鄱阳湖，庐山与长江、鄱阳湖是不可分割的大生态系统。

⑬ 庐山已于 1996 年被联合国教科文组织评为“世界文化景观”，其广博精深的中华文化遗产与自然山水融为一体，堪为当今世界所罕见。

自2000年春，我们初上庐山参加牯岭镇西谷中心区之总体规划、控制性详细规划竞标成功，至2010年我们编制的新一版（轮）庐山风景名胜区总体规划通过国家九部委审查后，又于2012年年初通过住房和城乡建设部部务会议审查并上报国务院，已经跨越了12个年头。俗话说，十年磨一剑，对于我们来说，则是十年攀登一座山！

庐山实在是很难攀登的一座山，原因是这座山不同于国内其他的名山，它实在是座极特殊的名山，不仅以独特丰富的自然景观资源驰名中外，而且以广博精深的人文景观资源著称于世。可以说，它既浓缩了中国流传千古、灿烂辉煌的文化渊源，又浓缩了中国近代天翻地覆社会大变革的历史史实，无论是在中国人文发展史上还是在近代社会发展史上，都占有举足轻重的地位。人们心目中的庐山既雄奇、秀美又神秘、圣洁。因此，它一直是广大公众普遍景仰神往的一座名山、圣山，也是国内外媒体时常关注、总有新闻卖点可“炒”的一座名山。长期以来，庐山又被五家行政机构分割管理，形成“一山五治”的局面。针对庐山的任何一种行动或言论，都会引起相当大的社会反响。也可以说，庐山牵动着不少中国人的心。

正因为涉及庐山的话题太过敏感和复杂，所以在长达十年的规划期间，我们一直保持低调并不轻易发表评论意见，以免造成不必要的混乱并干扰规划工作正常进行。待规划正式批复后，我们才酝酿发表相关文章。

当年我们怀着一颗虔诚执着的心上了庐山，一腔奋发拼搏的激情，一时一刻一丝一毫不敢懈怠、不敢轻视、不敢马虎、不敢放弃，硬着头皮，揣着小心，如履薄冰，如临深渊。记不清熬过了多少个不眠之夜，也记不清闯过了多少轮从江西省到国家相关部委的审查会议，更记不清修改过多少次规划成果[①]，真是好事既多磨也难磨！

攀登庐山的历程又是令人难以忘怀的。攀登这座山是没有捷径的，我们既要学习和继承前人关于庐山的浩如烟海的研究成果，又要追踪紧跟当今国际上关于世界遗产保护和旅游发展的最新趋势。对于我们这些涉足此领域还不深的挑战者，面对的困难和风险是可想而知的。有志者事竟成！我们凭着一股气、

① 自2003年夏至2012年春我们在编制庐山风景名胜区总体规划期间，共经历了从庐山管理局到江西省、中央九部委再到住房和城乡建设部等各级审查十余次，对规划成果的较大修改也达十余次之多。

一条心，一步一个脚印，坚持不懈、义无反顾、齐心协力，终于从好汉坡[①]攀登上了牯岭镇[②]，进而征服了汉阳峰[③]！诚然，这中间值得总结的学术成果很多，但是还有很多刻骨铭心的往事和真情，有血有肉地记载了我们奋斗的足迹和心路历程，对攀登庐山是难得的激励，对我们的人生都是重要的启迪。在此重点写几段往事，以馈参与者和支持者。

一、误班机辗转武汉　乘出租星夜上山

2000年春，庐山牯岭镇的规划竞标方案已进入最后决战阶段。尽管竞标的保底费不足两万元，连制作成本都不够，但大家深知此项目的重要性，仍然废寝忘食毫无怨言地加班苦干。按标书规定，评标会定于某月某日上午8点半在庐山牯岭镇举行，未能按时到会者将视为废标。为了确保时间，我们预订了其前日傍晚飞往南昌的最后一班飞机。大家紧赶慢赶，到首都机场2号航站楼时已过了办理登机牌的时间，这时尚有部分图纸成果还未打印出来。怎么办？难道就这样放弃了？我灵机一动：为何不可以转道武汉上庐山呢？真可谓是“山重水复疑无路，柳暗花明又一村”，天无绝人之路！我们一行三人（金笠铭、郦大方、钱毅）成功改乘了去武汉的航班，于当晚10点多飞到武汉。下了飞机，我们又急如星火般赶到汉口的武汉市建筑设计院图片打印室。又经过近三个小时奋战，终于打印出了全部图纸，这时已是次日凌晨两点多了。我们又在街上拦了辆出租车，出高价星夜兼程赶往九江。那会儿武汉到九江的高速路还未修通，经过近6个小时的长途跋涉，我们终于在次日早晨8点前上了庐山，还好评标会还未开始。经过抽签，我们是最后一个汇报方案。方案汇报一炮打响，经评委会（由王景慧、董光器等国内知名专家组成的评标组）不记名投票，我们的方案以绝对多数票（11位评委中有9位投了我们的方案）中标。大家欢欣鼓舞，真是苦尽甘来，旅途的辛苦、加班的劳累一下子都烟消云散了。

---

① 好汉坡位于庐山西侧，是最早修建的靠陡峭的石阶上山的一条险路。

② 牯岭镇是位于庐山山顶的小镇。

③ 汉阳峰是庐山的最高峰。

二、踏积雪走街串巷　肩使命乐此不疲

2001 年 11 月，庐山迎来了第一场冬雪。雪后的庐山群峰叠玉，满目银装，素雅而又宁静。此时，我们正好承接了牯岭西谷片区的规划任务，开始进行实地踏勘调研工作。雪给庐山带来了独特魅力，也激起了我们的好奇心和兴致。大家不顾雪后的严寒和不便，纷纷走街串巷，挨家挨户进行调查访谈工作。牯岭的西谷地区地形复杂，高低起伏，很难找到一块平地。近代各时期建的房子鳞次栉比、杂乱无章地散布在这跌宕起伏的山谷中。蜿蜒曲折、宽窄不等的台阶把它们连接起来，形成变化多端、神秘莫测、饶有趣味的山地街巷空间。我们凭着建筑师的职业素养和神圣使命感，从早到晚，踏着积雪，兴致勃勃走遍了西谷的各个角落。毫不夸张地说，没有一户人家我们没有造访过，没有一栋有价值的近代建筑漏过我们的筛查（最后提交甲方的规划成果包括标有各户门牌号的现状图，说明调研之细）。在这些天中，我们在积雪的台阶上跌倒过，在设施简陋的旅馆里半夜被冻醒起来跑步过，但这些都难以阻挡我们的热情。我们不时为近代别墅建筑的巧妙设计和奇工异趣所折服，也为居住在其中的人们拥挤简朴的生活空间所悲叹。特别是当我们深入窑洼一带（位于西谷靠剪刀峡一侧，中华人民共和国成立前多为穷苦工人居住的贫民窟）的危房中，走在颤颤巍巍、年久失修的楼梯地板上，置身于阴暗潮湿的陋室之中时，心里真有种说不出的滋味。我们更感到肩上的责任重大，为了庐山，为了庐山人民，搞好规划是多么迫不及待啊！

三、请高人指点迷津　谋大业多方参与

中国历来把知音比喻为“高山流水”。既然庐山规划非同一般，那么请国内专攻此领域的智者高人为我们指点迷津，以把握规划大方向和使规划最优化就十分必要了。首先要学他们的为人：执着的追求、坦荡的胸怀、无私的奉献、谦逊的修养；其次要学他们的为学：渊博的学识、严谨的学风、扎实的功底、开阔的视角，往往他们的几句话就能使我们茅塞顿开，豁然开朗。

在庐山总体规划大纲定稿之前，我们特意请教了国内著名风景区学者周维权先生，他在听了我们的汇报后说了句意味深长的话："上山难，下山更不易！"当时体会不深，现在回想起来颇有感触，这句话太富有哲理了。

由于风景区规划涉及方方面面的研究视角，所以我们也选择并聘请了各有专长的专家当顾问。在请教之前，需要先了解他们各自的专长，拟出有针对性的问题。例如张国强先生一直以来专注编制风景区规划的规范；谢凝高先生专攻世界遗产保护的专题；郑光中先生曾主持编制了泰山、黄山等风景区规划，有丰富的实践经验；周维权先生则从学者角度纵观国内外风景区规划理论的发展脉络；马纪群先生主持建设部风景区规划审批工作多年，掌握国内第一批风景区规划报批中的主要问题；青年学者杨锐将美国国家公园规划的做法消化吸收，成功引进供国内风景区规划借鉴……除此之外，我们还请多年来对庐山有研究的当地学者、政府工作人员当顾问，如沃祖全先生，时任江西省政协副主席，多年来关注庐山风景区规划建设并提出过相当到位和切实可行的规划建议。原建设部建设司司长王凤武先生，江西省原建设厅副厅长马志武、李道鹏处长、丁新权副处长，江西省庐山风景名胜区管理局（以下简称庐山管理局）的历任领导张召鉴、郑翔、魏改生、张家鉴、朱汉浩、陈述勤、王迎春、李延国、曹光明以及建设处的蔡淼龙、胡映武、王书贵、周伶玲、张雷等同志本着高度的责任心，均为规划的推进无私贡献了自己的力量，令我们深受鼓舞。特别值得一提的是庐山管理局建设处的欧阳怀龙先生，他长期从事庐山近代建筑研究，笔耕不辍，对近代建筑保护颇有见地。同时，作为甲方代表，他能在规划进展的各阶段提供十分及时的中肯意见，对我们帮助很大。社会学者鲍胜祖老师是编外顾问，对庐山规划调研阶段的社会调查做了具体指导，为顺利开展后续的工作奠定了基础。

为庐山规划倾注心血和才智的各级领导、专家、经营者、居民乃至游客不计其数。我们借鉴国际上风景区（国家公园）规划的工程经验，倡导和推行了五位一体、多方参与、共赢共享的规划做法，即管理者、专家、经营者、居民、游客共同参与规划，充分征求来自方方面面的意见和建议，组织了由各方分别参加的问卷调查，获得了真实准确全面的民意和民生需求，为进一步采取规划对策提供了可靠可行的依据。

四、跨院校优势互补　求完美坦诚相见

在“肥水不流外人田”的狭隘经济利益驱使下，国内规划设计市场曾一度出现了一些弄虚作假、偷梁换柱、门户壁垒、不自量力甚至“蛇吞大象”的恶性竞争现象，使原本需要更多学科专业协同作战的攻关项目变成某些特殊利益小集团的生财之道。这样做的后果是不仅难以确保达到项目预期的质量水准，时常大题小做、捉襟见肘、漏洞百出，而且实际上浪费了资源、潜伏了危机，更重要的是乱了规矩，败坏了求真求实的科学风气。

我们在承接庐山规划之初就确立了质量第一、信誉至上的宗旨，摒弃狭隘的门户之见，组建了强强联合的规划工作团队，涉及两家高校（清华大学、北京林业大学，后续环评工作由南昌大学承担），四家院、系、所（清华大学建筑学院城市规划系、建筑学院历史与文物保护研究所、清华大学环境学院、北京林业大学园林学院），涉及城市规划、建筑学、景观学、环境学、植物学、生态学等专业，并由这些专业领域内颇有建树的学科带头人牵头。

梁伊任先生是国内著名风景区规划学者，长期从事该领域的教育和研究工作，对风景区规划和植物培育规划有独到见解，并一直密切关注和引领庐山等国家级风景区的规划工作。张复合先生是国内最早开展近代建筑研究的学者，成果丰硕，对推动庐山的近代建筑研究做出过卓越的贡献。张敏先生专攻历史文化城镇及历史街区保护，参与主持了庐山牯岭西谷地区的规划工作，获得庐山和江西省相关方面的高度评价。张鸿涛先生是在环境保护污水治理领域崭露头角的中年学者，且主持的庐山卢琴湖等污水治理工作卓有成效。我们有一批经验丰富、久经考验的老教授（如凤存荣教授等），还有一批热情高涨、勤奋敬业、忠于职守的青年教师、博士生、硕士生、本科生、实习生（魏民、郦大方、胡洋、钱云、陈云文、徐昊旻、任胜飞、王莹等 40 余人），组成了结构优化的工作梯队，完全可以堪此重任，不负众望，大家同样对庐山怀有特殊的感情和真诚的向往，这一点尤为宝贵。如何整合、协调好这些强手和人才，成为搞好庐山规划的关键所在。

工作中经历过磨合和碰撞的必然过程，主要有以下经验。

第一，作为主持人，要下更大功夫，先行一步学习掌握规划相关的内容，

调查问题的症结所在，在心中有数的情况下征询团队相关成员的意见。

第二，不要急于下结论，规划是个复杂的动态过程，也是一个与社会互动的相对模糊的过程，这些在庐山规划中表现尤为突出，必须留出足够大的变动和选择的余地。

第三，尊重每个参与者的意见，能当场解释说明的要当场说清，不要留到以后；不能当场说清的，留待以后也要给予答复。这样既是对规划的负责和助力，也是对参与者的负责和尊重。

第四，对事不对人，工作中出于对规划的负责和力求完美，在某些环节和具体做法上不同的人会有不同意见，甚至争论，都是正常现象，直言相谏，大胆陈词，争论明真理，碰撞见真心。这才是坦诚相见、力求完美的真情体现。

第五，必须具有战略眼光和国际视野。要跳出庐山，从更大区域的战略出发来看庐山的保护与利用；同时，要以《保护世界文化和自然遗产公约》的要求界定和引导庐山的总体规划。

实际工作中，我们自始至终坚持以上几条原则，使各规划阶段为大家提供宽松和谐的气氛，畅所欲言，各尽所能，求得了整个团队的优势互补和协调一致，达到了“1+1＞2”的合作效果，使庐山规划历经十年锲而不舍和攻坚克难，终成正果。

如果用几个关键词概括十年攀登庐山的心得，那就是：使命、激情、执着、善学和乐道。我们不仅攀登了一座庐山，而且跨越了学科的掣肘，看到了险峰外的无限风光；我们不仅规划了一座庐山，而且结交了真挚的友情，勾画了更精彩的人生！

世代青睐论变迁
——论庐山历史演变四大阶段

金笠铭*

据司马迁的《史记·河渠书》记载，庐山历史可追溯到两千余年前。自此庐山的演变大体经历了四大阶段：①自发无序演进阶段；②成片有序开发阶段；③计划经济时期的有序建设阶段；④市场经济时期的规划发展阶段。庐山作为世界文化景观遗产，并成为驰名世界的中华名山，其价值和影响力与日俱增。未来的庐山应立足于科学保护与发展，并以国家公园的理念和体制，才能保持魅力长盛不衰。

1996年，庐山风景名胜区成为中国第一处被联合国教育科文组织授予“世界文化景观”的风景名胜区。此荣誉的确实至名归。

庐山堪称风景名山、生态名山，其濒江临湖、山高谷深、气象万千，拥有变化莫测的山川、云海、飞瀑，错综复杂的断崖峡谷、冰川遗址，并分布有种类繁多的动植物资源。这些自然景观魅力无穷、十分丰富。庐山又是人文圣山，其名人云集、文化深厚。发源于此的中国古代的田园山水诗、文、画，体现理学思想精华的书院文化，震撼笼罩中国近现代政坛的历史事件，风格各异的各国近代别墅等建筑，各领风骚的主要宗教的流传胜地等人文景观精彩纷呈，影

---

* 金笠铭，清华大学建筑学院城市规划系教授。本文成稿时间：2015年5月。

响深远。自然景观和人文景观交相辉映、融会贯通、美不胜收、弥足珍贵。正如联合国教科文组织的评语所述："江西庐山是中华文明的发祥地之一。庐山的历史遗迹以其独特的方式，融汇在具有突出价值的自然美中，形成了具有极高美学价值、与中华民族精神和文化生活紧密相连的文化景观。"①

庐山早已在国内名山中享有盛誉，并在诸多领域出类拔萃，领秀群山。

庐山是国内风景名胜区中唯一在山上有城的风景区，是国内风景名胜区中紧邻中国最大淡水湖（鄱阳湖）和中国第一河（长江）的风景区，是积淀了中华几千年人文景观精华最多、最集中的风景区，是中国近代唯一位于群山之上的"夏都"。庐山植物园堪称中国近代第一座具有科研意义的高山植物园。庐山牯岭集中了中国近代国别及数量最多的别墅等建筑群等。庐山风景名胜区已成为荣膺"世界文化景观""世界地质公园""国家自然保护区""国家森林公园""国家5A级旅游区""全国文明风景旅游区（十佳）"等称号最集中的风景区。

历经两千余年的营造、开发、经营、维护，庐山大体经历了四大阶段。

一、自发无序演进阶段

庐山的历史演变自其周围有人类活动开始，直到19世纪末叶，延续两千余年。这段时期庐山基本是原始山林状态，由个体人分散无序地游走、修行、采集、隐居等行为发展到小集团化、社会化的修学游历、宗教集会、乡野郊游、小规模分散开发、营造活动。自晋代开始至隋唐、宋朝时期，佛教、道教在此择地建寺、建观渐成气候。以东林寺为中国佛教净土宗的主要发源地，以简寂观（太虚观）为道教的藏书胜地，庐山成为两大宗教驰名远扬的修行和朝拜之所②。此时庐山山体内外遍布两大宗教寺、观，可谓方圆百里、磬声幽远、香火低回。历史上庐山有记载的寺庙达360余座，道观200余座，为南方的宗教中心。比较有名的佛寺有东林寺、西林寺、大林寺（还有天池寺）及"山南五大丛林"[归宗寺、栖贤寺、万杉寺、开先寺（又名秀峰寺）、海会寺]③。这些寺、

---

① 1996年12月6日联合国教科文组织授予庐山"世界文化景观"的评语。

② 周銮书．天光云影——周銮书文集（史学卷）[M]．南昌：江西教育出版社，2002：201-203。

③ 释观行．庐山寺庙知多少[M]．庐山：归元寺印行，2002：3-8。

观并未按一定的规制建造，基本上保持着本地乡村民居青砖灰瓦的朴实外观和院落，这也成为庐山寺、观形制的一大特色。寺、观的分布也无规律，但均依托幽静的山谷林中，有较好的风水景观。其占地也无定势，大多呈分散状无序建造。自唐朝以来，以白鹿洞书馆为基础，至北宋初扩为白鹿洞书院，到南宋经朱熹大力经营使其发展壮大，渐成当时“海内书院”第一，领“四大书院”[①]之首。白鹿洞书院仍为当地民居样式，由二进院落坐北朝南布局，顺应了地势和溪流走向[②]。与此前后，在庐山山脚下还陆续兴建了多处书堂、书院，比较知名的有李氏山房、刘轲书堂、文雅书堂、柳宏书堂、濂溪书院、罗洪光书堂等。其实，庐山很多寺、观的前身就是读书人的书堂。书院与寺、观构成了庐山“儒、释、道”三足鼎立、共荣合和的人文景观之“树”，扎根于庐山本土文化之上枝繁叶茂，彰显了庐山中华文化的显著特色和牢固根基（图 1）。

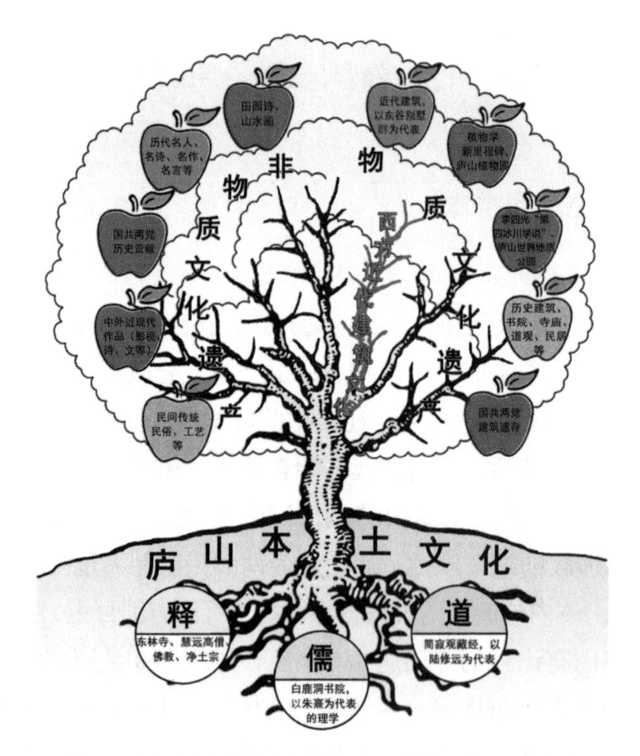

图 1　庐山人文景观之树（设计：金笠铭，绘图：王莹）

---

① 中国古代四大书院分别是白鹿洞书院、岳麓书院、嵩阳书院、应天府书院。

② 详见 1592 年白鹿洞书院图，可参见本书《人文奇观融自然——庐山世界文化景观遗产的构成要素与内涵》一文中的图 5。

二、成片有序开发阶段

成片有序开发阶段为19世纪末叶至1949年。1894年，英国人李德立在庐山牯岭东谷强行圈占了4500余亩地，进行成片开发活动。他引进了西方近代规划思想，庐山从此开始了真正意义上的成片有序规划开发阶段。1895年牯岭成为避暑地。1898年，李德立聘请英国工程师波赫尔（A. Hudson Broomhall）制订了牯岭规划（详见1905年牯岭规划图）[①]。这个规划借鉴了英国自然式园林景观的思想，使东谷别墅用地沿长冲谷呈轴线展开，整体呈方格网状布局，强烈地体现了英国19世纪城镇地产开发最经济有效的商业模式：土地按大小位置编号出售，由各业主按规划限定的指标自行进行设计建造。同时，集中体现了以教堂为中心的教区构成的理念，在区内优选地块修建教堂及其他配套的学校、医院、事务所等公共建筑，水、电、路均按规划设置。147栋别墅分属25个国家的业主（业主身份多为在华传教士、商人、外交官等）。自东谷成片开发之后，民国期间还相继在牯岭西谷、莲花谷、太乙村、海会等处成小片地规划修建了各类别墅、教堂、学校等建筑。至1931年，在租借区内（以牯岭东谷为主）有别墅526栋，非租借地内有别墅262栋。此时在牯岭东、西谷已形成较完备的城市市政设施、道路系统、商业街（正街）和必要的公共建筑。民国政府为了“夏都”行使职能，还修建了庐山会堂、图书馆、海会师范等较大型的公共建筑物。民国政府于1926年成立了庐山管理局，并于1935年下文把庐山作为“国有公园”，同时发布了《庐山森林保护法》等法规，可称为中国最早的“国家公园”和“国家公园计划”，开创了依法保护的先例[②]（具体解释详见本书《匡庐规划多华章——庐山风景名胜区规划的历史沿革》一文）。上山通道仍旧沿用自山北莲花谷上山的好汉坡人行梯道，但山上已建有小型的发电站和自来水厂，可以解决用水、用电的需要。日本侵华时期，庐山上的外国人大部分撤离，只留少数看家护院人员。庐山建设活动停滞，山上居民也有不少人下山或者留下来惨淡经营艰难度日。抗日战争胜利后，蒋介石再上庐山，策划重要内外政策，多次召开重要会议并约见美国特使马歇尔、司徒雷登，以及中国共产党领导人

---

① 庐山建筑学会．庐山风景建筑艺术[M]．南昌：江西美术出版社，1996：226-227.

② 欧阳怀龙．从桃花源到夏都——庐山近代建筑文化景观[M]．上海：同济大学出版社，2012：28-58.

之一周恩来等。至 1948 年年底，国民政府仅对庐山牯岭上的主要建筑物（庐山会堂、图书馆、美庐等别墅）和主要道路、市政设施进行了修缮，各景点基本维持现状，只是采用飞机播撒方式培育了部分庐山山林，未进行新的较大规模的规划建设活动。

三、计划经济时期的有序建设阶段

1950～1978 年，庐山与全国其他地方一样处在计划经济建设的阶段。这一阶段的主要特点是：庐山作为国家的休疗养风景名胜区，由国家统一管理[①]，并将庐山上的别墅划分给国家各相关机构建设休疗养院，供国家按计划分配下达的人员来此休疗养和召开重要会议。庐山成为毛泽东等党中央主要领导和一定级别干部、劳动模范、战斗英雄等来此度假开会的避暑胜地。对普通百姓的接待是严格控制人数和时间的，民间自助游或组团游基本上没有开展。庐山上的建设活动基本上以机关单位为单元展开，搞了不少各成系统、相对独立的休疗养院（这些单位目前仍在庐山上存在并运行着）。1956 年和 1960 年，先后进行了疗养城和庐山地区规划。为了方便上下山，20 世纪 50 年代至 60 年代初，相继修通了可上山的山南、山北两条公路，并对一些主要景点加修了游览小路和小型公共设施、公园、景观小品等，充实完善了山上的水、电、路等市政设施，芦林湖成为主要水源地，建成了庐山电厂和水库，使庐山成为闻名全国的风景游览区。

四、市场经济时期的规划发展阶段

自 1978 年中国实行改革开放，庐山风景区开始打破封闭管理模式面向社会公众开放。管理经营方式的转变，使庐山面临不少新问题和新挑战。1982 年，庐山管理局领国内风景区之先，带头进行了庐山历史上前所未有的全山规模的总体规划，即由同济大学丁文魁教授牵头的团队与江西省城乡规划设计研究总

---

① 1950 年，成立庐山管理局。

院合作，编制了《庐山风景名胜区总体规划（1982—2000）》。这轮总体规划对事关庐山风景区的性质、规模、景区划分、控制范围，利用与保护原则，旅游服务设施及基础设施配套等都做了全面系统的考虑，且制定了较具体可行的管理办法、实施细则，对于指导庐山风景区在新形势下的发展无疑起了巨大推动作用，是一个适应形势，在保护同时兼顾利用的成功的规划，并成为当时国内风景区规划借鉴的样板。

在此之后至21世纪初，庐山未进行总体规划的修编，仅为了适应旅游业的迅猛发展，于20世纪80年代中，曾聘请日本著名建筑师黑川纪章制订了《庐山旅游开发规划》和《江西省庐山风景名胜区观光开发综合基本计划》（*Greater Lushan General Tourist Development Scheme in Jiangxi Province*），以国际上先进的旅游经营对庐山旅游业的问题及发展对策提出了有益的建议，引进了国际上先进的旅游经营理念和模式。可以说，这两项规划对当时方兴未艾的中国旅游业发展具有先导示范效应。但后来因为某些原因，合同中止。加上庐山管理体制上的问题，要把这个发展规划付诸实施阻力和掣肘很大，此规划无疑成了“画饼充饥”或“海市蜃楼”[①]。

21世纪初，随着我国社会经济的持续高速发展，人民生活水平大幅提升，加上中国加快融入全球化的进程，国内外旅游休闲产业急剧发展，生态环境保护面临严峻挑战，庐山作为世界文化景观遗产又面临更高要求。特别是在新形势下，党和国家提出科学发展观及建设资源节约型、环境友好型、社会和谐型社会的战略目标，庐山风景名胜区亟须解决保护与发展等众多新问题，编制新一轮总体规划已势在必行。

机会总是钟情有准备的人。由于我们曾于2000年在庐山牯岭西谷片区概念性规划竞标中胜出，并相继承担了西谷片区总体规划和控制性详细规划、窟洼及正街的修建性详细规划方案工作，获得江西省原建设厅及庐山管理局的充分肯定和高度评价，因而有幸于2003年在遴选总体规划编制单位时作为优选单位，从此开始了近十年的庐山总体规划编制历程。这是个好事多磨的攀登博弈历程，其中的甘苦实在一言难尽。对此感兴趣的读者可参阅本书《十年攀登一座山——庐山规划十年感言》一文，可以探其究竟。

① 对此规划的详细介绍，可详见本书《匡庐规划多华章——庐山风景名胜区规划的历史沿革》一文。

2011 版庐山总体规划具有承上启下的作用，既延续了 1982 版庐山总体规划中不少有益的尝试，又适应了国家新形势下对风景名胜区发展的新要求。为此，特别突出了庐山作为世界文化景观遗产的独特地位和发展方向，把科学保护与发展作为核心理念，针对庐山管理体制上存在的“一山五治”制约科学发展的问题提出了“保护为先，利用优化，统筹协调，渐进整合”的指导方针；并以“大庐山”“山—江—湖”一体化规划理念，以及“五位一体”的规划方法（管理者、专家、经营者、居民、游客），强化了人文景观与自然景观资源切实有效的保护和融合，进行了有利于庐山旅游与更大区域旅游业的整合提升，为庐山更长远可持续的发展提供了更加可靠和全面的基础设施支撑；同时有计划、有步骤地疏解庐山上的非旅游功能和人口，积极进行社会调控和管理体制改革，提出了创建高效运行多方共赢的庐山管理体制，以实现“以法治山”、构筑“和谐庐山”的愿景（详见本书《继往开来谱新篇——庐山新老版总规比较与“大庐山”规划理念》一文）。

应该说，2011 版庐山总体规划尽管是 1982 版总体规划的升级版，但对庐山未来的发展勾画出的蓝图还不尽完美，充其量新版总体规划还是一个过渡型的规划。单就管理体制而言，庐山风景名胜区的理想目标仍应是作为国家文化公园，其理想管理体制可以效仿美国国家公园的管理体制。这时管理体制要按照国家拟颁布的《国家公园法》，从运行体制、管理目标、园区制度、人员编制、经费来源等都要有利于园区的长远保护和持续有节制的利用。

随着新时期突出生态文明建设和旅游发展新趋势，庐山风景名胜区要适应这些需求，可借鉴国家公园管理体制和做法，着眼于庐山未来更加长远的保护和优化利用，编制多规合一的规划。随着我国综合国力的提升和管理体制改革的推进，庐山风景名胜区将不仅为地方 GDP 发展助力，同时也将成为鄱阳湖国家公园中最重要的依托。

匡庐规划多华章

——庐山风景名胜区规划的历史沿革

欧阳怀龙　周伶玲*

庐山是中国近代开发最早的风景名胜区之一。1896～2005年共进行了7次风景区规划或地区规划，为国内所罕见。庐山风景名胜区的开发、建设，从19世纪末开始就以规划为指导，形成著名的避暑胜地和风景游览区，创造了独特的建筑文化风貌，构成了风景优美、历史悠久的世界文化景观。本文力图对100余年来庐山的历次规划进行梳理、整理，找出规划历史的发展脉络，总结历史经验，为进一步做好庐山风景名胜区的规划提供参考。

一、概述

庐山自古以秀甲天下著称于世。周朝初期周威烈王时期有一位匡俗先生，在庐山东林附近结茅为庐，学道修仙。故庐山又名匡山、匡庐。

晋代著名文学家王羲之在金轮峰下建造别墅，陶渊明创作《桃花源记》，名僧慧远建立东林寺，创建中国第一座寺庙园林，开辟石门涧景区和庐山风景名

---

* 欧阳怀龙，庐山风景名胜区管理局原副处长；周伶玲，庐山风景名胜区管理局规划局局长。本文成稿时间：2014年6月。

胜区。谢灵运、鲍照的山水诗，塑造了庐山浪漫自然、崔嵬浩荡的意境。顾恺之、张彦远、宋炳等的庐山山水画，从一开始就使庐山画达到艺术高峰。这些山水诗、文、画作，铸就了庐山风景的灵魂，创造出自然与文化相融合的艺术境界。晋代以后，数以千计的文人墨客和无数的香客、百姓游览庐山，李白在五老峰脚下建太白草堂，白居易在北香炉峰下建草堂，并写下著名的《庐山草堂记》。福州僧人德明与江州石匠陈智福、陈智江、陈智洪造栖贤石拱桥，这一千年古桥，是中国桥梁史上的奇迹。唐宋年间，李涉、李渤、朱熹建白鹿洞书院。明代朱元璋建御碑亭，明神宗时建赐经亭。僧人、道士在山中建有许多寺庙、道观，著名的有海会寺、秀峰寺、归宗寺、大林寺、黄龙寺、栖贤寺、太平宫、简寂观等。众多的历史遗存和文化遗产与庐山的自然风景相互融合，形成独具特色的文化景观。在《庐山的历史》一书中，阿尔伯特·斯通指出：悠久的历史人文，丰富的神话传说，让庐山早在外国人到这座神圣的群山并落脚牯岭之前就已经声名显赫。这些丰富的历史文化遗存，构成了庐山近代和现代开发、建设的背景与借鉴，在古代文明照亮的灿烂天空中，展开庐山一百多年来的一幅幅精彩图画。

二、庐山近代早期规划（1896～1926年）

（一）李德立开辟牯岭

李德立，英格兰肯特郡人，汉语学者、商人、基督教传教士。英国剑桥大学毕业。1886年来中国，在庐山活动长达44年。1898年，他任英国卜内门公司驻中国总经理，上海英（公共）租界工部局董事，《字林西报》主笔。自1928年起，他的主要活动转向新西兰凯利凯利（Kerikeri），将庐山等开辟为国际知名度假旅游胜地。[①]

1886年冬，李德立由镇江乘轮船到武汉，中途在九江由中国教士戴古臣做向导，从九江县沙河经九十九盘登山，沿天池寺、黄龙寺到女儿城，“登高下

① 中国社会科学院近代史研究所翻译室.近代来华外国人名辞典[M].北京：中国社会科学出版社，1981：289.

望，见长冲（指庐山东谷一带地方），地势平坦，水流环绕，阳光充足，极适合建屋避暑之用。”[①] 李德立负责九江基督教会的工作，但他的几乎全部精力集中在庐山，足迹踏遍庐山。他采取多种手段，与清朝的德化县府和九江府交涉 9 年，1895 年 11 月 29 日，英国驻九江领事馆代理领事赫伯特·伯纳（Herbert F. Brady）与九江道台成顺签订《牯牛岭案件解决协议条款》[②]，由德化县于1896年1月1日立约将长冲租与李德立，并立界碑。与此相适应，清政府于 1895 年在庐山设立警察局，1908 年设清丈局，1926 年（国民政府）设庐山管理局，隶属九江市，次年 4 月改为江西省政府管辖，直至 1949 年。

1894 年夏天，英国汉口基督教会组织 6 位教士对牯岭进行详细的考察，参加考察的 6 位教士是：李德立、林德（Lund）、艾瑞什（Irish）、阿奇博尔德（Archibard）、班伯里（Banburg）、斯帕汉姆（Spaiham）[③]。在调查研究的基础上，汉口教会出版了《庐山的历史》。

（二）波赫尔规划

在调查研究基础上，李德立开始组织规划工作。规划工作从 1896 年开始，1899 年完成，1905 年扩大。现在见到的资料有《牯岭东谷规划》（*Plan of Kuling Estate*），为 1905 年印制。为进行规划和建设，李德立组织了牯岭计划委员会，成员为亚当·约翰和李德立，李德立为主席，聘请上海基督教会的英国工程师波赫尔编制规划，参加规划工作的还有两位工程师，一位是班伯里，负责道路；另一位是甘约翰（John Kennedy），负责测量和土地划分。李德立说：“托事部为谋牯岭公司的扩大起见，乃组成一个委员会，委员为亚当·约翰和李德立，后来又有波赫尔专司计划的执行。自从去年（指 1898 年——编者注）夏季以来，我们为此计划极力地交涉，但迄今尚未达到目的……这种扩大计划，终于要成功，是决无异议的。”[④]

依据资料和实地调查，李德立的庐山牯岭规划的基本内容如下（图 1）。

---

① The Story of Kuling by Edward Selby Little [M]. 庐山：庐山图书馆：4.

② 李德立 . 牯岭纪事 [M]// 庐山建筑学会 . 庐山风景建筑艺术 . 南昌：江西美术出版社，1996：213.

③ 李德立 . 牯岭小传（The Story of Kuling by Edward Selby Little）（此系《牯岭纪事》的另一版本，英文和中文内容均有所不同）. 汤恒译 . 庐山：庐山档案馆，1899：7.

④ 李德立 . 牯岭纪事 [M]// 庐山建筑学会 . 庐山风景建筑艺术 . 南昌：江西美术出版社，1996：228.

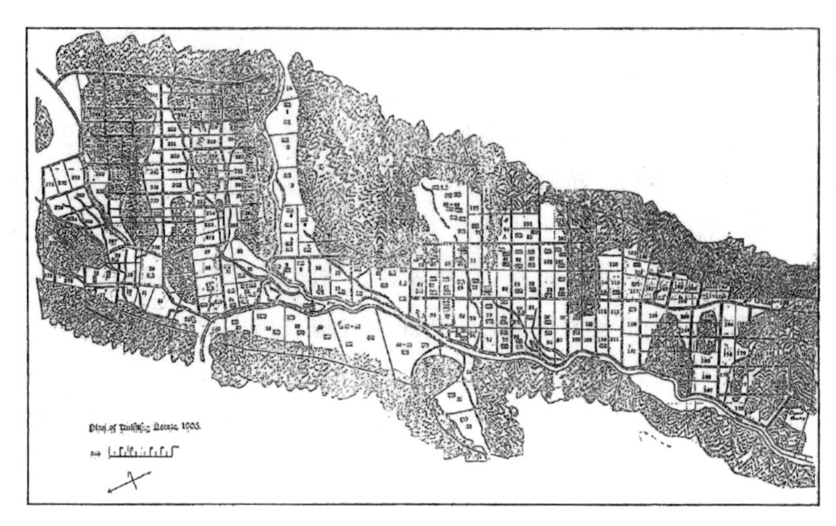

图 1　1905 年庐山牯岭规划图

1. 选址

庐山东谷，东谷位于庐山牯岭中部，四周山峰环绕，中部有长冲河流过。

2. 布局

（1）规划内容

包括住宅区、公用建筑、园林、道路等。

（2）布置方式

各项建筑、工程、园林沿河流方向两岸（主要向东坡）展开。住宅区在河谷东北向山坡上；公共建筑在河谷中部靠山一侧布置；绿地以河流为轴线展延。

3. 道路交通（图 2）

（1）对外交通

1895 年，李德立勘测牯岭通往莲花洞至九江的道路，道路沿剪刀峡延伸，长约 9000 米。参与勘察和修建的有英国人格雷（W. F. Gray）、阿奇博尔德、米尔沃德（Milward）。道路于 1896 年建成。

（2）社区道路

道路布局纵横交错大致成方格形，南北向道路大致沿等高线排列，有河西路、河东路、中路、上中路、脂红路、三谷路、日照峰路；与之垂直相交的道

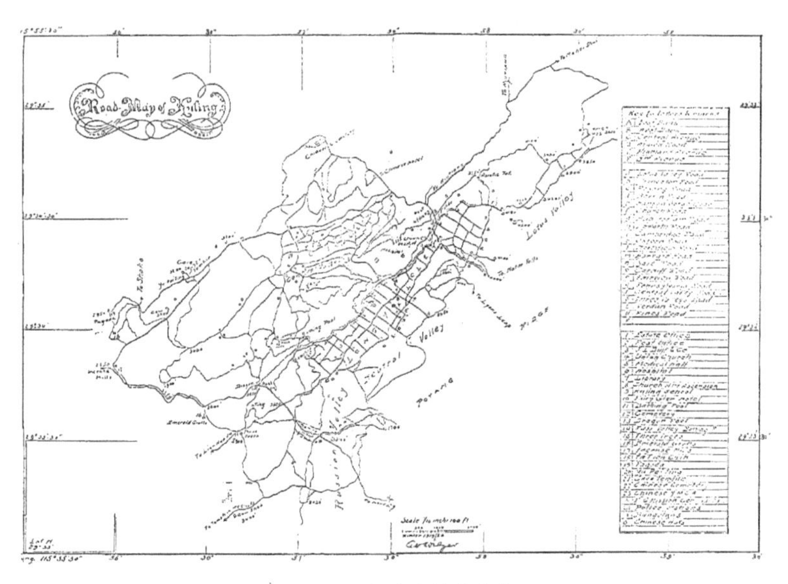

图 2　1919 年庐山牯岭道路图

路（大致与地形等高线垂直）有普林路、鄱阳路、中一路、中二路、中三路、中四路、中五路、中六路、中七路、中八路、中九路、中十路等。平行于主轴线的道路与垂直的横向道路构成“井”字形通道，形成方便的交通网络。协和教堂以北为上区，以南为下区，下区基本上在长冲河东侧，横向道路顺山坡踏步上下，井式网络道路结构与方块形的地块划分相结合。

4. 土地利用

1895 年 11 月，李德立租地约 2000 亩，后来通过强占和租地形式，租地范围扩大为 4500 亩。其中住宅用地 1029 亩，将住宅用地划为 279 号（后为 1000 多号）地块，分块出售，每块 1.5～4.2 亩。沿长冲河两侧谷地安排一部分作为公共建筑用地，主要是教堂、医院、饭店、学校、图书馆、影剧院、办公楼、运动场等。

其余 2500 亩土地为沿河的园林绿化用地，保留一部分山林。这一部分用地范围，主要是沿河两侧、沿河东侧外缘、中部和南侧穿插部分山地。

5. 建设规划

（1）住宅区

建筑密度控制在 10%～15%。住宅形式有联立式住宅、半独立式住宅、独立式住宅、平房。至1931年，划分住宅用地1278号，住宅用地面积约4700亩，用地范围扩大至香山路、河南路、火莲院和大林路。

（2）公共建筑

包括学校（英国学校、美国学校、法国学校），教堂（协和教堂、基督教堂、福音教堂、天主教堂等），医院（伯利医院、美国教会医院、普仁医院、辅仁医院等），办公楼（管理局办公楼、牯岭公司房、大英执事会办公楼、庐山警察署等），商业建筑（牯岭邮政局、牯岭饭店、仙岩客舍、英国国际出口公司、领事馆、银行、商店、书店、药店、照相馆、面包房等）。

（3）市政建筑

包括水厂、电厂。

（4）公园与绿地

协和教堂周围及沿河以南辟为林赛公园，从莲谷路开始至河西路、河东路沿河两侧为带状绿地。东谷南（偏西）端布置有墓园。

（三）规划特点

（1）因山就势布置住宅和公共建筑。住宅区布置在山坡上，顺应自然地势，利用地势地貌，房屋周围保持有天然斜坡，住宅融合在山林之中。

（2）建筑密度低，建筑密度为10%～15%，每幢住宅在一个地块内，布置有庭院。

（3）规划范围内保留了较多的自然地貌和植被，长冲河贯穿南北，东边和西边及中部保留了部分山林。

（4）带状绿地和中央公园。长冲河谷两岸平坦地段设置为绿地，中部为林赛公园，把公园作为城镇中心，绿地作为规划区的主轴。

（5）乡村别墅式的城镇布局。住宅采取乡村别墅形式，房屋分布在山坡上，建筑朝向不受道路走向限制，由地形、阳光为控制，离散式的住宅与相对集中的公共建筑组合在一起，形成合理的城镇布局。

（6）画境式园林和画境式城市。重视自然风貌，将长冲河和河谷景观作为中轴线和主要景观，房屋、山地、河谷、树林、道路有机地结合在一起，建筑像画面一样镶嵌到自然背景上，是规划设计上的一个创造。

（7）方块网格式布局。土地规划为方块，道路网格式布局，形成方便快捷的交通，整体布局上吸取英国乡村形式，与牯岭环境结合。

（8）多元共存的建筑风格。在统一规划的基础上，有英国、美国、德国、法国、俄罗斯、意大利、奥地利、瑞典、瑞士、挪威、芬兰、荷兰、捷克等二十几个国家的人士在庐山建有别墅，有造型别致的教堂、学校、医院，造型各异、多元化的风格共处于山谷中，丰富多彩，和谐而不杂乱，自由而有序，是谓“列国并治，世界大同”，成为名副其实的“世界村”，堪称中国近代的世界建筑博物馆。

（四）历史评价

1. 牯岭建成为国际知名的避暑胜地

李德立开辟牯岭的目的就是建设避暑地。随着建设的展开，庐山成为著名的避暑胜地。欧洲、美洲、亚洲二十几个国家的人士到庐山建屋避暑，商人、管理者和其他各界人士汇集庐山，据当年中央社报道，（1936年）“庐山人口，在夏日两万以上”[①]。国民政府外交部、内务部、财政部于1919年提出，1924年正式颁布《避暑地管理章程》《避暑地租建章程》[②]。《避暑地管理章程》规定，牯岭、莫干山、北戴河、鸡公山为避暑地（对四处避暑地的规划建筑比较详见本书《牯岭洋房阅天下——庐山东西谷别墅区的规划评价与科学利用》一文）。从1928年起，庐山成为“全国军事政治中心”[③]，从20世纪30年代起，庐山被称为“夏都”或“暑都”、“夏京”[③]。

2. 促进了庐山的可持续发展

由于牯岭的开辟，庐山在中国近代急剧繁荣起来。20世纪20年代谭延闿在《牯岭》中写道：“苏黄朱陆不到处，涌现楼台忽此山。无数峰尖去海里，岂知培楼在人间。”[④]20世纪初至30年代，牯岭在当时记者的笔下为：“在许多重叠的高山环绕中，那翠绿色树林的山水，隐约地显出了一座一座的洋房。”“这儿有的奇峰秀峦，飞瀑流泉……矗立的参天大树，修伟迥丽的茂竹，香艳青翠的

---

① 吴宗慈．庐山续志稿 [M]. 南昌：江西省庐山地方志办公室，1992：520.

② 欧阳怀龙．从桃花源到夏都——庐山近代建筑文化景观 [M]. 上海：同济大学出版社，2012：219.

③ 吴宗慈．庐山续志稿 [M]. 南昌：江西省庐山地方志办公室，1992：520.

④ 吴宗慈．庐山志 [M]. 南昌：江西人民出版社，1996：440.

花草，安乐无忧的鸟兽，浮云浓雾，台亭楼阁，把整个的胜地点缀得美不胜收，处处都荡出一大片醉人的诗意来。”牯岭从19世纪末的荒山野岭成为风光优美的胜地。100多年过去了，依然生机勃勃，“无数的红色屋顶，掩映在绿色的树海之中，各种款式的别墅，随着山势起伏，错落有致，构成一幅‘人间天堂’的美丽图画”。

3. 促进庐山成为著名的风景名胜区

从19世纪末至20世纪初，庐山急剧繁荣起来，据当时报道，庐山已是国际都市，著名诗人陈三立说：“牯牛岭一隅，为海客赁为避暑地，屋宇骈列，万众辐辏，寖成一都会，尤庐山系世变沿革之大者。”①

1930年江西省政府颁布《庐山管理局组织规程》，并经中央政府行政院核准，明确规定管理局管理范围。“以庐山各山地为范围，管理一切行政事宜”“管理庐山各地风景名胜事宜”，明确管理局职责。在近代历史上，庐山最早为民国中央政府划定为风景名胜，并设管理局管理。

4. 画境式风格的形成，风景式园林和画境式城镇

19世纪初叶，英国城镇建设吸收传统英国乡村的优点和形式，赋予城镇乡村式的自然风貌，出现了风景式园林，在城镇布局中融入自然景观，保留天然元素，采取曲线形道路，表现出如画的品质。19世纪中叶，出现了以画境原则为基础的住宅区和度假村。著名的例子有，建于1888年的桑莱特港（Port Sunlight）和建于1830年的多塞特郡伯恩茅斯（Bournemouth）镇。

李德立于19世纪80年代毕业于剑桥大学，波赫尔是一位英国建筑工程师，受英国当时风景式园林和画境式城市思想的影响，有其必然性，在规划中保留山林风貌，将长冲河谷作为规划区主轴线这一设计手法，使牯岭成为画境式城镇。

牯岭规划抓住长冲河的自然特征，开辟林赛公园，形成自然式园林景观带，并作为公共活动中心。牯岭在近代转变为国际化都市的过程中，保持了自然风貌，表现了对环境自然的关注和融合，创造出既富有现代城市生活情趣又富有

① 欧阳怀龙. 从桃花源到夏都——庐山近代建筑文化景观[M]. 上海：同济大学出版社，2012：227.

自然美的理想境界。

5. 注重规划和建设管理

牯岭的建设方式是先规划后建设，在建设过程中，重视规划管理，牯岭公司的第一任经理是甘约翰，他是工程师，同时也是规划建设负责人。几十年中，建设布局、路网布置、建筑密度控制，都延续了早期规划。

6. 传统文化对牯岭规划建设的影响

牯岭建设之初，李德立对庐山历史采取了尊重赞扬的态度。在牯岭建设过程中，由当地和湖北石工及其他工人建造房屋，融入了本地的石工技术、木工技术。在考察庐山过程中，联合国教科文组织专家尼玛尔·德·席尔瓦（Nimal de Silva）教授指出："庐山的近代建筑，是中国工人自己创造的。"庐山的早期规划和建设受到传统文化与乡土文化的影响，是中国工人用双手创造的，是中西文化的糅合。

7. 早期规划的缺陷

（1）畸形发展

牯岭处在庐山东谷，奇峰秀峦，亭台楼阁使其美不胜收，但是在与之毗连的西谷，为当地贫民居住地，棚屋拥挤不堪，建筑杂乱无章，将一个"苍翠盘曲如画"的西谷变成其景不可复睹的童山。1930 年以前，西谷曾建有砖窑，该地段亦称为"窑洼"，该名称沿用至今。西谷一带植被严重破坏，环境恶化，一派脏乱差的景象，与东谷形成强烈的对比，冲淡了人们对庐山的美好印象。早期规划只注重东谷，对于西谷没有整体意识，缺少关注，造成西谷片区的无序状态。

（2）自然生态破坏较为严重

从 19 世纪末开始建设，建设地段砍树较多。20 世纪 20～30 年代的庐山东谷照片上，房屋连片，树木较少。秦仁昌在 1936 年的《保护庐山森林意见》中指出："庐山东南胜地，土质肥沃，气候温和，昔日森林，本称茂密。自清牯岭开辟租借地以来，迄至今日，昔之茂林，非夷为童山，即化为从薄。所谓天然林者，仅于庐山林场之黄龙区及少数寺庙附近，尚有一二遗迹可见耳。”[①]庐山森林植被破坏较为严重，东谷、芦林及其他地区有大片连绵的次生林，植被景观单一，与早期开发有关。

三、1936年的国家公园计划及国民政府的庐山计划

（一）1936年国家公园计划

1935年9月，当时的江西省政府向国民政府行政院报告称：“为牯岭避暑地经收回后，请中央接受办理，作为国有公园。”从1936年起，国民政府每年补助经费10万元。[②]

据《庐山续志稿》记载：“牯岭租借地回收后，中央甚为满意，经决定每年按十万元为庐山事业费，以从事建设。并由省政府拟具，就收回租借之地，建设大规模之国家公园计划，交由蒋志澄（蒋为当时的庐山管理局局长——编者注）赴京向行政院报告收回情况，请求核定云云。”[③]

1935年11月30日国民政府行政院文件［令字第6244号］，谓（庐山）“作为国有公园”[④]。

1936年，著名植物学家、庐山植物园主任秦仁昌提出《保护庐山森林意见》[⑤]，为国民政府采用。文中提出保护办法，内容有森林区划、禁止砍伐、取缔放牧、限制樵采、加强管理、划定保安林等。根据秦仁昌意见，当时的江西省政府制定了《庐山森林保护法》，庐山管理局制定了《保护庐山森林办法》等一系列法规。由于抗日战争时庐山相关资料散失，当时江西省政府向国民政府报送的庐山国家公园计划已不可见。当时国民政府首领及行政院、行政院所属各部暑期会在庐山办公，1930年国民政府行政院通过了在芦林建造院部（指国民政府行政院）办公房屋计划，管理局拟具了征收土地计划书，行政院召集了

① 欧阳怀龙．从桃花源到夏都——庐山近代建筑文化景观[M]. 上海：同济大学出版社，2012：227.
② 欧阳怀龙．从桃花源到夏都——庐山近代建筑文化景观[M]. 上海：同济大学出版社，2012：226.
③ 吴宗慈．庐山续志稿[M]. 南昌：江西省庐山地方志办公室，1992：183.
④ 庐山美庐展览资料：行政院训令［令字第6244号］。
⑤ 吴宗慈．庐山续志稿[M]. 南昌：江西省庐山地方志办公室，1992：521.

庐山建筑院部办公房屋建筑委员会及庐山建筑院部设计委员会，拟定了庐山芦林国民政府暑期办公署宗地盘图。计划书中提出建筑设计指导原则是："建新式楼房，以简单朴素坚固适用为原则。"庐山建筑院部设计委员会的负责人是哈雄文[①]。

从1926年国民政府设立庐山管理局开始，即设有技正、技士、技佐职称（技正大约相当于总工程师，技士相当于工程师，技佐相当于技术员）。该局下设的第二科"掌理工务，林木、园艺及其他建筑工程事项"。

（二）历史评价

1. 中国最早的"国家公园"计划

1936年的庐山国家公园计划，今天已无法见到原本，但从当时的国民政府记载文献中可以看到，庐山是中国最早称为"国家公园"的地方，有最早的相关规划。

2. 采用国家公园式的管理体制，设立管理局

从1926年开始，庐山遵国民政府指令设立管理局，而不是采用市、县、区等行政区划管理方式。管理局机构比较简单，设局长、秘书，下设三个科室，但体现了较强的专业管理目的与性质。1912年以后，中华民国实行民主共和制，按照国家分权理论，建立起以美国总统制为模式的三权分立体制。庐山的这种管理体制，仿效的是美国国家公园管理体制，庐山管理局由当时的省政府直辖，管理局局长由国民政府任命。同时，确立了庐山的管理范围，由星子县、九江县范围内庐山山体包括的主要区域。

3. 重视法治和科研的有效管理

管理局成立后，当时的江西省政府根据植物学家秦仁昌的《保护庐山森林意见》，颁布了《庐山森林保护法》等一系列法规，禁止伐木、采矿、农耕、放牧和狩猎。1934年，成立了庐山植物园，专门从事植物和生态环境研究，对保

---

① 哈雄文，湖北武汉人，1907年12月出生，1927年毕业于清华学校，留学美国约翰斯·霍普金斯大学、宾夕法尼亚大学建筑系，1932～1936年任教于沪江大学建筑系，1936～1949年任职于行政院地政司、营建司，并任司长。

护庐山发挥了重要作用。

4. 正确处理保护和开发建设的关系

在法律框架下，实行大范围的有效保护、小范围的适度开发建设，开发建设限制在牯岭的东谷、西谷两处的小范围内，其外围均不开发，实行森林保护，即使在东谷也只采用低密度的建设。这种保护管理模式，促进了庐山的经济发展和社会繁荣。

四、1956年“疗养城”规划

（一）规划内容

1956年6月，卫生部邀请苏联专家来庐山考察，提出“疗养城”规划构想。这个构想是，庐山不仅是一个有名的避暑胜地，而且是我国最理想的高山气候的天然疗养院。

规划目标是，在12年内将庐山建设成为具有现代交通工具的新兴城市、首先实现电气化的城市。庐山将由1956年接待约1.5万人，建设成为一个供25 000人以上劳动者、知识分子疗养的疗养城。到1968年，庐山要成为拥有12万到15万人规模巨大的疗养城，一座花园城市，接待更多的海内外游人来山疗养、游览和避暑，成为疗养和休养的理想地区。规划内容包括：保留原有避暑住宅区，开辟新疗养区，进行功能分区，修建像蛛网一样密布在庐山各处的环山公路和一条无轨电车线路；建设山中公园、街心公园、烈士纪念园等园林绿化乃至“绿色城”；有图书馆、电影院、灯光球场、游泳池等公共建筑配置；利用两百多米的瀑布落实建设水力发电厂等。

由于多方面原因，未见到该项规划的文字和图表资料。

（二）规划实施情况

建设了庐山疗养院、江西工人休养院、五一疗养院等几十家疗养院、休养院，还有几十家宾馆、招待所。继建成北山公路之后，庐山建成环山公路，可达一些景点的支线公路，开辟街心公园、东谷游园、花径公园等一系列园林绿化建设项目，整治和建设东谷和西谷，新建了图书馆、电影院、球场、游泳池，公共建筑和市政设施比较齐全。但是人口数量并未增加，控制在1万人以内，牯岭镇的规模没有扩大。通过一系列的建设，庐山成为闻名全国的疗养胜地。

（三）评价

建成了闻名中外的疗养胜地；建设了配套的道路交通系统和各项市政设施，完善了城市功能；在建设疗养地的同时，注意风景游览事业的保护和建设；设定了过大的城市规模，但在后来的实际发展过程中，城市规模并未扩大；历史建筑受到一定程度的破坏，拆除了少量近代住宅建筑，一座教堂被改建为电影院。

五、1960年庐山地区规划

1953年，中共中央中南局、庐山管理局邀请陈植、陈俊瑜、黄康宇等园林、建筑、规划专家到庐山考察，提出供水、供电、道路、造林和建筑规划等方面的意见。①

1960年，中南建筑设计院受庐山管理局委托，编制庐山地区规划。

（一）庐山地区规划内容

1. 庐山的性质

庐山是天然疗养区兼全国闻名的风景游览与避暑胜地。为疗休养事业服务，为工农业生产服务，以疗养、风景游览、生产三者并重，在规划中要把这三方面有机结合起来，使之互相推进，共同发展。

2. 规划任务

（1）总体规划。包括功能分区、道路系统、工农业分布、风景游览系统、给排水与供电系统。

① 庐山建筑学会. 庐山风景建筑艺术[M]. 南昌：江西美术出版社，1996：123.

（2）近期建设详细规划。①疗养区详细规划，包括功能分区、道路系统、给排水系统、风景园林系统；②小区详细规划，分为牧马场疗养区、芦林疗养区、旧区改建（东、西谷）；③工业区详细规划；④农村规划。

3. 总体规划

（1）功能分区。全山按地理形势分为两个地区，海拔900米以上为疗养区，总面积约为16平方千米，包括东谷、西谷、牧马场、芦林、莲花谷、青莲寺等。海拔900米以下为生产区，其中海拔700～900米发展云雾茶，海拔280～700米为用材林区，海拔150～280米为经济林区，海拔150米以下为农牧业区。

（2）工业分布以高垄乡为主，建设一批为农业、疗养服务的工厂。

（3）农、林、渔、牧、副发展规划，包括：①茶园、果园规划；②畜牧业规划；③渔业规划，围堤建湖；④人口控制，规划发展人口20万人，其中山上10万～12万人，农村5万～10万人。

4. 疗养区规划

以牯牛背为界，分为东谷、西谷，近期开辟的有庐山疗养区和牧马场疗养院，计划开辟的有斗米洼、白云观、莲花谷、青莲寺等几个区。

（1）道路规划。①对外交通：登山公路；②干道系统：环山公路、河东路、中路、河南路、香山路等；③各区内部道路和小路，新增芦林至青莲寺的公路。

（2）风景游览与园林绿化规划。①开辟公共绿地公园，扩建和新建公园8个，有花径公园、黄龙森林公园、东谷小游园、街心公园等。②开辟不同趣味与不同方式的风景游览线。风景游览线以公路与步行小道相结合组成。公路以环山公路为主，联系各个景点。步行游览线路有三条，各有特点，分北线、中线和南线。

（3）给排水规划。①给水工程；②供水水源：计划在汉口峡、猪圈山建设水库，供水规模以10万人口计算。

5. 小区规划

（1）小天池规划。小天池为庐山门户，建设汽车站、仓库区，取消陵园，改建为大公园。

（2）牧马场疗养院。①规模：7000～10 000 张床（疗养床位），1960～1961 年建 1200 床；②道路规划：采用“之”字形道路，一面横向联系，一面纵向坡，各院有入口、停车场；③对外联系：预留建缆车或吊车。

（3）牧马场居住区，位于疗养院东北部，规模 1.5 万～2 万人。

（4）东谷改建规划。①东谷是庐山的精华，适当改建，河东路、中路形成综合性高干疗养区，河西路为贵宾区；新建公共建筑庐山饭店、邮电大楼、理疗大楼；②道路：尽量利用原有道路，河西路拓宽，各条道路与干道相连，形成四通八达的汽车路网；③广场与游园布置：庐山大厦前为中心广场，河西路长冲河旁开辟三处游园，即游泳池附近、庐山饭店前、人民医院前。

（5）正街改建规划。正街是商业服务中心。正街拓宽，拟不通车。北面房屋拆除，改为空廊、画廊，南面房屋改建，2～3 层。窑洼辟为运动公园，绕湖北休养所通公路。正街对面山头开辟为职工住宅区。

（6）西谷改建规划。西谷改建为旅游区，包括自费旅游区、工人休养区、专家招待区、儿童夏令营区等。

（7）庐山别墅区建设规划。包括基址选择、整体布局、环境设计、道路设计、市政设计等。

（8）花径公园改扩建规划。

（二）规划实施情况

1960～1966 年，庐山的建设、管理基本上按此规划实施，建设了一批宾馆、旅馆、招待所等旅游接待设施。按照规划，建设了一批公园、游园，即牯岭公园、花径公园、东谷游园、庐山大厦绿地、黄龙公园。建设和完善了风景游览线。建设和完善了道路交通系统，建设和扩建了环山公路和小区内道路，建设和完善了供水排水系统、供电系统，庐山有了比较完整的市政设施。庐山山下工农业生产得到全面发展，建设了一批工厂、果园、水产场，经济得到全面发展。

（三）对 1960 年庐山地区规划的评价

（1）明确提出“庐山是全国闻名的风景游览区”，并将其作为庐山重要的规划原则，这在全国是较早提出来的，对庐山风景名胜区的发展起了重要作用。

（2）对牯岭城镇进行了合理的城市布局，牯岭主城区分为东谷、西谷，东谷为疗养区和高档接待区，西谷为普通旅游接待区和商业区，芦林为别墅区，牧马场为疗养区。

（3）庐山建设成为高山型的天然疗养区。

（4）疗休养、风景游览、工农业生产三者并重，有机结合，共同发展。山上山下一体，牯岭为山中城市，山下工农业生产，共同繁荣，互相促进，构成和谐发展的图景。

（5）1960 年规划对庐山的社会经济发展发挥了指导控制作用，具有良好的经济效益和社会效益。

（6）严格控制城市建设规模，牧马场等新区未予开发，庐山中心区人口仍控制在 1 万以内。

六、1982 年庐山风景名胜区总体规划

1982 年庐山风景名胜区总体规划图见图 3，1982 年庐山风景名胜区山上用地规划图见图 4。

（一）工作过程

1979 年，按照国家城建总局城发园字 39 号文规定，当时的江西省基本建设委员会和庐山管理局成立江西省庐山风景名胜区资源调查组，对庐山的风景名胜资源进行全面调查和评估，调查组由江西省城市规划研究所（江西省城乡规划设计研究总院前身）、庐山管理局城建处，邀请同济大学建筑系参加，主要技术人员有江西省城市规划研究所沛旋、朱观海和庐山管理局建设处工程技术人员。调查范围包括庐山和周边市县（九江市区、九江县、星子县、彭泽县）的景点。1981 年 8 月，编制了《庐山风景名胜区风景名胜资源评价资料汇编》。[①]

① 江西省庐山风景名胜区风景名胜资源调查组 . 庐山风景名胜区风景名胜资源评价资料汇编 .1981.

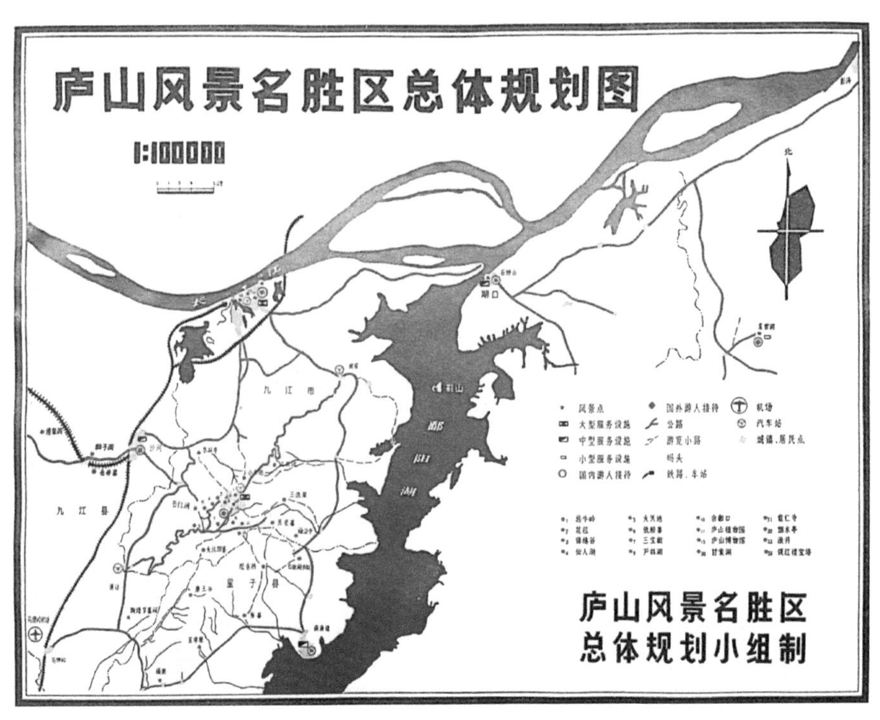

图 3　1982 年庐山风景名胜区总体规划图

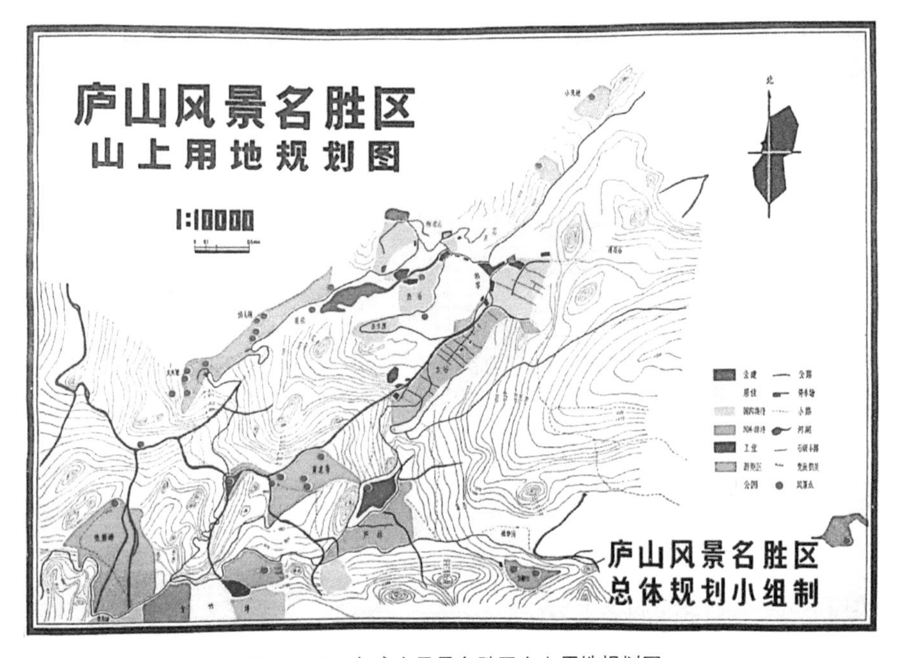

图 4　1982 年庐山风景名胜区山上用地规划图

1980年，根据江西省人民政府赣政发〔1980〕105号文件，进行庐山风景名胜区总体规划工作，成立了庐山风景名胜区总体规划组，其主要工作人员有同济大学的丁文魁、江西省城市规划研究所的朱观海和庐山管理局城建处工程技术人员。1981年，总体规划组完成了庐山风景名胜区总体规划编制任务。1982年8月，江西省政府主持召开庐山风景名胜区总体规划座谈会，参加会议的有城乡建设环境保护部园林局、清华大学、北京大学、同济大学等单位，以及桂林市、峨眉山等地方的专家，省、市和周边县区的领导，会议广泛听取了国内著名专家、学者和有关方面领导同志的意见，通过论证，会议基本肯定了总体规划方案。1983年，在综合专家、学者和有关领导同志意见的基础上，正式编印《庐山风景名胜区总体规划（1982—2000）》。1992年，国务院原则同意，建设部批复了《庐山风景名胜区总体规划（1982—2000）》。

（二）规划内容

1. 庐山风景名胜区风景名胜资源评价

对庐山风景名胜区范围内的景点进行实地调查，此次调查共有景点37处，景观230个，包括庐山山体附属景点（庐山周边九江市区、九江县、星子县、湖口县、彭泽县），景物包括山峦、瀑布、清泉、江湖、植物、气象、文物、地质8种类型。

2. 总体规划主要内容

总体规划包括以下几部分：建设目标，规划原则，规模控制，总体布局，中心区布局，风景点建设，专项规划（包括绿化、道路交通、给排水、电力电信、副食品基地、环境保护等），建设与投资，规划实施措施。

（1）建设目标。将本区建设成为优美的风景旅游胜地，同时成为建设精神文明、进行爱国主义和科学文化教育的场所。

（2）规划原则。以发展旅游事业为主，兼顾休养，限制疗养；加强保护，统一规划，突出重点，分期开放；风景点建设，以利用自然景观为主，保护自然风貌，景区内建筑要与周围环境相协调。

（3）规模控制指标如表1所示。

表 1　规划分期规模控制指标

	近期（至1990年）	远期（至2000年）
床位 / 张	2 万～2.5 万	2.5 万～3.5 万
常住人口 / 人	1 万左右	1 万左右
接待人数 /（人次・年）	300 万～360 万	400 万～600 万
日平均人口（旺季）/ 人	4 万～4.5 万	4.5 万～5 万

（4）总体布局。①景区划分。采取区、点相结合的游览体系，划分为“四区三点”，四个景区：牯岭景区，包括牯牛岭、汉阳峰、含鄱口、王家坡等 16 处景点；山南景区，包括海会寺、秀峰、温泉等 7 处景点；沙河景区，包括东林寺、狮子洞、石门涧、涌泉洞等 6 处景点；九江市区景区，包括甘棠湖、锁江楼、浪井等 5 处景点。三点：龙宫洞、石钟山、鞋山。②保护地带。一级保护（景点界线），即绝对保护区，绿化覆盖率 60% 以上，主要景点的绿化覆盖率在 70% 以上；二级保护（景区界线），绿化覆盖率不得低于 50%；三级保护（风景区保护界线）。③服务设施配置。统筹规划，合理布局，分级配置，配套建设。

（5）中心区布局。①牯岭景区是庐山风景名胜区中心。②用地布局。③旅游接待用地：以东谷、西谷、芦林、医生洼一带为主。东谷、芦林主要为对外接待区，医生洼为主要对内接待区，金竹坪、牧马场、莲花谷一带为远期接待发展用地。④生活居住用地：不扩大居住用地，朝阳村、胜利村作为生活居住备用地。⑤其他用地：商业服务中心、行政办公用地，近期不变动。

（6）风景点建设。突出重点，反映特色，优先开发建设瀑泉景观。结合环境，点缀景点。加强保护，广拓资源，各景区做好详细规划。尽快开发鞋山，开发水上游览线。

（7）专项规划。包括：①绿化规划。划分林业经营区，山上各景点及山体主要景点范围为风景林经营区。调整林相，改善植物景观。②道路交通规划。提高等级，组织公共游览交通，修复和增辟步行游览道路，发展对外交通，包括铁路、公路、航运、航空。③给排水规划。④电力电信规划。⑤副食品基地规划。⑥环境保护规划。⑦控制水源污染，控制大气污染，加强环境卫生管理，防止噪声。

（8）建设与投资。实现景区建设目标，2000 年以前投资 2.035 亿元。近期建设项目安排包括绿化、环境保护、道路交通、给排水工程、电力配套工程、电信工程、副食品基地建设、旅游设施建设、其他经济效益估算。

（9）规划实施措施。植树造林，普遍绿化，改变生活燃料结构。严格控制基本建设，实行“五统一”，即统一规划、统一投资、统一设计、统一施工、统一管理。控制人口，以山养山，以山建山。

（三）实施情况

到2000年，总体规划所规定的目标已经基本实现。

（1）庐山建成为优美的风景旅游胜地，1996年12月6日，联合国教科文组织批准庐山以“世界文化景观”的名义进入《世界遗产名录》。

（2）逐步充实、完善4景区37处景点，开发了三叠泉、五老峰、浔阳楼、鄱阳湖候鸟观赏区等景点。

（3）森林植被得到较好的保护，绿化覆盖率达到60%，主要景点的绿化覆盖率达到70%。

（4）实现了环境保护目标，控制了水源污染、大气污染，加强了环境卫生管理，庐山被评为“全国卫生山”。

（5）常住人口得到控制，人口自然增长率保持在7‰，常住人口保持在1.2万人。

（6）基本建设初步得到控制。

（7）旅游接待设施有了较大改善，改造装修了旅游宾馆和别墅，接待床位达到2.2万张，建设了一批新旅游设施。

（8）公路、铁路、航空等交通状况得到全面改善。环山公路、登山公路已升级改造，组织了公共游览交通线，增辟了步行游览线。

（9）庐山供水工程完工，新建了水源工程——莲花台水库、仰天坪水库。

（10）35千伏输电压工程交付使用，电话、电信工程通达。

（11）改善了生活燃料结构，普遍使用液化气，初步建立排污沟渠系统，建设了污水处理站，较好地改善和保护了生态环境。

（12）旅游经济快速发展，财税收入稳定增长，实现了“以山养山，以山建山”的目标。

（13）进行了风景名胜资源调查，开展了庐山别墅调查研究，为庐山进入

《世界遗产名录》做准备。

（四）规划特点

1. 以法律为框架

1982年庐山规划依据的法规主要有：《中华人民共和国环境保护法（试行）》《文物保护管理暂行条例》、1978年中共中央《关于加强城市建设工作的意见》、1979年国家城建总局《关于加强自然风景保护管理工作的意见》、1981年国务院批转《关于加强风景名胜保护管理工作的报告》（国发〔1981〕38号）等。

2. 强化管理

强调通过管理达到发展目标，资源保护和资源利用是风景区的主要矛盾，两个方面都要通过管理实现和调节，实现地区的可持续发展。

3. 在四个层次上建立规划体系

（1）保护。主要指森林保护、生态保护、环境保护，划定保护地带，实行三级保护。

（2）控制。实行风景区范围内的常住人口控制和基本建设控制。

（3）发展。发展旅游事业，兼顾休养，限制疗养，确定发展规模（接待人数和接待床位）。

（4）管理。①统一规划，统一管理；②风景区中心地区由风景名胜区管理局实施管理，风景区周边地区由周边市、区、县管理，省政府办公厅、建设厅统一协调（类似国家公园体制）；③景区管理，风景区范围内以景区为基本单元管理。

4. 明确的目标体系

（1）明确风景区的规划原则。

（2）总体目标与具体目标。总体目标是使庐山成为优美的风景旅游胜地，成为建设精神文明、进行爱国主义和科学文化教育的场所。具体目标是发展景区景点、绿化、交通、设施、农副产业。

（3）近期目标和远期目标。近期目标指1980～1990年的目标，远期目标指1990～2000年的目标。

5. 软性规划与硬性规划的结合

（1）软性规划。资源管理，包括建设目标、规划原则、发展规模、总体布局。

（2）硬性规划。包括中心区布局、风景点建设、各项详细规划（绿化、道路交通、给排水、电力电信、环境保护、生产基地、建设项目安排、实施措施等）。

（五）评价

（1）我国较早的风景名胜区总体规划。

（2）初步建立了系统的风景名胜区规划体系。目标明确，突出了资源管理，促进可持续发展。

（3）结合实际，操作性较强，在风景区和周边县区得到较好的实施。

（4）突出了资源保护，建立了三级保护体系，促进了生态环境和生物多样性的保护，使生态资源保护事业走向系统保护与积极保护。

（5）建立合理的处理生态环境保护与资源开发的利用关系，形成保护与发展有机结合的模式，推动旅游事业和地方经济的有序发展。

（6）至 2000 年，在风景区范围内，规划各项目标基本实现，庐山成为国际知名的风景旅游胜地。1996 年，联合国教科文组织专家考察庐山时，对庐山的规划、资源保护和管理，给予肯定和较高的评价。

（7）提出了"山—江—湖"一体化的概念，有利于形成合理、协调的经济发展格局，以发展旅游事业为主，兼顾休养疗养，结合庐山历史和实际，在发展旅游的同时，发挥历史文化名山优势，使庐山成为国际知名的避暑胜地。

（8）促进建立风景区完整有效的管理体系。在风景区范围内，按照规划要求，建立有效的生态环境保护、资源管理、景区和社会管理体系。这种风景名胜区管理体系有别于一般的社会行政管理体系，促进和保障了风景区的可持续发展。

（9）提出"以山养山，以山建山"，以经济效益保障风景区的资源保护和资源管理，实现了经济效益、社会效益和环境效益的平衡，促进了风景区的健康发展。

（10）注重调查研究和基础科学研究。在制定总体规划之前，对风景名胜资源开展了实地全面调查，编写了《庐山风景名胜区风景名胜资源评价资料汇编》。

在编制总体规划过程中，了解到庐山近代建筑的重要史学价值，对近代建筑进行实测，编制了庐山近代建筑实测图集。庐山近代建筑构成了庐山文化景观的主要部分，形成了庐山旅游文化特色，为以后申报世界文化遗产奠定了基础。

七、1986 年黑川纪章庐山旅游开发规划

1986 年黑川纪章编制的庐山观光开发规划图与庐山中心地区总平面布置图详见图 5、图 6。

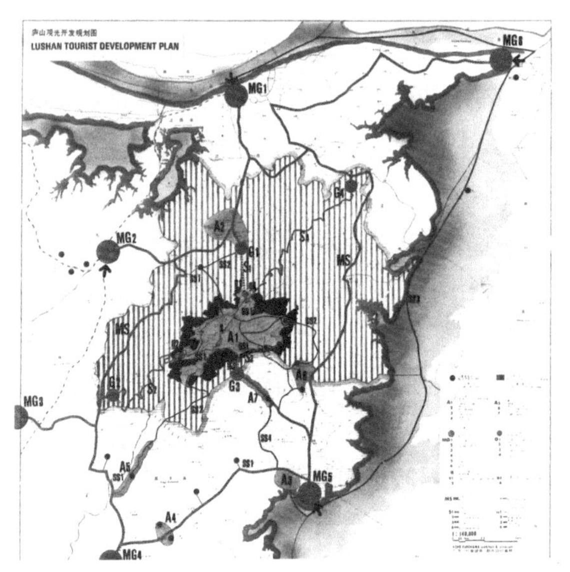

图 5　庐山观光开发规划图（1986 年，黑川纪章）

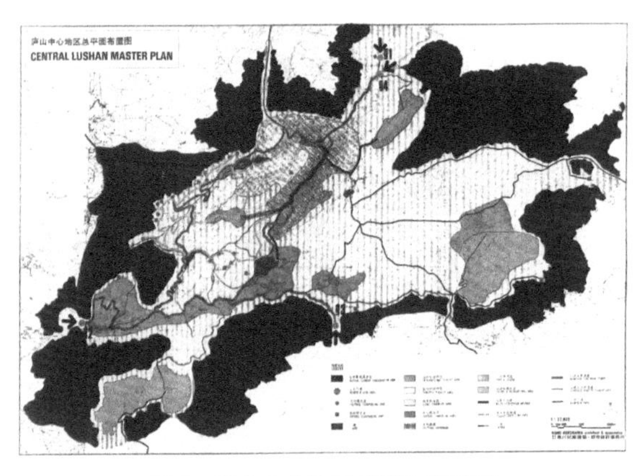

图 6　庐山中心地区总平面布置图

（一）工作过程

1. 规划编制

1984 年 4 月 17 日，国务院批复同意设立江西省庐山风景名胜区管理局，同年 5 月 21 日，江西省成立庐山风景名胜区管理局。随后，江西省政府和庐山管理局邀请日本著名建筑师黑川纪章编制庐山旅游开发规划。1984 年 10 月黑川纪章提出第一阶段报告——《庐山旅游开发规划》，提出了旅游规划的基本构思。

1985 年 5 月，江西省政府派出考察团赴日本考察并与黑川纪章讨论庐山旅游开发规划，签订规划设计合同。考察的主要内容是富士箱根伊豆国立公园、支笏洞爷国立公园。其中前者的规模与庐山相似，是疗养和风光胜地，是庐山规划和开发的参考范例。

1986 年 4 月黑川纪章提出第二阶段报告——《江西省庐山风景名胜区观光开发综合基本计划》。提出第二阶段报告后，因一些原因，合同停止执行，观光开发规划没有完成。

实际上，旅游开发规划是一个地区的专项规划，但这种规划在国内较少展开，学术界和社会上不够了解，对委托外国专家进行这种规划有不同的意见和误解。1997 年，联合国世界旅游组织委派专家，对中国云南、江苏等地开展编制旅游开发规划。2003 年，庐山管理局邀请南京大学专家编写旅游开发总体规划。庐山的旅游开发规划在停滞了 17 年之后终于得以重启。

2. 实施规划的准备

（1）与日本箱根町联系，结成友好关系，互帮互助。

（2）与银行家、企业家联系，促成到庐山考察，建立和疏通投资渠道。1986 年 8 月，东京地区银行家到庐山考察。

（3）与电视台联系，辟专栏宣传庐山，通过媒体推介，促进观光营销。

（4）与联合国世界旅游组织联系，发展国际旅游项目。

以上四点，均由黑川纪章建筑都市设计事务所提出并推动组织实施。

（二）规划内容

1. 总体背景上庐山所处的市场位置

（1）上海是庐山的大门。

（2）集中开发南昌、九江、景德镇三角区，以庐山的旅游开发为主要项目。

（3）整体开发程序。

（4）开发目标。①庐山的理想形象：避暑胜地、绝佳的自然环境、丰富的历史文化气息；②满足目标游客各种类型的需求：参观，运动，研修和文化，购物，探险，休闲（包括疗养、休养），体验当地生活，商务，会议。

2. 开发构想和规模

以软体和硬体两种方法实施旅游开发。软体：形象、运营、管理；硬体：物理性的计划和设计、建设；

（1）开发构想（表2）。

（2）开发规模。1984年庐山观光客96.4万人，其中外国观光客1万人。2000年观光客预测200万～300万人。长远目标是外国观光客10万人/年，总观光客1000万～1500万人/年，外国游客50万人/年。

表2 庐山旅游开发规划构想

软体	硬体
建立特色	庐山风景区的结构
游客分类	文化历史设施的加强
游客融入当地	明晰的通道和情报
生活与文化	建立旅游路线
鼓励冬季旅游	景点改善

（3）主要旅游设施。住宿、饮食、陆上运动、水上运动、冒险、观光、研究考察、娱乐和消遣、疗养、休养、购物。

3. 总平面布置

（1）大庐山区。庐山、九江、南昌、景德镇、鄱阳湖构成大庐山三角区，促进达成合理又吸引人的观光开发。

（2）庐山观光开发计划。①区域。庐山风景名胜区、庐山附属风景名胜区、集中开发区，即庐山中心区、梅山区、星子区、温泉区、海会寺、白鹿洞地区。②道路和出入口。道路分三级布置：MS 主要循环道；S 连接道和中心区循环道；SS 通往景点的道路；出入口分为正门 MG，连接道和主要道路上的门闸 G、景点门闸 g。③总平面布置。功能分区：拟分国际性接待区（东谷、女儿城、朝阳、芦林、白云观），国内接待区（西谷），商业中心区（牯牛岭），自然风景保护区等共 9 个分区。④自然环境和文化遗产的保护：保护自然环境的基本指导方针，保护文化遗产的基本指导方针。

4. 经选择后区域的开发计划

（1）开发地区的选择及用地条件。

（2）开发地区：东谷、女儿城、白云观、朝阳、芦林、牧马场、金竹坪、青莲寺、仰天坪、温泉、白鹿洞、梅山、康王谷、观音桥、海会寺。

（3）被选择地区的开发概要。包括：文化游道、庐山文化博物馆、森林公园、高尔夫球场、旅游服务中心、历史散步道、理想村庄、健康疗养中心、水上度假中心、东方文化研究所等 15 项。

5. 旅游路线

（1）旅游路线的必要条件。

（2）旅游潜力分析。

（3）路线图。

旅游路线分为三项：基本路线、组合路线、特别路线。基本路线分为 9 条：自然风景路线、古代史路线、近代史路线、宗教和哲学路线、文学路线、艺术和雕刻路线、运动和休闲路线、健身和保养路线、美食路线。将基本路线组合成组合路线、特别路线。组合路线：庐山七日游（度假）、南昌—庐山（五日）—景德镇、庐山五日健身旅行、庐山三日家庭游。特别路线：庐山寺庙旅游、陶渊明路线、瀑布和溪流路线、铁人竞赛。

（三）规划特点

1. 注重全局背景，立足整体开发

以江西省为背景，理出发展庐山观光度假的两个节点：上海市、江西省内三角区域。全方位推动观光开发，周到的规划准备，包括开发指导方针、预算、海外投资、宣传广告、推销活动、吸引国内外游客。

2. 以软体和硬体两种方法建立规划体系

软体指形象、运营、管理；硬体指物理性的计划和设计、建设。

3. 从大到小的多层次平面布局

总平面布局分为三个层次：大庐山区、区域划分和布局、功能分区。区域布局中注重道路和门闸。

4. 主题明确的开发项目

16个被选择的开发区域，16个有特色的开发项目，使庐山的旅游开发目标落到实处。

5. 面向游客的内容丰富的旅游路线

适应不同游客的多种需要，形成9条基本旅游路线及组合路线，提高游客的可选择性。

6. 形成庐山多方面的特色和优势

庐山旅游多方面的内容包括游览、观光、研究考察、娱乐消遣、休闲度假、避暑、疗养休养、购物。庐山的特点和历史文化优势，作为旅游资源开发出来。提出将某些有缺陷的历史文化积淀作为可开发的资源。

7. 策划和准备

规划者不仅做出物理上的计划，而且对投资、营销、与周边联系和推动进行策划与准备，为计划的实施开辟道路。

（四）评价

（1）借鉴了国际上先进的旅游发展规划理念和方法。

（2）规划编制单位对规划准备、媒体推介、规划实施的全面推动。

（3）充分发挥庐山作为风景名胜地和观光胜地、疗养胜地、避暑胜地和度假胜地的优势，并作为庐山旅游的潜力和特色加以发展。

（4）富有特色的观光与度假策划，增加了庐山的吸引力，拓宽了庐山的前景。

（5）深入的背景、形势和场地分析。

八、结束语

从19世纪末至20世纪末，百余年间庐山共进行过6次规划，其中1986年黑川纪章的规划没有完成，1936年国家公园计划因抗日战争全面爆发未予执行，其余四次均付诸实施。2003年庐山总体规划，由清华大学相关单位编制，不在本文叙述范围（可详见本书《继往开来谱新篇——庐山新老版总体规划比较与“大庐山”规划理念》）。

在此，对6次庐山规划的成就归纳总结如下。

（1）庐山较早进行了规划。庐山作为风景名胜，历史悠久，但其中心区的开发兴起于19世纪末，其成果是使庐山成为著名的避暑胜地。1896年开发伊始，即编制庐山历史上第一个规划《牯岭地区规划》，以规划指导，控制庐山的开发、建设和管理，促进庐山的有序发展。

（2）庐山历次规划，大多数付诸实施，取得了有积极意义的社会效益，促进了庐山的可持续发展。波赫尔规划促成了庐山牯岭的形成，并促进庐山成为世界知名的避暑胜地。1996年12月6日，联合国教科文组织在墨西哥梅里召开会议，根据世界文化遗产选择标准第二项、第三项、第四项和第六项，将庐山以“世界文化景观”列入《世界遗产名录》。其中第四项是：“可作为一种建筑或建筑群或景观的杰出范例，展示出人类历史上一个（或几个）重要阶段。”

作为一个杰出范例，庐山近代建筑和牯岭的历史风貌展示出中国近代史的重要阶段。庐山文化景观是“人和自然相互作用产生的作品”，是人类长期的生产、生活与大自然达成的和谐与平衡。

1936年庐山规划虽未付诸实施，但是已发生实际影响。其一是对庐山的保护形成了法规，当时的江西省政府制定《庐山森林保护法》，对庐山自然环境和森林的保护进入法制的轨道；其二是庐山成为国有公园（国家公园），并成立管理局，实行国家公园管理。从此庐山的管理和保护纳入国际上有先进意义的国家公园体系。

1956年的规划促使庐山发展成为中国著名的疗养胜地。

1960年的规划促使庐山发展成为风景游览与疗养避暑有机结合的全面发展的地区，成为著名的风景游览胜地、疗养胜地和避暑胜地。

1982年的规划是一次全面系统的规划，促使庐山成为中国首批国家重点风景名胜区与著名的旅游胜地，1996年联合国教科文组织批准庐山作为“世界文化景观”列入《世界遗产名录》。

庐山的各次规划促进了庐山的社会和经济发展繁荣，是中国近代和现代历史的重要篇章，促使庐山成为中国著名的风景名胜、度假胜地和疗养胜地。

（3）促进了庐山的自然生态环境保护。从第一次规划开始，注意保护森林、地貌、风景和生态，促进建立保护庐山的法规，使庐山的自然生态具有天然性、珍稀性和独特性，在世界上有着重要的影响。

（4）促进庐山的全面规范管理。庐山在20世纪30年代即开始实行国家公园式管理，成立了管理局，为中国风景名胜区的现代化管理提供了先例和经验。

（5）健全和完善庐山的法制管理。根据这些规划，制定了一系列法律法规，建立了管理的法律框架。

（6）实现了对风景区人口、建设规模的有效控制。庐山较早划定了风景区范围，在此范围内，100多年来人口控制在1.2万人以内，建设规模、房屋数量都得到严格控制。

（7）引导了庐山社会经济的科学发展。庐山的旅游经济得到了充分发展，旅游观光人数已达年1000万人次以上，旅游业产值在数十亿元以上，经济、社会和自然环境和谐共存，全面发展。

继往开来谱新篇

——庐山新老版总体规划比较与“大庐山”规划理念

金笠铭*

新版（2011年版）庐山总体规划（以下简称“总规”）历经十年的编制过程，终于在2012年经国务院批准，正式开始实施。新版总规与老版（1982年版）总规的编制背景、面对问题、规划目标既有差异性，又有关联性，有必要进行比较研究。新版总规提出了以“大庐山”“山—江—湖”一体化作为主导理念，符合科学发展观的国家政策导向。此理念的提出既从大生态安全格局的科学保护考虑，又从区域社会、经济的科学发展考虑；既有利于庐山未来的保护与利用，又符合国家和区域发展战略。

笔者曾在本书《十年攀登一座山——庐山规划十年感言》一文中，对新版庐山总规的编制过程有较详细的描述。这里需要特别指出的是，没有老版（1982年版）庐山总规的开创性贡献和奠定的良好基础，很难想象会有新版（2011年版）庐山总规的建树和成功。新版总规就是老版总规的顺理成章的演进和发展，可以说新版总规就是老版总规的升级版。原因在于，新、老版总规所面对的风景区内原生的景观资源等物质及非物质要素并没有发生实质性的变化，而属于风景区外在的人为因素却存在着继往开来、承上启下的关系。诚然，时

* 金笠铭，清华大学建筑学院城市规划系教授。本文成稿时间：2014年1月。

过境迁、物是人非、社会进步、观念变化、需求差异等又必然导致总规编制的出发点和侧重有所不同。为了更好地诠释新版总规的主导理念和规划对策，有必要首先回顾与比较新老版庐山总规的异同。

一、新老版庐山总规的主要异同

（一）规划编制背景

1. 老版（1982年版）总规的编制背景

1978年，中共中央明确提出改革开放基本国策，一切工作以经济建设为中心。此时国家刚刚经历了"文化大革命"，各项事业方兴未艾。风景区的恢复转型也提上了议程。

1982年，相关机构在对美国及欧洲国家风景园林规划管理的考察和论证后①，审查批准了国内第一批44处国家重点风景名胜区，庐山也位列其中。"文化大革命"之后若干年，庐山还停留在"按上级指令和计划，以休疗养接待为中心"的管理水平上。1979年以后，国家已把庐山正式列为乙类开放地区，可以接待国际宾客。庐山管理局适时地把"以休疗养接待为中心"改为"以旅游接待为中心"，从此正式拉开了市场经济的序幕。但是，在管理体制上，庐山依然沿袭了计划经济时代"一山多治"的局面，成为未来发展市场经济的桎梏。与此同时，20世纪80年代初，一部感天动地的电影《庐山恋》一炮走红，轰动全国，人们既憧憬着久违的纯真爱情，又向往着如梦如幻的庐山美景。庐山迎来了改革开放后的第一波旅游热潮，接待游客由1976年的每年2.34万人次，急剧增加到1981年的每年10.64万人次。接待的游客类型也由原来内定的几种人迅速扩展到全国各地各行各业的旅游团队及各业界的会议等，其中散客及国外宾客虽占比不高，但呈逐年增长势头。山上原有休疗养设施（以驻山机构为主）已无法满足这种多元化、多档次的需求，经营模式开始向国家、单位、集体、个体经营并举转化。但由于历史原因，原有各驻山机构尽管在软、硬件上

① 1978～1981年，国家派出考察团，重点考察了美国国家公园及欧洲国家公园，并以美国国家公园为范本，制定了我国风景名胜区的规范和标准。

占有相对优势，但难以对庐山整体景观环境整治和基础设施配套发挥作用。此时，不仅亟须解决游客剧增、需求多样，基础设施、旅游服务设施配套欠缺的主要矛盾，还需要及时制定环境整治和景源保护对策，以应对旅游大潮的冲击，并达到国家创建重点风景名胜区的目标，编制1982版总体规划已成当务之急。

2. 新版（2011年版）总规的编制背景

老版（1982年版）总规正式实施了二十余年，2003年新版（2011年版）总规开始启动编制。应该说，老版总规的规划目标基本已经实现。然而，在此期间国家的经济社会面貌发生了天翻地覆的变化。改革开放大大解放了生产力，人们的物质与精神生活水准均大幅提升，与20年前不可同日而语。城市居民平均年收入增长了几十余倍。以旅游为主的休闲活动持续升温，人们对旅游目的地的期望值和服务质量有了更高要求。截至2002年，全国已有四批（151个）风景名胜区，加上名目繁多的旅游区、主题公园等，旅游市场的竞争日趋激烈。国家规定的法定节假日也由20世纪80年代初的9天增至1998年的18天。这些都大大增加了人们休闲度假的机会和选择。至2002年，庐山旅游人数已达每年约120万人次，与20世纪80年代初相比，已有10多倍的增长。伴随着小汽车进入家庭，自驾车上山旅游的游客也与日俱增。据2002年“五一”期间不完全统计：其中一天的上山车辆就多达12万辆。如此井喷式的游人车辆增长，为庐山带来了滚滚财源，也带来了严峻的挑战：旅游服务设施接待能力频频告急，景源环境也面临前所未有的压力和污染。与此同时，庐山也一直为走出中国走向世界做着努力。1996年，庐山风景名胜区终于以“世界文化景观”遗产的名义列入联合国教科文组织的《世界遗产名录》，成为当时中国已获批的39个世界遗产中唯一的文化景观遗产。2004年初，庐山又被评为“世界地质公园”。这些殊荣使庐山的地位大大提升，也对其的保护和利用提出了更高的要求。此时，国家也适应新的形势提出了科学发展的大政方针。对照联合国教科文组织发布的《保护世界文化和自然遗产公约》有关条款，以及我国自20世纪80年代以来颁布的各项法律和法规，庐山的确有不少的差距。特别是饱受诟病的庐山管理体制始终没有摆脱“一山五治”的局面，严重制约了庐山的科学保护与发展。鉴于此，老版总规已无法解决新形势下的新问题和新挑战了，对庐山开展新一轮总体规划已势在必行。

（二）主要问题

从表 1 中可以看出，两版总规面对的主要问题既有差异性又有关联性。差异性在于规划编制时的历史背景、发展阶段不同，以及人们的观念和需求不同，这些也反映出中国的社会进步和时代特点；而关联性在于管理体制问题仍然困扰着庐山。尽管在2006年取得了局部可喜的进展①，但从顶层制度设计上仍未取得突破性进展。而事关庐山景观资源从全山范围内更好保护与利用的问题，自老版总规时即已产生并需要解决，却由于管理体制上的制约只好任凭发展，一些超出庐山管理局管辖范围的相关问题甚至有愈演愈烈的趋势②。

表 1　1982 年版与 2011 年版庐山总规主要项目比较

主要选项		1982年版	2011年版
规划编制背景	宏观经济社会背景	1978 年党的十一届三中全会上提出改革开放基本国策，以经济建设为中心，并由计划经济向市场经济转型，以农村改革开始，并带动城市改革。人们的物质生活与精神生活水平提升，旅游业开始兴起	21 世纪初，党中央提出科学发展观，要建设资源节约型、环境友好型、社会和谐型小康社会，并更加关注民生 中国正式加入世界贸易组织（WTO），引进国外先进经济管理机制和理念、做法，国内旅游业井喷式大发展，各地风景区、旅游区大量涌现，其市场竞争格局日益激化
	国家对风景名胜区的政策	1982 年，庐山成为国家颁布的第一批风景名胜区之一。20 世纪 70 年代初，庐山休疗养机构已下放地方管理。1979 年庐山列为国家乙类开放地区，可接待国外游客。国家进一步下放权力，由各风景名胜区行使管理职能	2006 年 9 月国务院颁布《风景名胜区条例》指出，国家对风景名胜区实行科学规划、统一管理、严格保护、永续利用的原则。旅游作为产业，完全以市场化进行运作
	庐山地位与品牌营造	仍局限于国家重点风景名胜区，作为著名的休疗养胜地和召开中央、地方重要会议的场所。主要接待国内游客，国外游客占比很少 电影《庐山恋》于 20 世纪 80 年代初在全国公映，使庐山名声大振，是以影视进行品牌营销推广的成功案例	1996 年 12 月庐山被联合国教科文组织作为“世界文化景观”列入《世界遗产名录》；2004 年初又被评为“世界地质公园”；2000 年，庐山被评为“全国文明风景名胜区先进单位”，全国首批国家 4A 级旅游区；2006 年晋级为“全国文明风景旅游区（十佳）”，成为国家 5A 级旅游区

① 2006 年，庐山垦殖场划归庐山管理局管辖，庐山管理局管辖面积由 46 平方千米增至 129.3 平方千米。

② 21 世纪初，曾有多家媒体对庐山山体周边违建别墅等开发行为进行过报道。

续表

主要选项		1982年版	2011年版
规划编制背景	面对的主要问题	庐山牯岭区人口集中，建筑密集……山上常住人口难以控制。人口增长给交通运输、物资供应、市政公用设施与住房建筑都增加了压力。这种现象对风景名胜区的管理和环境保护极为不利 文物、山林破坏较为严重，风景资源开发利用率低 市政公用与各类服务设施不配套……给水管道系统不全，需要改造完善，环卫设施很差，没有排水管网，环境污染严重…… 管理体制不统一，平行机构多，各自为政，不利于风景名胜区的保护、管理和旅游、休疗养事业的发展。 建设维护资金无正规渠道，没有列入国家计划，维护费用极少，市政公用设施与房屋年久失修、难以维护，必要的基础设施更无力建设	1. 资源保护上问题突出 对庐山的生态自然景观未能从更大区域上进行保护和控制；对核心景区的保护缺乏明确区域划定和各项保护措施；对旅游迅猛发展造成的超负荷、建设性破坏、“黄金周”冲击、汽车上山污染加剧等缺少对策；牯岭镇由于功能集中、居住及外来流动人口过多造成人多、车多，城市化、商业化、人工化趋势加剧等；东林寺等重要景区及庐山风景区周边过度商业地产开发带来一系列问题；旅游配套设施（如缆车等交通设施）不恰当，对环境生态造成不良影响；地质等安全隐患问题多 2. 资源利用上水平低、不均衡 （1）水平低。旅游方式仍多以观光游为主；旅游服务设施不完备、档次低、不配套、各自为政、自成体系，未形成规模化、集约化、整合化经营，“黄金周”期间人满为患，旅游质量严重下降等 （2）不均衡。空间上：庐山旅游主要集中在以牯岭为中心的各老景区、景点周围，其余地区及山下各景区景点的利用开发仍有较大差距；时间上：旺季时负荷过重，淡季时设施闲置，“黄金周”期间与平时仍有较大反差 3. 管理体制上“一山五治”成为制约科学发展的关键因素 由于分属5个不同的管理辖区，庐山形成了分散管理、条块分割、利益博弈，难以对庐山进行资源保护与利用的优化统一管理，严重影响了庐山社会、经济、文化事业的协调科学发展，无法构建整体和谐的庐山 综上所述可以看出，一些问题自1982年版总规至2012年版总规一直困扰着庐山；有的问题在程度上更严重了，有的问题得到一些缓解，但还未从根本上加以解决，其中管理体制问题依然故我，已经到了非改不可的时候了

续表

主要选项		1982年版	2011年版
规划编制主要内容	庐山性质	整个区域景观类型分为瀑泉、山石、气象、植物、地质（第四纪冰川遗迹与溶洞）、江湖、人文、别墅、建筑等八大类，风景优美、古迹众多、水源充沛、植物茂盛、气候凉爽，是丰富文化遗存和美丽自然环境并存的多功能山岳风景名胜区，为国内外久享盛誉的旅游和避暑胜地	庐山风景名胜区已成为“世界文化景观”遗产，是以人文、自然景观有机融合为主要特征，以资源保护、观光度假、科普教育、会议会展为主要功能，以山岳为主体的国家级风景名胜区
	规划范围	限于客观因素未对风景名胜区范围做出明确规定，只是在国务院下达的批文中明确了庐山风景名胜区的“四至”，其控制范围为302平方千米（并未有详细准确的边界定位）	基本上以环山公路为界，占地330.42平方千米；外围保护地带总占地103.94平方千米（并划定了详细准确的边界）；外围景区：浔阳景区、龙宫洞景区、石钟山景区、鞋山－湖口景区、沙河景区
	规划期限	近期：1983～1990年 远期：1991～2000年	近期：2011～2015年 中期：2016～2020年 远期：2021～2025年 （远景：2026～2050年）
	发展规模控制	山上旅游旺季日平均（包括常住及临时人口） 近期：4万～4.5万人/日 远期：4万～5万人/日	至2025年，游客规模控制在200万人次/年（不含山体外的景区游人规模）
	风景资源评价	经普查，全区共有景点37处，景物、景观230个。仅对景点进行了分类，未对景点等进行分级评价	风景资源评价（进行了分类分级评价） （1）自然景点（分四类五级）：111处； （2）人文景点（分四类四级）：76处； 合计：187处
	规划布局结构	全风景区划分为“四区三点”：牯岭景区（含16处景点）、山南景区（含7处景点）、沙河景区（含6处景点）、九江市区景区（含5处景点）；三点为龙宫洞、石钟山、鞋山	多中心、多要素圈层网络式空间结构*。山体内划分景区15处，庐山外围景区5处

* 多中心多要素圈层网络式空间结构具有相当大的包容性、开放性和可生长性，无论对于庐山统一管理、整体保护还是渐进整合资源优化利用都是十分有利的，是一种全息互动的空间结构，是适应信息时代科学发展的必然趋势和理性选择。

多要素：规划以网络结构使庐山景观资源保护和利用这两个要素有机组织起来。

圈层：由中心向外围呈圈层式的分类保护格局。

网络式空间结构：覆盖全风景区范围（同时扩展到外围保护地带并覆盖更大空间范围）的具有网络特性的空间结构。网络结构的各节点既有各自特色，可实现自身发展，又可以统筹协调，实现功能互补。各个节点均有相当大的发展空间和机会选择。

多中心：规划保持牯岭在规划期内（甚至远景期内）作为庐山风景名胜区旅游服务中心，另在山下设置两处旅游服务次中心，形成山上、山下功能互补、各有侧重的多级中心。

续表

主要选项		1982年版	2011年版
	规划编制时间	1979年开始，对全区风景资源展开普查评估，编制《庐山风景名胜区风景名胜资源评价资料汇编》；1980年，开展总规编制工作，1983年，编制完成并通过专家评审	2003年5月正式启动全山风景资源调查评估，并编制规划大纲，于2004年5月通过大纲专家评审；而后又经多次修改完善，同时完成《核心景区保护规划》；总规自2010年至2012年先后通过从江西省到中央各部委共8次评审 2012年8月国务院正式下文批准

（三）规划目标

由于历史背景和发展阶段不同，新老版总规中的规划目标有较明显的差异。

老版总规尽管也提出了保护景观资源的一系列建议，具有前瞻性，但由于当时风景名胜区刚刚成立，国家经济刚开始复苏，旅游业方兴未艾，发展成为硬道理。其规划目标（或编制时的初衷）自然而然应以发展利用为主。而所谓的发展是将庐山由以休疗养为主向以发展旅游业为主转变。具体表述为："总体规划要从整个国民经济、社会发展要求和风景名胜区的现状出发，在保护好资源的前提下，以发展旅游事业为主，兼顾休养，限制疗养，充分利用现有资源设施，量力而行，稳步前进，在尽可能短的时间内把本区建设成为一个有独特风景特色、游览内容丰富、接待服务周到、交通电信便捷和环境优美、文明、整洁的风景名胜区。"

而新版总规产生的历史背景是：实行改革开放已二十余年，经济持续高速增长，旅游业蓬勃发展，并对庐山造成较大冲击，其景观环境和旅游质量受到很大影响。因此，新版总规的规划目标已由以发展利用为主向以科学利用并突出科学保护为主转化。具体表述为"总目标：以'保护为先，利用优化，统筹协调，渐进整合'，实现庐山风景名胜区保护与利用，自然与人文、经济与社会协调共赢的科学发展，构建和谐庐山"，并提出了"充分保护庐山风景名胜区的自然景观资源、人文景观资源和生态环境"，以及"在环境容量允许的限度内，以合理适当的方式，优化利用庐山风景名胜区的资源""以人为本，统筹协调，渐进整合，完善管理体制，依法治山。实现政府、居民、经营者与游客的共赢格局，构筑和谐庐山"。基于以上规划目标，2011年版总规提出了一系列新的规划理念和思路。其中"大庐山""山—江—湖"一体化的理念是贯穿于新版总规编制之中的主导理念。2011年版总规总体规划图、规划布局结构图、景区划分图详见图1～图3。

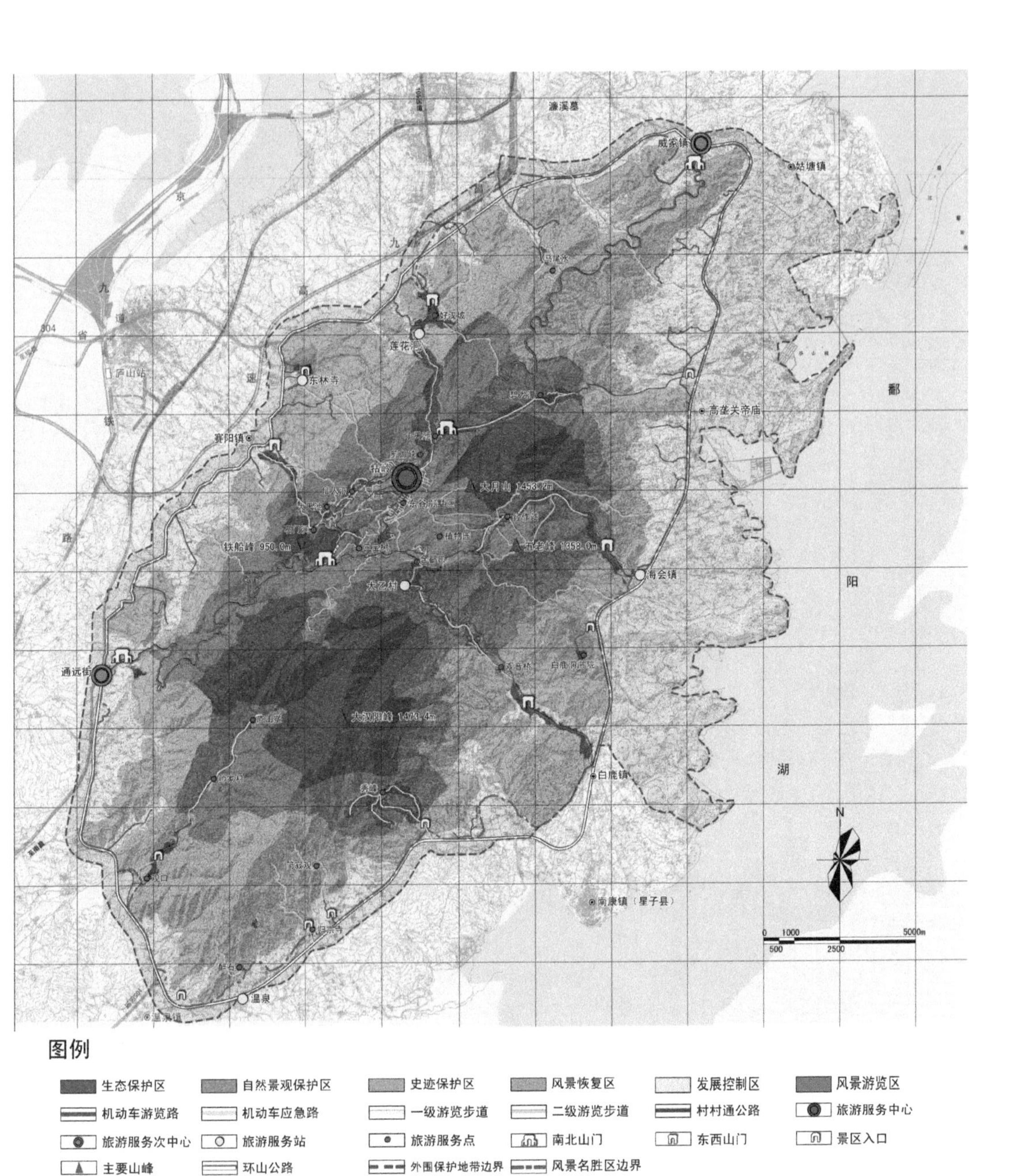

图 1 2011 年版总体规划图

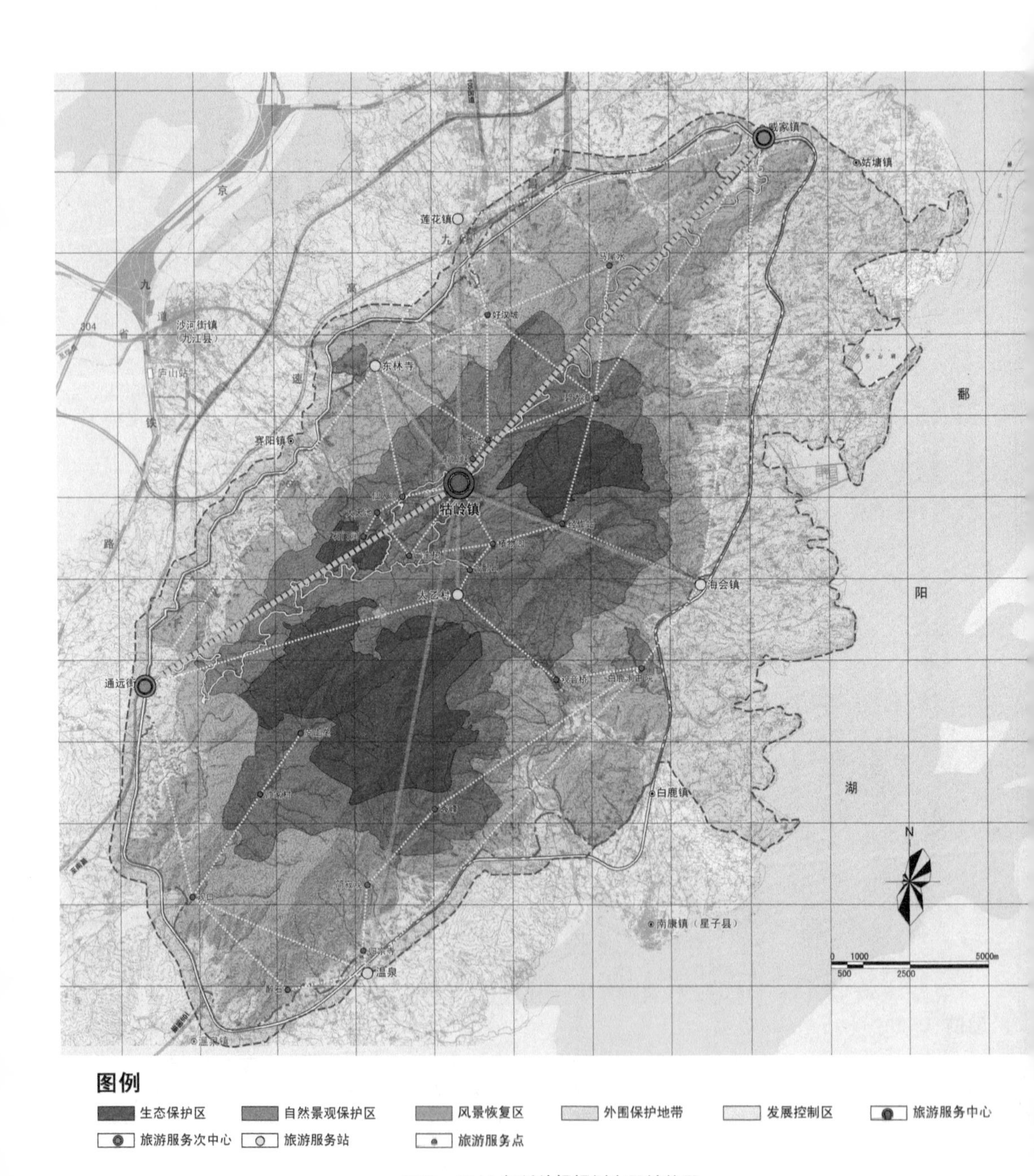

图 2　2011 年版总规规划布局结构图

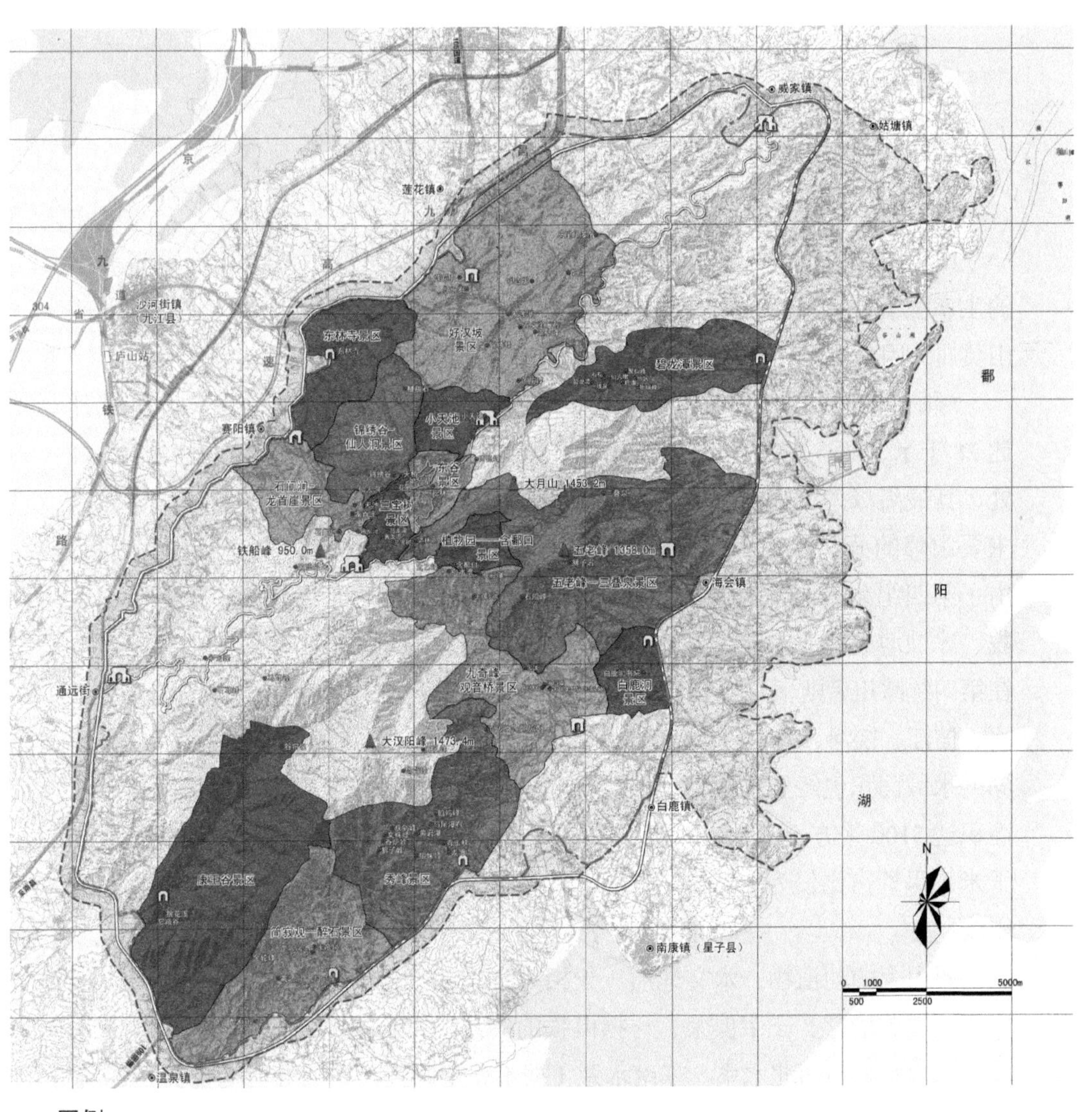

图3　2011年版总规景区划分图

二、“大庐山”“山—江—湖”一体化理念浅论

（一）“大庐山”“山—江—湖”一体化与科学保护

1.“大庐山”“山—江—湖”一体化与大生态安全格局

（1）庐山的生态位

由于紧邻中国最大的淡水湖——鄱阳湖，并邻近长江中游水域，所以庐山的生态位既独特又敏感。独特的是，如此紧邻大湖大江的风景名山在中国非庐山莫属。因其位置如此特殊，又使庐山的生态敏感性尤为突出。

濒临鄱阳湖北岸的庐山山体宛如一道巨大的天然屏障，自东北向西南绵延达 28 千米，宽达 11 千米。庐山山体主要山峰达 99 座，名人命名的山岭达 171 处；其最高峰大汉阳峰海拔达 1473.4 米；山体总面积约为 282 平方千米，如以主要山峰的分水岭为界，则面向鄱阳湖的山体面积占 60% 左右。庐山山体是由于第四纪冰川地质变迁而明显隆起成典型的长轴型菱形断块山，属断决山地貌、冰蚀地貌、流水地貌三位一体的复合型地貌景观。而山体以南的鄱阳盆地在第四纪冰川后则相对下陷，庐山上的冰川随气候变暖逐渐消融[①]，与赣江、抚河、信江、饶河、修河五大水系共同汇入鄱阳盆地，最终形成了鄱阳湖[②]。鄱阳湖的水域面积也经历多次变迁，终于稳定在现代的水域范围内，其最大丰水期面积达 5100 平方千米，岸线长达 1200 千米，庐山山南滨湖一侧的岸线长约 30 千米，尽管占比仅为 0.25%，但环顾整个鄱阳湖岸线，唯此一处是濒临大山的岸线。

庐山上的动植物、水文地质、天相等生态因子与鄱阳湖生态圈完全是互相作用、彼此依存、一荣俱荣、一损俱损的关系。庐山的地表水体可分为两大水系：东南水系与西北水系。东南水系（据不完全调查，其中常年溪流不下 20 余条）发源于庐山东南山麓，可汇集庐山山体内 60% 左右的地表水和泉水，水流经滨湖地带后直接排入鄱阳湖，补充和促进鄱阳湖水系循环再生。其中山南几条

① 经地质考察，发现庐山东南山麓至鄱阳湖滨上仍留有大量第四纪冰川遗迹，学名为蛇曲状冰川终碛垅。

② 周文斌，万金保，郑博福. 江西“五河一湖”生态环境保护与资源综合开发利用. 北京：科学出版社，2012：6-10.

大的溪流，由于流经庐山南麓，有富含各种矿物质的温泉水的涌入[①]，在注入鄱阳湖时形成大面积湿地，有利于鱼虾生长，并成为吸引大量候鸟理想的栖息地，被誉为“候鸟天堂”[②]。而庐山的西北水系（据不完全调查，其中常年溪流不下10余条）则发源于庐山西北山麓，流经山下九江市内的狮子河、沙河等再注入八里湖、芳兰湖、赛城湖、甘棠湖后排入长江，成为九江市内改善气候、调蓄洪水的内湖生态群落，也是长江中游必要的潟湖生态群落。鄱阳湖、长江的水体升腾和湿润造就了庐山繁茂的植被与生物群落[③]，不仅使庐山成为囊括几乎从亚热带到山地温带的全部植物品种的“植物宝库”，而且养育了很多庐山独有的珍稀生物物种。同时，通过庐山至鄱阳湖、庐山至长江边的生态廊道，动植物实现了交流和互动。在鄱阳湖与长江水体的共同作用下，加上庐山特殊的地形地貌特征，使得庐山的天象变化莫测、气象万千：云海、云瀑、“佛光”、蜃景等自然奇观在庐山均时常出现。庐山夏季气候凉爽宜人，被世人誉为难得的“清凉世界”，成为自古以来驰名海内外的“世外桃源”“修行福地”“避暑胜地”。这些都得益于两大生态圈。而庐山又是这两大生态圈的重要支点，成为赣北平原丘陵生态亚区中不可或缺的“生态斑块”。可以毫不夸张地说，庐山就是“山—江—湖”大生态圈（庐山—长江中游—鄱阳湖大生态圈）的核心。

（2）庐山的生态位面临危机（根据2003年新版总规调研问题）

第一，庐山山体内的生态隐患主要体现在以下四个方面。①不均衡的利用开发活动，导致庐山上主要景区景点旅游活动超负荷运转。特别是“黄金周”期间，游客、汽车大量上山，不仅造成旅游质量大大降低，而且造成环境污染

---

① 庐山温泉为断层型温泉，早在宋代即已开发，曾被称为黄龙灵汤。此温泉中含有30多种微量元素，是典型的硫化氢氡泉，有较高的医疗价值，与法国的凡尔德百温泉、英国的拜斯温泉属同一类型，水质可与西安华清池媲美，平均水温62℃，每天可开采量1063吨。

② 鄱阳湖的动植物种类很丰富。据《江西“五河一湖”生态环境保护与资源综合开发利用》一书中记载：已报道的动植物种类有1697种。其中，浮游植物319种，水生植物327种，哺乳类动物52种（淡水豚类2种），鸟类310种（水鸟159种），鱼类136种，底栖动物281种（贝类89种），环节动物26种，水生昆虫17种，浮游动物205种，虾、蟹类10种，其他无脊椎动物14种。

③ 1934年，以中国植物研究先驱胡先骕、秦仁昌、陈封怀为首，在庐山五老峰西麓创办了中国近代第一座植物园，也是中国唯一的亚热带高山植物园。胡先骕先生在《庐山志》“庐山之植物社会”一章中对庐山植物进行了科学分类和详查。另外，庐山的野生动物十分丰富，共有各种鸟类约178种（其中繁殖鸟121种），兽类39种，爬行类动物33种，两栖类动物20种，昆虫200种以上（其中庐山特有昆虫33种），其中国家一级保护动物3种，国家二级保护动物18种，省级保护动物49种。另详见：庐山管理局老年科学技术工作者协会编的《庐山鸟类兽类名录》。

的加剧。②山中城——牯岭镇功能过于集中，导致常住人口日益集聚，超过环境容量；同时人工化、城市化、商业化现象日趋严重，威胁到牯岭周边生态及景观环境。③污水、垃圾处理设施严重滞后，已无法应对旅游及山上居民与日俱增的生活污水、垃圾的处理，并已造成对庐山山上水体（如琴湖）和山下水体的环境危害。④几处上山及山中缆车、索道仓促上马，并在实施中对原有自然生态造成不可逆的破坏，难以修复。

第二，庐山山体周边的生态危机体现在以下几方面。庐山山体周边各行政管辖区的土地开发等活动，导致庐山快成“生态孤岛”。自20世纪90年代以来，围绕在庐山山体周边各行政管辖区内的各类新区、开发区、度假区、新景区等如雨后春笋般兴起。据不完全统计，已经正式报批及未报批的有：庐阳新区、姑塘镇开发区、海会镇新区、星子县城（南康镇）新区、白鹿镇新区、威家镇开发区、桃花源景区、温泉旅游度假区等近20处。这些新区少量是以生态修复和景区开发为目的而建的，多数是以地产开发和发展工业为目的而建。它们大多沿庐山环山公路两侧布局，已呈连片包围之势，正在蚕食庐山山体边缘，甚至隔断和分割了庐山与外围地区的生态廊道，不仅使庐山有沦为“生态孤岛”的危险，而且威胁着鄱阳湖岸的生态安全。山下个别企业选址不当，且环保措施不力，造成对庐山及周边的环境污染。例如，九江市化纤厂为九江市重点企业，但当时其大气污染物排放严重超标，已严重危及鄱阳湖以及庐山的空气质量。

2.“大庐山”“山—江—湖”一体化与世界文化遗产保护

作为“世界文化景观”的庐山，必须全面遵守和履行联合国教科文组织1972年通过的《保护世界文化和自然遗产公约》、费尔登·贝纳德（Bernard M. Feilden）等编著的《世界文化遗产地管理指南》、文化部于2006年11月14日颁布的《世界文化遗产保护管理办法》中相关条款的规定。

（1）“大庐山”“山—江—湖”一体化才能充分体现庐山的真实性和完整性

按照《世界文化遗产保护管理办法》中第三条规定，“世界文化遗产工作贯彻保护为主、抢救第一、合理利用、加强管理的方针，确保世界文化遗产的真实性和完整性”。前文已从大生态安全格局论述了“大庐山”“山—江—湖”一体化的必要性和必然性，而这一点恰是确保庐山自然景观真实性与完整性的基础和前提。从人文景观角度分析，除了庐山山体上的人文景点外，其山体外的景区有 5 处（浔阳景区、龙宫洞景区、石钟山景区、鞋山 – 湖口景区、沙河景区），景点多达 10 余处（尽管未纳入风景名胜区范围，但景观价值很大）。这些景点如岳母墓、岳飞妻李夫人墓、陶靖节墓祠（陶渊明墓）、濂溪墓及濂溪书院、南康府谯楼、姑塘海关、紫阳堤、广济桥等均列入庐山人文景观资源前三级。这些景点分布在庐山山体外周边 10～20 千米范围内，与庐山山体内的人文景观有着割不断的历史渊源和保护价值，也是体现庐山真实性和完整性所不可或缺的。

（2）“大庐山”“山—江—湖”一体化是实现两大景观资源融汇的最佳平台

联合国教科文组织的评语指出：“江西庐山是中华文明的发祥地之一。庐山的历史遗迹以其独特的方式，融汇在具有突出价值的自然美中，形成了具有极高美学价值、与中华民族精神和文化生活紧密相连的文化景观。”其评语中的关键字在于“融汇”，即庐山的人文景观“以其独特的方式”“融汇”在庐山的自然景观之中。我们理解，这种“独特的融汇”主要体现在以下方面：①庐山优美的大山水格局孕育了中国的山水诗、文、画，田园诗文；②庐山神奇的大山水格局促进了中国传统“儒、释、道”文化的孕育和弘扬；③庐山清凉的大山水格局又催生了中国近代避暑地和“夏都”的形成（图 4）。

一言以蔽之，庐山的大山水格局（即“山—江—湖”一体化）是“以独特方式”实现“融汇”的最佳平台和天然媒介。

（3）以“大庐山”“山—江—湖”一体化理念划定庐山风景名胜区的范围及外围保护地带符合世界文化遗产地核心区和缓冲区的保护要求

新版总规将庐山风景名胜区的范围扩展到 330.42 平方千米，比老版总规确定的 302 平方千米扩大了 28.42 平方千米（实际上我们编制新版总规最初划定的范围还要大得多，但历经 8 年的不断修改调整，才最终确定以上范围），比老版总规的范围扩大了 9.4%。这一范围不仅包括了庐山山体（约占地 282 平方千米），而且涵盖了位于庐山山体之外的白鹿洞书院及东林寺、西林寺等重要人文景观，兼顾了国家文物保护单位对核心保护区和缓冲区的要求。

新版总规将庐山边界外延 500 米确定为外围保护地带，局部还扩展到濒临鄱阳湖岸一带，将某些重要的自然与人文景观（如冰川遗迹、姑塘海关等）包括进来，总面积达 103.94 平方千米。这就使“山—江—湖”一体化的理念真正从空间上落实下来，为大山水格局和大生态安全格局提供了保护依据。同时，

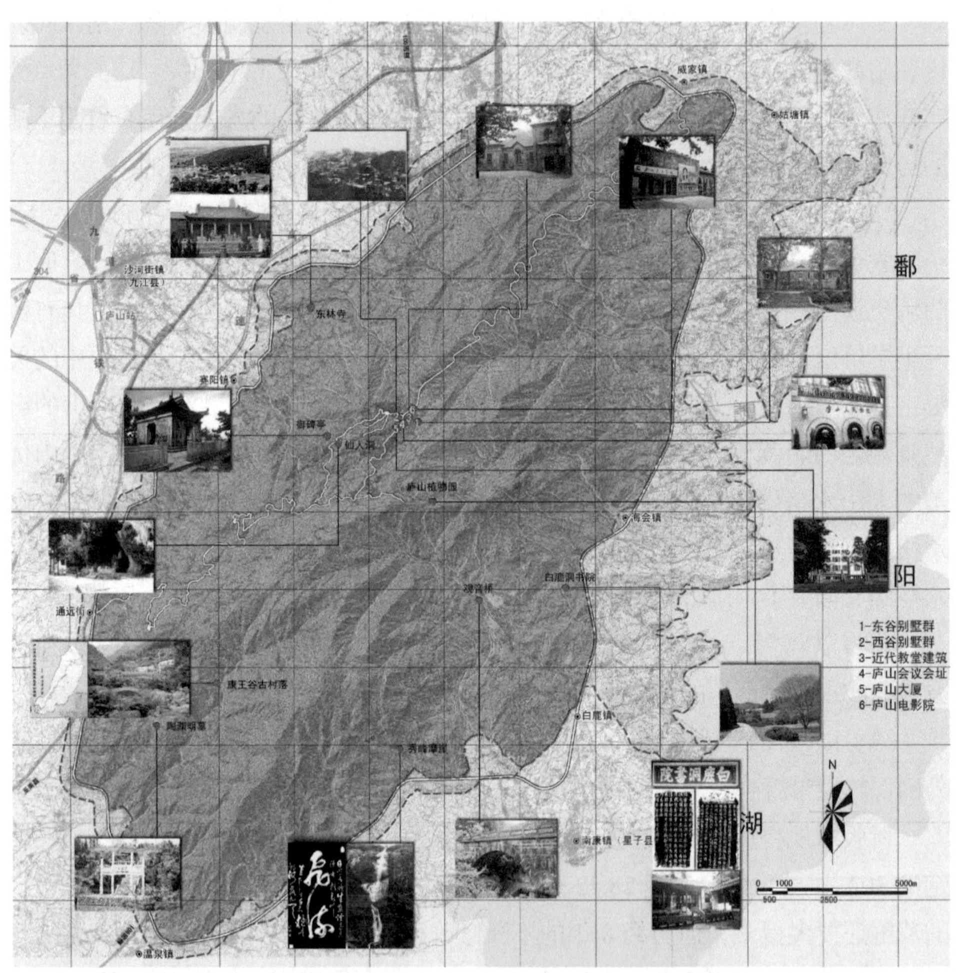

自然景观要素 +人文景观要素 ⇨ 物质、非物质文化遗产：绮丽多姿的山水风光 + 历史众多文人墨客 ⇨ 山水田园诗画，幽静致远的密林深处 + 以朱熹为代表的理学教育 ⇨ 白鹿洞书院，超脱凡尘的一方净土 + 以慧远为代表的佛教净土宗发源地 ⇨ 东林寺，得天独厚的“清凉世界” + 李德立的牯岭规划建设 ⇨ 东谷别墅建筑群，占尽天时地利的天下名山 + 国共两党的重大政治活动 ⇨ 近代“夏都”。庐山典型景观规划的核心理念：自然与人文景观的有机融汇。

图 4　庐山典型景观规划图

大大扩展了庐山作为“世界文化景观”遗产所应具备的核心保护区与缓冲区的范围。

无论是从大生态安全格局还是从世界遗产保护的要求考量，以“大庐山”“山—江—湖”一体化为理念，并进而突破庐山风景名胜区以山体为主的规划研究范围，是对庐山风景名胜区进行科学保护正确合理的选择。

（二）“大庐山”“山—江—湖”一体化与科学发展

1. 国内外旅游发展回顾

马克思的历史唯物主义认为，人类文明大体经历了人依赖人、人依赖物，再到人的全面自由发展的阶段。人类自工业化向后工业化过渡阶段，人的消费已由实物性消费向服务性消费转化。欧美发达国家的近代史证明，这种消费转化是大势所趋，不可逆转。而作为服务性消费重要组成之一的旅游消费，则更如决堤洪水，来势汹涌，不仅波及欧美国家，而且正在波及全球。旅游已成为全球化大潮中最显而易见又势不可挡的消费时尚，旅游市场的兴起是“不同地域、民族之间的文化交流，培育民族凝聚力和归属感”[①]的必然趋势。笔者曾在多年前发表的一篇文章中写道：“旅游享受的不仅是一场视觉盛宴，更是一场文化大餐。”尽管新冠病毒疫情使全球旅游业进入了寒冬，但人类终将战胜疫情，迎来“病树前头万木春”的美好前景。

发达国家已全面进入信息时代（或知识经济时代），其经济、社会、科技、文化发展水平决定了旅游消费的走向和特点。概括而言，旅游消费呈现更加多样化、个性化、生态化的特点，旅游已变成现代生活方式和学习方式；其旅游产品呈现如下特点：定制化与主题化、兴趣化与随机化、体验式与贴近式、信息化与虚拟化、精细化与品质化、全产业化与全域旅游等。各种实物与精神享受相结合的消费模式应运而生。这些消费模式也不同程度地带动和引领了发展中国家旅游市场的发展。

我国正处于由工业社会向后工业社会的过渡阶段，人们的消费结构也正在经历由实物性消费向服务性消费的转化阶段。无论从城乡居民的恩格尔系数看还是从其人均 GDP 看，我国城乡居民消费水平已较从前有了大大的提升，旅

① 据联合国世界旅游组织 1980 年发表的《马尼拉宣言》。

游消费已较从前有了大大的提升。旅游需求已成城乡居民继住房、交通、教育、医疗需求之后的第五大消费需求。

从我国 20 世纪 90 年代以来至 21 世纪初的旅游市场发展趋势分析，旅游已进入大众化旅游阶段，居民平均出行次数已由 90 年代的约 2 次 / 年增加到 2013 年的约 5 次 / 年；旅游市场规模也由约 20 亿人次猛增至 80 亿人次。如此巨大的市场规模不仅大大拉动了与旅游相关的各项产业（如交通、住宿、餐饮、文化娱乐等）发展，而且推动了全国各地旅游目的地的建设。其中，作为国家批准的风景名胜区首先成为这个旅游大潮最大的受益者，也是最大的被冲击者。久负盛名的庐山风景名胜区也不可避免位列其中了。

2. 庐山旅游产业面临的危机

与全国其他风景名胜区旅游业所经历的发展阶段类似，庐山风景名胜区自 20 世纪 80 年代初到 21 世纪初，也经历了由计划经济转型市场经济，旅游规模呈几何级数式增长的粗放式旅游阶段。游客数量已由 80 年代初的 10 多万人次 / 年，猛增至 2002 年的 120 万人次 / 年[①]。游客数量增长带来的收益是不言而喻的，但对庐山的挑战和风险也是空前的。除了对生态环境和基础设施、旅游服务设施等硬件的挑战之外，对旅游服务、经营管理模式等软件的挑战也十分严峻。

据 20 世纪 90 年代末的不完全统计，庐山山体各行政辖区内分别注册和运营的旅行社多达近百家，且经营内容大多雷同，经营规模十分有限（平均每家每年接待游客不足万余人次，税后利润万余元至 100 多万元不等，与国内几家大旅行社毫无可比性）。这种“小、散、弱、同”的旅游格局由于“一山多治”的行政管理体制竞相上演着一幕幕无序开发、相互争利的“公地悲剧”，不仅造成景观资源的过度利用和破坏，引发被联合国及国家相关机构黄牌警告的危机，而且严重侵害着游客的利益（据 2014 年 5 月 5 日刊登在《经济观察报》上的《“公地”庐山》一文披露：由于各行政区划利益之争，多处设卡，导致游客要浏览完庐山全部景点，门票支出竟高达 515 元，堪称中国之最）。随着旅游消费的新常态和新需求，庐山这种各自封闭、各谋财路的“小、散、弱、同”的旅游形式面临严峻的市场考验，顺应潮流、整合升级是必然的历史选择。

---

① 据 2013 年庐山旅游统计数据，游客已达 1003 万人次，旅游总收入突破 100 亿元。

3. 国内旅游市场的新常态

在国际旅游市场大环境和趋势的影响下，国内旅游市场也呈现出几种新常态。

（1）新常态之一：旅游产业化

旅游产业化是旅游消费日益多样化、完备化、品质化、安全化，通过市场优胜劣汰而逐步发育成熟的可循环、可持续的产业链条。各种旅游业态都是这一产业链条上的有机组成部分。除了要满足旅游者通常意义上的“吃、住、行、游、购、娱”的基本需求外，还要进一步满足旅游者对“文、商、养、学、闲、情、奇”的更高要求。因此，一些新的旅游业态和产品也相继产生了。

另外，旅游者人群的细分，包括不同年龄段、不同民族、不同信仰、不同教育背景、不同兴趣爱好等的组合，又促使旅游业态和产品更加丰富而多变，旅游综合体的孕育发展成为趋势。

加快推进旅游产业化，以顺应和满足现代旅游发展的新需求，成为庐山风景名胜区进行旅游发展转型升级的当务之急。

（2）新常态之二：旅游信息化

世界已进入信息化时代，中国也不甘落后，并成为全球最大的互联网用户和手机用户[①]，“旅游 + 互联网”的时代也纷至沓来。近些年通过互联网在线进行旅游交易的人数和资金量尽管在旅游消费中占比还不高，但其潜力十分巨大。据国家旅游局预测：未来 5 年（到 2020 年），我国在线旅游交易覆盖的总人数和市场交易规模将翻两番，有望突破 6 亿人和 1 万亿元。目前，全国排名前 10 位的互联网企业都在进军旅游业。

“互联网 +”成为当下推动创新经济做大做强的信息平台，也势必为旅游业的创新发展提供难得的机遇和挑战。互联网的信息平台将为旅游业带来诸多好处，即跨越时空的便利性、跨越文化的共享性、跨越角色的公平性等。前提是必须实现互联网的互联互通，真正做到城乡一体化、国内外无障碍。同时，互联网正是由于以上的好处又会带来巨大的风险，其安全隐患则是难以预料和会殃及全局的。防范这种风险及确保以上好处均要求打破现行行政体制及管理权

① 据国家统计局资料，截至 2013 年，我国网民规模已达 6.7 亿人，互联网普及率为 47.9%，手机网民 5.9 亿，居全球第一。

限的局限，有驾驭全局、反应迅捷的现代管控机制。

特别要指出的是，“互联网 + 旅游”平台的建立有赖于各互联网企业、各大旅行社、各大旅游景区基础数据库的建立，也有赖于旅游产业中各业态的基础数据库的建立，这是实现“互联网 + 旅游”的基础工作，也是进而实现旅游智慧化的第一步。为此，对庐山“小而散”的旅游企业进行整合升级势在必行。

（3）新业态之三：旅游全域化

随着区域化经济大潮的推动，全域旅游的新常态也提上了议程。全域旅游就是把一个行政区或资源相关区当作一个旅游大景区。换言之，可以把一个地理区划（如河、流、山脉、湖泊等），或把一处历史遗存区（如长城、长征之路、丝绸之路等），或一处生态特区（如湿地、森林、沙漠等作为旅游区域），进行旅游产业的全景化、全覆盖，构筑空间有序、产品丰富、产业配套、资源优化的科学的旅游系统。这个系统必须以市场为导向，政府、经营者、开发商、游客及原住民共同参与旅游业，以创新各种旅游业态为特点，实现城乡一体化，带动贫困地区脱贫，进行生态修复和保护、乡土文化的传承，全面促进旅游业和地方经济的转型升级。

这种全域旅游也是立足于新时期游客对旅游目的地有全时空、全过程、全方位体验的新需求。这是基于游客已不满足对所谓已知景点景物的观赏需要，也不满足短时间浮光掠影式的观光游的视觉冲击，而要进行更有深度和质量的旅游，并真正享受其更大地域的环境和文化氛围。因此，全域旅游早已成为国外游客趋之若鹜的旅游及度假方式；国内游客由于私家车的普及，并有房车开始进入家庭，这种全域旅游则势必成为未来旅游及度假的首选之一。

庐山风景名胜区既临近长江中游，又处于环鄱阳湖地区，具备两大地区全域旅游的有利位置。同时，庐山风景名胜区除山体景区外，还有 5 处外围景区（浔阳景区、龙宫洞景区、石钟山景区、鞋山 - 湖口景区、沙河景区），加上南康镇、温泉镇、海会镇等周边分散的景点，旅游资源遍布山前山后的广大区域，景观资源分布的广度和密度都是国内很多风景区无法比拟的，完全具备融入全域旅游的优势。

不仅如此，从全域旅游发展趋势进行分析，势必大大突破庐山及周边旅游资源的分布，从赣北旅游资源分布（包括南昌、景德镇、婺源、三青山等）上已形成相对密集又极富魅力的旅游热点地区，加上雨后春笋般兴起的农家乐和民宿，可谓赣北大旅游圈（这一点在20世纪80年代日本黑川纪章先生编制的《庐山旅游开发规划》中已有预见），甚至可扩展到覆盖江西全省的大旅游圈，并与覆盖长江流域的旅游经济带谋求互补共赢发展。

庐山行政管理体制的整合进程和各旅游企业的整合升级，将为庐山与扩展迅速的江西省全域旅游的对接和转型提供十分优越的广阔舞台与前景。

（4）新常态之四：利用方式多样化

发展旅游是风景名胜区的重要利用方式之一，但不是唯一的方式。除旅游是以营利为目的并必须以市场为导向外，各种公益性活动会随着社会进步、经济发展、文化繁荣而日益增多。这些公益性活动包括科普考察、教育修学、休闲健身、艺术展示、志愿者参与的生态保护等。可以借鉴美国国家公园成立之初拟定的以景观保护及适度旅游开发为双重任务的基本政策。必须掌控好旅游开发的度，其中包括要严控风景名胜区的游客容量和环境容量，努力解决好愈演愈烈的庐山旅游不均衡的问题（即时间上的不均衡和山上山下空间上的不均衡），以提升旅游质量为目标实现旅游产业的精细化、精准化、精明化发展，切实顺应旅游转型升级的潮流，特别注重由“快旅游”向“慢旅游”的转型升级。在优化发展旅游业的同时，注意兼顾发展其他利用方式，以达到更好地保护好景观资源和生态环境、实现长久永续利用的目标。

4. 区域与国家发展战略突出“科学保护”就是“科学发展”

2009年12月12日，国务院批准实施《鄱阳湖生态经济区规划》，同时将其提升为国家发展战略。此生态经济区秉持科学发展观，坚持生态优先、绿色发展，把生态建设与环境保护放在优先位置，把资源承载能力、生态环境容量作为经济发展的重要依据，实现在集约节约利用资源中求发展。其规划指标不是把GDP增加值作为主要指标，而是把全面改善鄱阳湖的生态环境质量作为主要指标。这就充分体现了党中央绿色发展的理念，也说明了只有科学保护才是科学发展的道理，即“绿水青山就是金山银山”。

中国的“黄金水道”长江自20世纪80年代以来就一直由于水上航运的萎缩而受到关注。长江经济带横贯中国东西，以上海大城市群为龙头，沿长江向西贯穿了武汉大城市群、重庆大城市群，养育了全国1/3多的人口，其经济总量已占全国经济总量近1/5，智力资金密集度高，充满了经济活力和创新源，无疑将成为当下和未来中国经济发展的增长轴之一。而长江的生态问题由于经济粗放发展和某些地区产业布局失误而日渐突出，并会影响到整个流域的大生态安全格局，甚至波及更大区域的生态安全和人居安全（长江流域近年来愈演愈烈的水患灾害已严重危及沿江城市的安全），对此已引起相关专家的严重关切。习近平同志对此也做出重要指示：长江经济带坚持共抓大保护，不搞大开发。这将是未来长江经济带发展的战略重点和中心任务。《中华人民共和国长江保护法》的出台正是顺应了新时代的大势。

位于鄱阳湖生态经济区和长江经济带接合部的庐山风景名胜区，无疑必须把科学保护、绿色发展作为科学发展的国家战略贯彻在其总体规划实施过程中，才是正确的选择。

无论是从国际上旅游发展趋势还是从国内旅游及利用方式新常态上考量，进而从区域及国家发展战略上考量，提出“大庐山”“山—江—湖”一体化的理念都是符合科学发展观的。庐山风景名胜区应破除各自为政、分而治之的观念，与相关领导及地方机构统筹协调、渐进整合、共享共赢，以积极的姿态大刀阔斧地实行行政体制改革和旅游企业的转型升级，以迎接庐山发展更美好的前景。

三、结论

如上文所述，“大庐山”“山—江—湖”一体化的理念，无论是从科学保护上还是从科学发展上都是有利与合理的，以此作为庐山风景名胜区新版总规的主导理念无疑是正确的。我们曾于 2004 年在总规大纲中明确提出了这一理念，并得到了大纲评审专家们的充分肯定，还为此提出了组建庐山市的设想。然而，随后庐山管理局迟迟出具的修改意见却未就这一理念而形成的规划大纲达成一致的意见。对此，我们也充分理解。如不进行管理体制上的改革，改变“一山多治”的现状，“大庐山”的理念仍旧是纸上谈兵。故此也迫使我们不得不在理想与现实中重新寻求结合点。经过反复的方案比较和修改完善，我们最终编制的总规成果未能完全体现这一主导理念，无疑又一次验证了规划就是一种遗憾和妥协的过程。如今又重新解读这一理念，不仅让我们进一步加深了对庐山总规编制重要性的认识，而且由于庐山终于在2016年实现了行政管理体制的改革，为真正实施对这座世界名山的科学保护和发展奠定了基础，这使我们由衷地感到欣慰和振奋。

求索西谷奠基础

——庐山牯岭西谷控制性详细规划回顾

郦大方 *

2000 年 10 月，经竞标胜出，庐山管理局特委托竞标获胜者——清华大学城市规划设计研究院和城市规划系承担庐山牯岭西谷控制性详细规划工作。此工作时间短，难度高，极富挑战性，且关系到庐山牯岭及整个风景区的发展和规划。为此，清华大学城市规划设计研究院和城市规划系庐山规划组经过深入细致扎实的调查研究，梳理出西谷片区存在的主要问题，并重点从 9 个方面采取了规划对策：不仅从庐山风景区整体的高度上明确了西谷片区的定位，规划制定了片区规划结构、人口迁移、功能分区调控、道路系统改造、历史建筑分区、景观生态等一系列控制指标，而且从庐山风景名胜区整体保护与发展需要出发，提出了关系长远及全局的规划思路，为日后编制新一版庐山风景名胜区总体规划奠定了基础。

一、规划背景

2000 年 9 月，应庐山管理局的邀请，清华大学、同济大学、江西省城乡规划设

* 郦大方，北京林业大学园林学院副教授。本文成稿时间：2010 年 6 月。

计研究总院共同参加庐山牯岭西谷控制性详细规划的投标。在10月24日的专家评审会上，清华大学的方案获得一等奖。因此，庐山管理局委托清华大学城市规划设计研究院和城市规划系进行庐山牯岭西谷控制性详细规划（下文简称“西谷控规”）。

清华大学城市规划设计研究院和城市规划系庐山规划组（以下简称“规划组”）于2001年9月下旬、12月上旬和2001年3月上旬进行了实地调研，累计历时近一个月，跋山涉水、走街串巷，对现状进行了深入的调查研究。从2001年11月到2002年5月短短的半年时间（还包括寒假和春节），规划组的同志们经过艰苦的努力，并在中国城市规划设计研究院、江西省建设厅和江西省城乡规划设计研究总院的热情指导下，在庐山管理局和庐山人民的密切配合下，在清华大学其他课题组和清华大学建筑历史研究所的协助下，终于完成了《庐山牯岭西谷控制性详细规划（2001—2010）》。

西谷控规基于对现状的深入调查，对西谷存在的问题进行了细致的分析，调整空间格局和功能区划，对西谷进行有机更新。

二、规划范围与工作项目

牯岭西谷规划用地共约1.2平方千米，主要包括牯岭西谷、正街、窑洼、胜利村等地。

此次规划完成牯岭西谷地区规划地块性质图、牯岭镇窑洼地区、正街修建性详细规划方案（图1、图2）。

三、牯岭西谷现存问题

通过深入的调查，我们发现牯岭西谷存在如下问题。

1. 建筑和用地功能混杂

牯岭西谷地区长期以来缺乏统一规划，建设见缝插针，基本处于无序和散乱的状态，造成建筑使用性质、功能混杂，面貌、内容均不统一。

图 1　庐山牯岭西谷控规规划地块性质图 [《庐山牯岭西谷控制性详细规划（2001—2010）》]

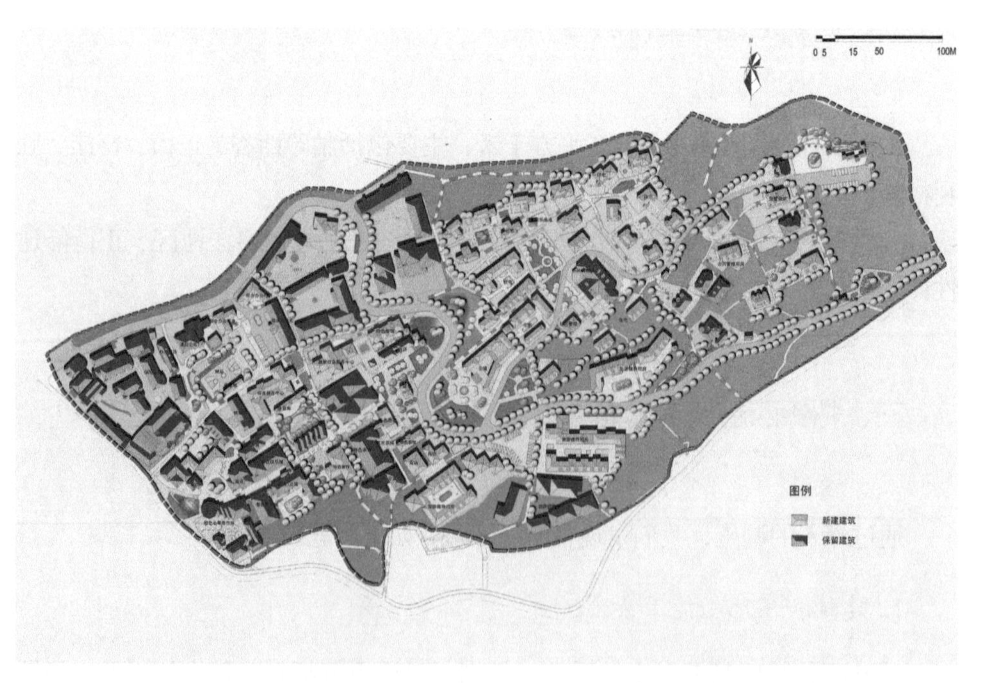

图 2　庐山牯岭镇窑洼地区、正街修建性详细规划 [《庐山牯岭西谷控制性详细规划（2001—2010）》]

现状用地功能过于混杂：居民生活区与游客住宿区混杂；生活建筑与公用设施混杂；高档旅馆与旧房、危房、临建、搭建并存。

2. 道路系统不完善

机动车道路以牯岭正街为中心主干道，向东北连接北山公路至北山园门，东端由日照峰隧道连接到东谷的河西路，向南连接河南路至香山路到东谷的河西路，向西连接环山公路至南山公路，从而构成主要的对外机动交通系统，整个系统呈现典型的山地鱼骨状形态。

交通系统存在以下几个问题。①道路系统不完善，既承担对外南、北山公路联系，又是内部几个区域联系的必经之处，交通压力极大。②道路功能性质混杂，尤其是牯岭正街，既是交通性干道，又是最主要的旅游商业街，在旅游高峰期易造成交通拥堵。其余的机动车车道在不同程度上存在游客与居民使用混杂的问题，既影响景观又存在安全隐患。③部分尽端路过长，造成游客和居民出行不便，也增加了这些道路和正街连接口处的交通压力，不利于紧急状态时的疏散和抢救。④庐山旅游机动交通缺乏统一管理，上山机动车辆缺乏限制，尤其是长假期间，易造成严重拥堵。⑤停车设施严重不足。⑥西谷地区缺少步行道路系统。包括正街在内，机动车车道均是人车混行。山上步行道路多是随机产生，没有形成有组织的道路系统，识别性差，设施不完善。

3. 建筑质量普遍较差

1896 年李德立对牯岭东谷进行规划开发，建立夏季避暑区。西谷作为东谷服务区没有经过统一规划，经过数十年时间逐步发展起来。此次调查中发现，西谷建筑中质量残破不堪、无法修缮、亟待拆除的建筑达到 10 万平方米，超过现有建筑总量的 1/5。

4. 建筑风貌良莠不齐

在西谷现存建筑中，有历史价值和典型地方传统建筑特征的建筑仅占 1/6，且与其他风貌建筑混杂在一起，大大降低了景观价值。

5. 自然生态环境和自然景观、文化景观破坏严重

（1）自然生态环境和景观遭到不同程度的破坏。西谷部分地区开发建设强

度过大，植被破坏严重。部分建筑体量过大，选址欠妥，破坏了原有环境尺度，降低了自然景观价值。部分地区建筑形象杂乱，建筑质量参差不齐。

由于历史原因，牯岭附近森林植被多为人工林，林相单一，以常绿针叶林为主，缺少阔叶树种、灌木，存在生态破坏的隐患。西谷地区过度城市化导致生态环境脆弱。

（2）文化景观没有受到充分重视。牯岭的开发大多单纯从经济效益出发，忽视了传统文化文脉的继承和发掘，与世界文化遗产加强保护的差距较大。

正街天街云市的特色不够鲜明。新建建筑风格、体量与传统建筑不协调。老建筑被改建修饰，外部面貌失去本色，降低了历史文化价值。

历史建筑保护不力，改造缺乏对于老建筑的尊重。新建建筑与老建筑不协调。

6. 市政公用设施不成系统

2003 年前市政设施不成系统，生活污水未经净化直接排放，垃圾处理设施不足，许多单位、居民仍在使用煤作为燃料采暖，环境污染严重。之后，庐山实行“煤改电”，冬季环境污染情况有相当改善。

四、规划原则与目标

针对以上问题，提出三项规划原则：①着眼全局，统一考虑；②突出地方特色和文化特色；③坚持可持续发展。要实现三个规划目标，即生态的牯岭、文化的牯岭和发展的牯岭。

五、规划调整措施

本次规划从如下 9 个方面入手，力图解决牯岭存在的问题。

（一）牯岭西谷的空间定位

图 3　西谷的空间定位［《庐山牯岭西谷控制性详细规划（2001—2010）》］

庐山以牯岭为中心，形成同心圆结构：最外围是庐山风景名胜区的保护地带；中间是庐山风景名胜区的主要景区景点，覆盖庐山的大部分范围；内部是牯岭中心区，包括东谷和西谷，东谷是近代别墅景观游览区和高级度假休闲服务区，西谷则是山地建筑景观游览区和一般旅游休息服务区。牯岭中心服务区通过放射性道路系统联系庐山各景区景点。为旅游服务的居民点设置在以胜利村为主，窑洼、朝阳村为辅，女儿城、土坝岭为备用地的有限范围内（图 3）。

西谷的定位应该从以居民生活为主转变为以旅游服务为主，居民生活是为旅游服务配套，超出服务需要的人口应有计划迁出。

（二）牯岭西谷规划结构

规划结构的形成“两轴五片三级中心”：以正街为主轴、以大林路和电厂路为副轴的“十”字空间主干；以完整的人车分离系统联系的五个片区：正街、河南路、大林路、窑洼、胜利村；设置三级空间中心：街心花园为牯岭中心，敦兄广场为西谷中心；冰桌、庐山电厂、大林沟路 1169-2# 等为各片区中心（图 4）。

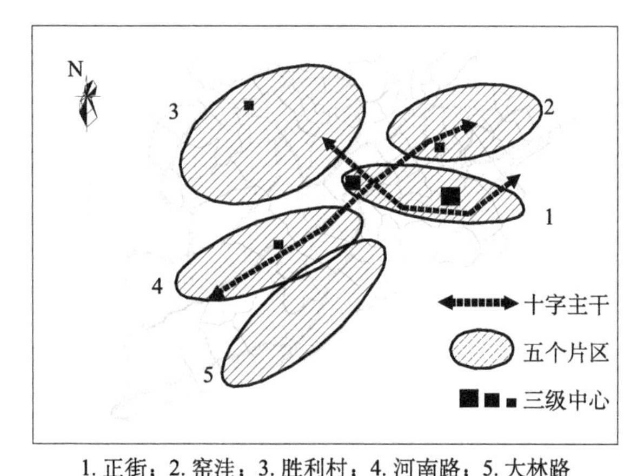

1. 正街；2. 窑洼；3. 胜利村；4. 河南路；5. 大林路

图 4　西谷中心区空间结构［《庐山牯岭西谷控制性详细规划（2001—2010）》］

（三）牯岭西谷人口迁移

牯岭镇共有现状常住人口 11 812 人，规划区域现状人口约 8859 人，用地面积 118.49 公顷，人均用地达 131.66 平方米[①]，已接近城市规模，完全不符合风景区特点。现状人口过多过密，居民生活条件差，已经严重影响庐山风景名胜区的面貌，阻碍庐山旅游业的发展。

规划应采用“有机更新、分期实施”的策略，将现有居民有计划、有步骤地下迁或者调整居住地，以减少对庐山风景名胜区的生态和景观的影响。东谷现有居民近 2000 人，规划 5 年内减少 1500 人，西谷现有居民近 9000 人，规划 5 年内减少 1500 人，规划共计减少 3000 人。首先，迁移日常生活对庐山依赖度较小的庐山管理局职工及家属下山。胜利村不在主要景观游线上，尚有可建设用地，且现状建筑质量极差，可首先改造胜利村，建设居民新村。其次，将窑洼居民迁至胜利村，集中改造窑洼地区。最后，将大林路、河南路居民迁至胜利村和窑洼，修复整理原有的老别墅作为度假区，主要为游客服务。土坝岭不可进行建设，作为以后进一步改造建设的备用地，为以后的发展留出回旋余地，实现真正意义上的可持续发展。

（四）牯岭西谷功能分区调控

为改变各种使用性质建筑混杂无序的现状，规划以“相对集中、兼顾混合”为原则，对牯岭西谷内各区域进行适当的功能分区和调整，对各区域进行各有侧重的集中改造、建设和管理。

西谷按照以下 3 项原则进行，分成如琴湖湖滨景观区［风景恢复用地（甲 3）］；牯牛岭山地游览区［风景保护用地（甲 2）］；河南路度假别墅区［休养保健用地（乙 3）］；大林路高级宾馆区［购物商贸用地（4）］；正街游览商业街［购物商贸用地（乙 4）］；窑洼居住、旅馆、娱乐综合区［购物商贸用地（乙 4）］；胜利村景观控制居住区［居民点建筑用地（丙 1）］；胜利村西区一般居住区［居民点建设用地（丙 1）］8 个功能分区。

（1）主客分区。环山公路—窑洼路东北－西南线作为大致分区线，游客进入正街后不再向慧远路、胜利村深入，而是向大林路和电厂路“十”字副轴引

---

① 根据 2003 年调查数据。

导，将分区线以南区域作为游客区，分区线以北作为居民区，逐步将居民从南区向北区迁移，北区将不再兴建旅馆，南区不再建住宅（图5）。

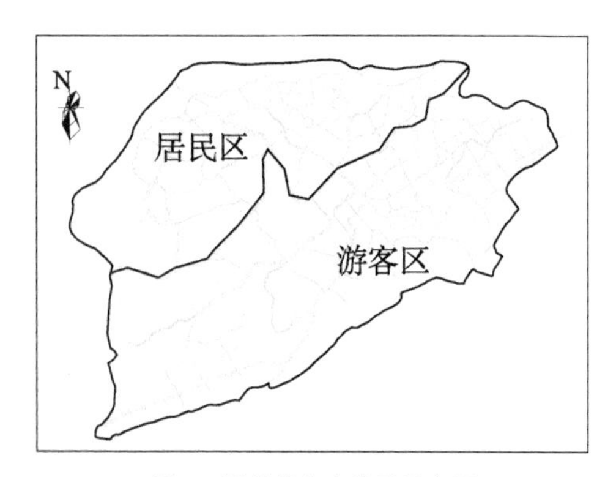

图5 西谷的主客分区示意图
［《庐山牯岭西谷控制性详细规划（2001—2010）》］

（2）动静分区。正街和窑洼作为旅游、商业娱乐服务开发，主要形成动区；大林路、河南路为宾馆休息区，胜利村作为居民区而成为静区。

（3）南北坡分区。将景观较好、日照条件较差的北坡作为游客住宿区，将日照条件较好的南坡中不在主要景区的地段作为居民区。

（五）道路系统改造

规划对现有道路系统进行调整，实行人车分流。以窑洼路和环山公路为机动车主干道，弱化正街交通功能，加强其商业街功能。新增两条道路，部分解决尽端路问题。可考虑在北山路进山门后沿窑洼下坡，再由窑洼上坡至庐山管理局前路，开辟为一条机动车道。此举可令正街完全成为一条步行商业街。

规划以牯岭正街为步行主轴，游客区以大林路北侧绿化步行带和电厂路商业街横向展开，居民区以慧远路延伸轴向纵深发展，各区分别独立成系统。从而在牯岭西谷地区建立完整、清晰、方便的步行网络系统（图6）。

（六）历史建筑分区、分级保护

根据庐山近代建筑的现状及其历史文化价值，将庐山牯岭中心地区（包括东谷）作为整体考虑划为历史文化保护区。保护区内分为核心保护区、建设控制区、环境协调区三个层次分别加以保护，并制定法规进行管理。个别分散的文物建筑单独划定保护范围（图7）。

根据现状风貌和质量，西谷建筑被分为保留、修缮、改观和拆除四级。

（七）景观系统与植被系统规划

牯岭西谷目前拥有牯牛岭山地松林、如琴湖山峡湖滨、土坝岭－虎背岭－

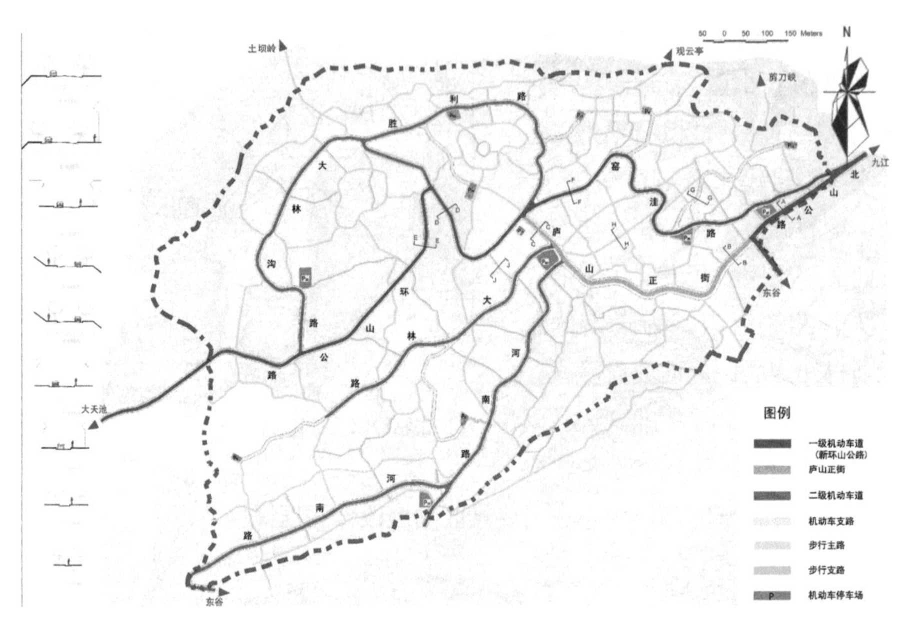

图 6　西谷道路交通［《庐山牯岭西谷控制性详细规划（2001—2010）》］

橄榄山陡峰峡深、大林路冰川遗址和窑洼冰斗地形 5 处自然景观，云中山城、天街云市和历史建筑 3 处文化景观。

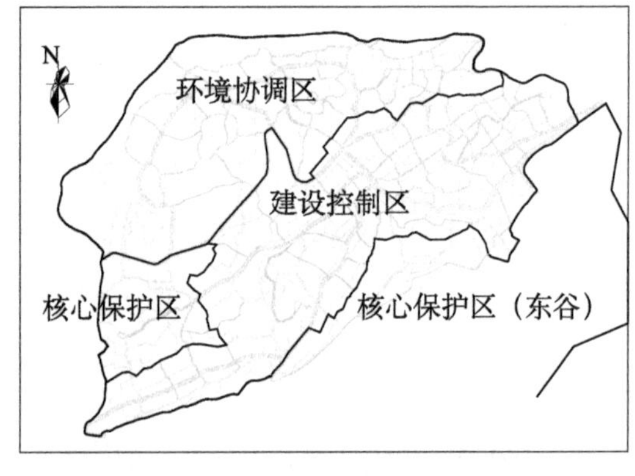

图 7　西谷历史建筑保护分区
［《庐山牯岭西谷控制性详细规划（2001—2010）》］

规划以这些景观所处的空间位置、敏感度和观赏便利为依据，设置了中部放射性主轴、外围环状主干的游赏系统。针对不同的景观特征提出保护措施（图 8）。

针对牯岭生态环境存在的问题，划定自然植被保护区、绿化恢复区和线性绿化带。逐步改造现有植被品种，建立良好的生态系统（图 9）。

（八）完善市政设施

改造、新建强电、弱电、供水及污水处理设施，并逐步以电代煤，提升生活质量，减少环境污染。

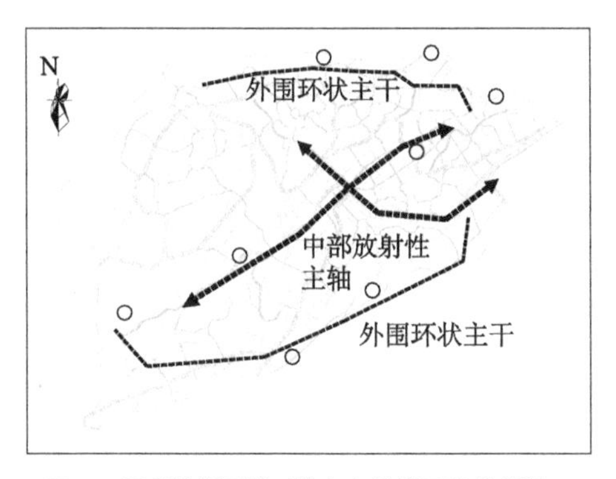

图 8　西谷旅游系统［《庐山牯岭西谷控制性详细规划（2001—2010）》］

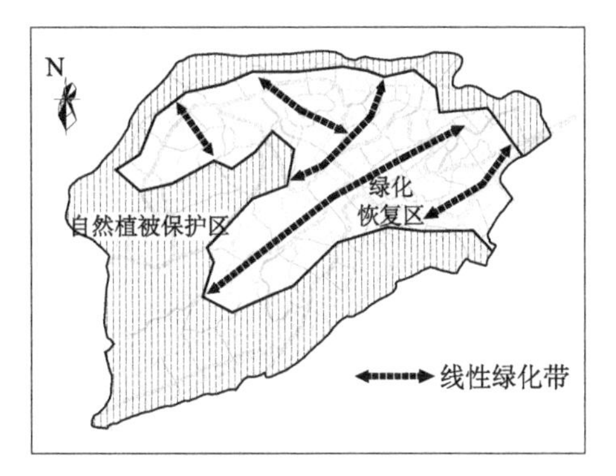

图 9　西谷绿化系统［《庐山牯岭西谷控制性详细规划（2001—2010）》］

（九）规划分期

牯岭地区规划和开发分为三个阶段进行，开发遵循有机更新的思想。

（1）近期（2001～2005 年）合理地控制当地人口规模，调整规划布局，完善道路体系，整治游人视线内的建筑环境、自然环境和卫生环境。

（2）中期（2006～2010 年）迁出驻山疗养的外来单位，拆除与自然文化景观不协调的建筑和构筑物。进一步对牯岭西谷进行改造和开发，有计划地将历史建筑群改造为居住和度假两种功能兼备的家庭特色旅馆，以家庭为单位承包经营，统一开发管理。

（3）远期（2011～2020 年）逐步迁出部分山上人口，推进牯岭西谷软硬件的建设，提高旅游开发层次和文化内涵，形成庐山风景名胜区的中心区。

（十）正街详细规划

规划以保护文化景观和地区发展为指导思想，在积极保护庐山文化景观的前提下，强化正街是庐山牯岭中心区的旅游商业文化中心，是庐山牯岭“云中城镇”的“窗口”的概念。规划中调整正街功能，梳理道路交通系统，提出建筑环境整治方案，结合山地特色提出景观规划方案（图 10、图 11）。在规划范围内选择了 5 处重要地段进行了节点设计（图 12、图 13）。

图 10 庐山西谷别墅群（摄影：张雷）

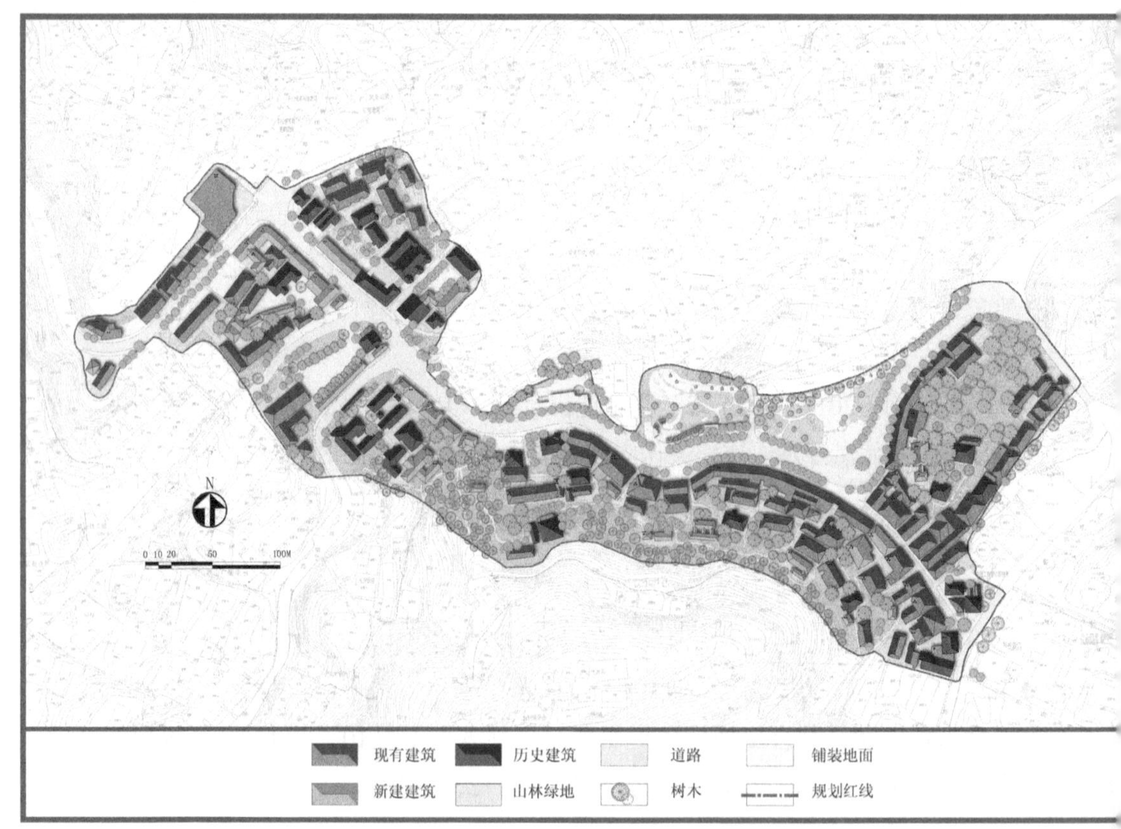

图 11 庐山牯岭正街详细规划总平面图［《庐山牯岭西谷控制性详细规划（2001—2010）》］

图 12　云中派出所周边地段设计 [《庐山牯岭西谷控制性详细规划（2001—2010）》]

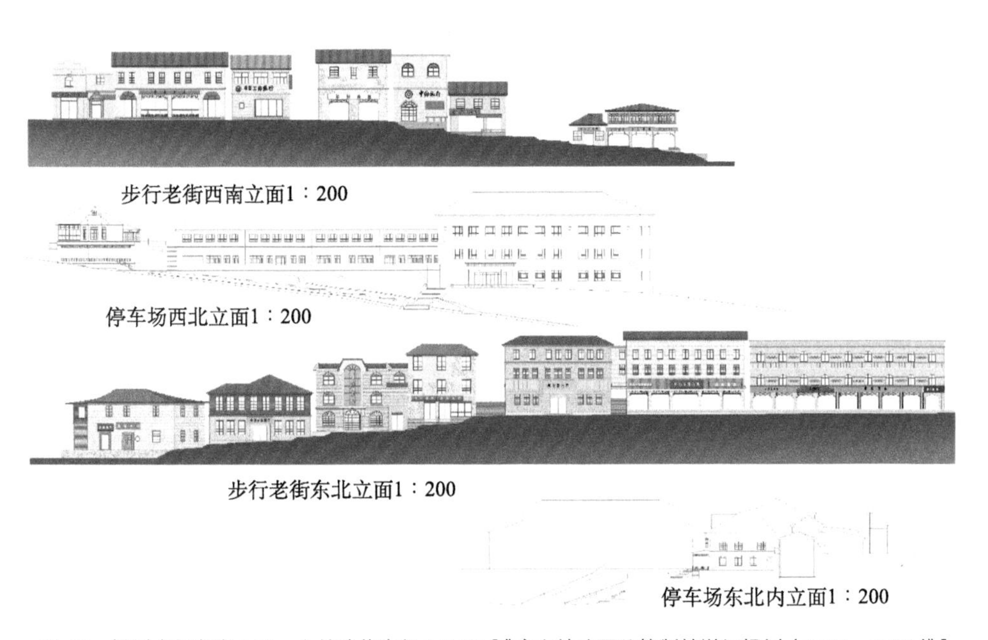

图 13　规划步行老街立面、大林路停车场立面图 [《庐山牯岭西谷控制性详细规划（2001—2010）》]

六、规划成果总结与反思

庐山牯岭西谷规划从投标到最后顺利完成，在其后几年中得以逐步实施，得到了庐山管理局的肯定，为其后的庐山总体规划工作奠定了坚实的基础。

经过十几年时间，在参与了近十年的庐山总体规划工作后，回头对牯岭规划工作进行反思，我们认为，该规划的成功得益于对当地深入细致的调查，以及庐山管理局的配合，我们对牯岭存在的问题有着深刻的认识，因而可以采取“微创外科手术”式的精确处理方式进行规划。但规划中也存在很大的局限，牯岭镇作为庐山风景区的核心部分，其存在的依据和存在的问题都与庐山整体密不可分，当年的规划范围限制在牯岭镇的西谷地区，同时规划受到20年前上轮总体规划的限制，规划所能提出的解决问题的方法和措施也是缩手缩脚，许多措施是头疼治头，脚疼医脚，治标不治本。

（1）牯岭的混乱嘈杂、生态环境出现破坏，一个重要的原因在于牯岭的复合功能。在大型风景区中，旅游接待、转换、集散中心通常位于风景区外侧，接待中心除了游客外，大量服务于旅游的当地居民聚集，形成集镇。这些集镇即使环境杂乱，对于景区的影响也较小。由于历史原因，牯岭作为庐山旅游的重要景区，又是庐山居民生活的场所，同时深处庐山腹地，勾连庐山其他景区，成为庐山旅游的中心。牯岭山中之城的形象成为庐山不可或缺的一个标志。

大量人流聚集于庐山腹地，给庐山的生态环境造成极大的压力。牯岭的出现和发展以庐山消暑度假为起点，依赖于庐山旅游的发展，同时庐山周边地区经济发展水平较低也吸引当地居民上山寻找生机。但是牯岭狭小的生存空间，必然带来牯岭居民生活场所和游客游赏场所的冲突。仅在牯岭地区进行社会调控显然无法解决根本问题，必须放在庐山全境以及九江的更大范围上来考虑。

随着时代发展，庐山整体空间结构呈现的以牯岭为核心的同心圆形式，必然会加剧庐山存在的诸多问题，而这需要从总体规划层面逐步进行调整，疏解庐山单核心的空间结构形态。

（2）庐山是“世界文化景观”遗产，自然与文化景观众多，二者紧密联系。庐山经过千年的发展，牯岭则是在百年时间内逐步形成发展而来的。它处于南来北往、东去西来的交通便利之地，紧邻经济发达、气候炎热的长三角地区，是良好的避暑胜地。从其诞生直到20世纪80年代一直以避暑、休闲度假、疗养为主要功能。众多的自然与文化景观也只有在休闲度假的状态下才能慢慢被体会与感悟。20世纪80年代庐山旅游逐步转型为以短期观光为主，大量游客短时间内走马观花穿行于不同景点间，不仅无法真正欣赏和体会庐山之美，降低了庐山的价值，同时大量游客涌入也形成嘈杂混乱的局面，对庐山的自然文化环境造成破坏。在牯岭西谷规划中这一问题是无法得到充分探讨的。

（3）庐山“一山多治”的问题非常突出，直接导致庐山被人为割裂开，保护、发展各自为政，各部门管理水平和管理力度差异巨大，甚至个别部门为了自身利益置庐山保护于不顾，进行恶性开发，造成极大破坏。除了牯岭，庐山景观资源种类多样，遍布全山，东侧是辽阔的鄱阳湖，山下围绕着环山公路，旅游可以发展的形式多样，可以形成多条旅游线路，从而减轻牯岭的压力。但是受制于“一山多治”的局面，庐山旅游被割裂，山上山下各自开发，无法整合成整体。

（4）牯岭交通拥堵问题不仅仅是牯岭的道路系统问题，更重要的是庐山机动交通组织的问题。机动车可以无组织地涌入牯岭，尤其是在私家车普及、自驾游大量出现的情况下，必然带来牯岭交通的瘫痪，这不是牯岭内部调整机动交通、建立停车场可以解决的，而是需要立足于庐山风景区全域的交通控制和组织。

综上所述，庐山牯岭西谷规划使规划组有机会深入庐山，对庐山问题进行探讨思考，一定程度上解决了牯岭当时面临的亟须解决的问题，同时也为庐山总体规划做好了充分的准备。

彰显核心保为先

——庐山风景名胜区核心景区保护规划简介

郦大方 *

庐山风景名胜区的核心景区既是庐山千年积聚的人文景观精华所在，也是庐山气象万千的自然景观相融汇的集大成之地，成为申请“世界文化景观”的重要依托和根源。课题组在深入细致的调研和与庐山管理局充分交流的情况下，划定了庐山核心景区的范围，根据核心景区存在的问题提出相应的保护措施。在核心景区规划过程中，课题组按照要求完成分类保护和分区保护规划，根据各区特征制定了具体的保护措施。

一、核心景区保护规划的几个问题

（一）核心景区的定义和范围界定

1. 核心景区的定义

为更好地保护风景区，建设部在2003年出台文件《关于做好国家重点风景名胜区核心景区划定与保护工作的通知》（建城〔2003〕77号）（以下简称“77

* 郦大方，北京林业大学园林学院副教授。本文成稿时间：2013年10月。

号文件”），对风景名胜区的核心景区做出了严格的规划和管理规定。

核心景区是指风景名胜区范围内自然景物、人文景物集中，具有观赏价值，或对保护生物多样性以及生态环境具有重要作用，需要严格保护的区域，包括总体规划中确定的生态保护区、自然景观保护区和史迹保护区。

2. 核心景区的范围界定

核心景区的范围划定应该尽量保持原有的自然、人文等景观资源特征的完整性；有利于实现庐山生态效益最大化；充分考虑保护对象的资源特点、区位条件及土地利用现状、景观资源价值和生态保护中的作用、旅游开发情况及相关人类活动规律；便于管理，核心景区的边界划定尽量选取地形地貌特征点，并尽量结合土地权属现状。

（二）核心景区保护规划的意义

核心景区是风景名胜区的精华和特色所在，核心景区保护的好坏直接影响着风景名胜区的可持续发展，可谓风景名胜区的核心竞争力。

庐山名胜区的核心景区既是庐山千年积聚的人文景观精华所在，也是庐山气象万千的自然景观相融汇的集大成之地，成为申请“世界文化景观”的重要依托和根源。因此，对核心景区的保护应是整个风景名胜区保护工作的重中之重。

核心景区保护规划存在的问题如下。

（1）核心景区的概念模糊，核心景区规划与相关规划界定不清。核心景区仍然是风景区的组成部分，不能等同于自然保护区中的游客不可以进入的核心区。但核心景区中的生态保护区的保护内容、保护策略与自然保护区相近似，二者易被混淆。核心景区规划与风景区总体规划、专项保护培育规划和详细规划的关系界定不清，尤其是当前委托方大多不太懂规划，片面要求加强规划深度，导致几个不同层级的规划出现重叠。

（2）核心景区范围界定困难。核心景区是风景名胜区内自然、人文景观资源最集中的区域，是保护力度最大的区域，但它往往也是旅游开发最热衷的区域，内在的冲突带来核心景区边界划定的困难。同时，核心景区内景观结构的复杂性、地质地貌的差异性、自然景观与人文景观关系的复合性、风景区保护与原住民利益的维护等问题加剧了核心景区范围界定的困难。

（3）基础数据不足且不精确。风景区尤其是以自然景观为主的风景区面积大、生态环境复杂，相关数据需要长期大量的监测和研究才能获得。但目前国内相关研究深度普遍不足。核心景区规划的深度大于风景区规划，对基础数据的要求更为深入，但受规划的时间、经费限制，不可能完成相应的工作，相关的林业部门又无法提供基础数据，导致核心景区规划的深度和准确性难以保证。

二、庐山核心景区界定、价值及存在的问题

（一）庐山核心景区范围

依据77号文件，从庐山风景资源现状出发，庐山核心景区北至双剑峰，南至白云庵，西至黄泥庵，东至挂灯台。核心景区面积137.37平方千米（图1）。

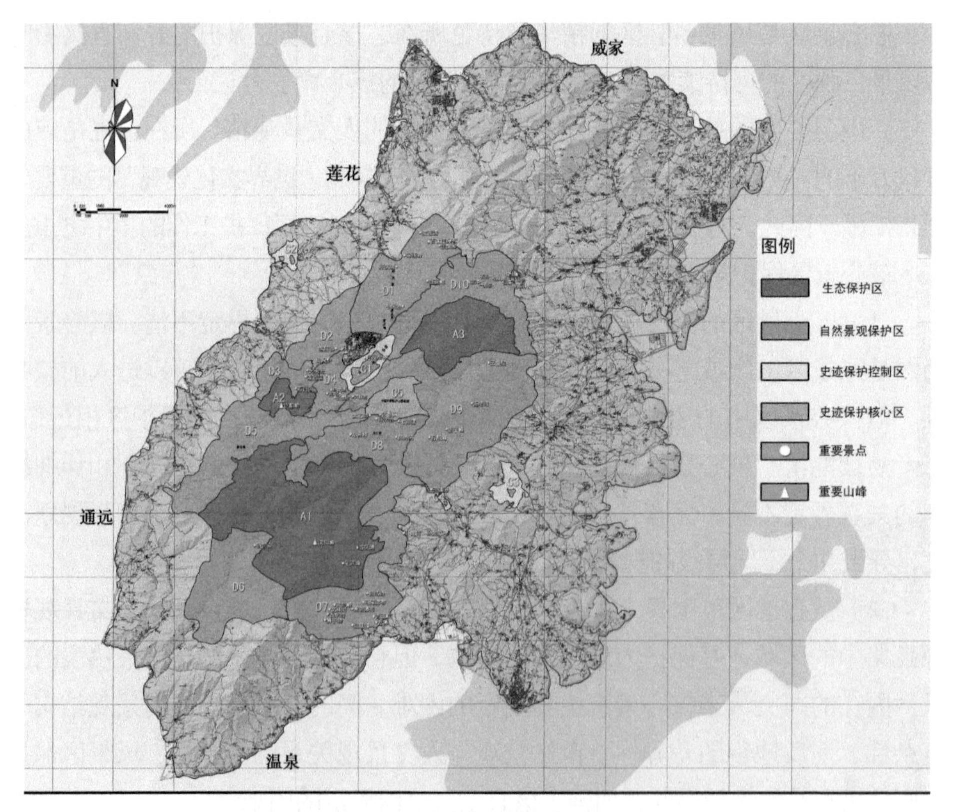

图1　庐山核心景区范围

（二）庐山核心景区价值

庐山核心景区集中了庐山最为精华的几个区域，是庐山自然生态和文化景观最重要的分布区域，在这里浓缩了中华文明的主流和几次重大历史变迁。

（三）庐山核心景区存在的问题

庐山核心景区范围内存在一些资源保护方面的问题，总体概括为以下三方面。

（1）局部地区生态环境保护与培育工作有待完善。庐山核心景区局部地区存在山体破坏、水体污染、林相单一等现象，自然资源保护与培育工作整体性仍显不足。

（2）局部地区开发强度过大，存在无序开发现象。目前，庐山核心区域局部存在旅游接待设施规模过大、聚居人口过多、机动交通量过大、资源利用强度过高的现象。部分风景区内建筑的体量、道路的尺度、设施的形式不当，对核心景区的生态环境、空气质量、水质量、景观资源保护构成不利影响。

（3）局部地区保护与利用的措施不当。如东林寺、西林寺的开发利用曾经出现失控的趋势，西林寺塔等重点文物保护面临紧急抢救状态；东谷近代建筑仅在单体建筑上具备保护措施，且有不当使用情况，从整体空间及环境保护上重视力度不够，缺乏合理使用、正常维修管理的严格制度措施。

由于保护边界不清，也造成了保护职责不清等问题。

三、庐山核心景区保护规划目标和原则

（一）庐山核心景区保护规划目标

从庐山核心景区存在的问题出发，我们制定了划定核心景区边界和分类保护区边界，确定各区保护重点和措施，明确搬迁、拆除不符合规划、不利于资源保护的设施，完善规划建设审批制度等 8 项规划目标。同时，规划提出了核心景区保护不能局限在物质空间和实体保护，应挖掘其内涵，并加强非物质文化遗产的保护、弘扬和传承。

（二）庐山核心景区保护规划原则

庐山核心景区专项保护规划严格贯彻“严格保护、统一管理、合理开发、永续利用”16字方针，旨在有利于生态环境保护，有利于文化景观保护，有利于经济、社会协调持续发展，提出整体保护原则、保护第一原则、突出特色原则、可持续发展原则和专群结合原则。

四、庐山核心景区分类保护规划

为了有效地保护庐山丰富的景观资源，方便核心景区的管理，本规划中根据庐山核心景区保护对象的种类、价值、功能和特点，划分出相应的保护区，结合各区具体的现状问题，提出具有针对性的分类保护对策。确保景观资源的真实性和完整性，使核心景区生态环境和各类景观资源得到切实可行的保护。

（一）生态保护区

在保护庐山生物多样性及生态环境中发挥关键作用、对人类活动敏感、有科研价值或其他保存价值的生物种群所处环境，被划为生态保护区，主要包括植被保存较完整具有较典型的亚热带和暖温带自然生态景观的区域、珍稀动植物栖息地及重要景点的水源涵养地。生态保护区的划定主要参照庐山自然保护区中核心区以及庐山世界地质公园中的生态保护区的范围，并依据庐山自然植被群落以及地形地貌的完整特性，同时考虑选取明显的地物地标对区域划分加以标示，便于对各分类保护区域实施不同的保护措施。生态保护区面积为38.43平方千米。

1. 生态保护区现状

通过实地勘察、访问和文献查阅，发现保护区中存在着以下几个问题：①森林植被林相单一；②自然山体遭受破坏；③存在地质灾害隐患；④水体环境污染；⑤交通污染；⑥垃圾污染；⑦光污染；⑧视觉污染；⑨森林盗伐；⑩古树名木保护乏力。

2. 生态保护原则和措施

（1）保护原则。针对庐山生态保护区存在的问题和庐山特色，提出5项保护原则，核心包括保护生态完整性和生物多样性、有利于庐山著名史迹的保护两项。

（2）保护措施。①加强庐山生态环境的研究工作，建立基于保护生物多样性的庐山生物适宜性指标，结合现代技术建立庐山生态环境保护、监测、管理系统，制定相应保护措施，对庐山山体环境进行科学和严格的保护；②生态保护区内只能配置必要的研究和安全防护性设施，除科学研究的特需外，禁止游客进入，严禁任何生产经营活动，严禁新建任何设施，严禁任何机动交通及其相关设施进入。

3. 专项保护

在生态保护区规划中进行了生物多样性保护、水景水域专项保护、古树名木专项保护、退耕还林专项保护、林相改造专项规划、防灾专项规划、交通设施改造、垃圾污染治理和光污染治理9项专项规划。

生物多样性保护分为植物多样性保护和动物多样性保护，核心是保护原有物种群落和生活环境，设置必要的生态廊道，对森林进行科学抚育。重点对庐山残存的三处小块常绿阔叶林、落叶阔叶林、次生常绿－落叶阔叶混交林进行保护（图2）。

水景水域保护强调保护、修复水域周边生态环境，保护培育水源涵养林，禁止水体污染，避免过度使用。

庐山风景名胜区内共有古树名木282棵，分属39科73种，以水杉、银杏、金钱松、罗汉松、鹅掌楸、柳杉、樟树、枫香为主。有珍稀植物45种，其中属国家一级保护的有11种，二级保护的有34种。古树名木保护首先需要建立古树名木的确认、备案和归档制度，实行动态管理。对于古树名木采取划界保护（图3）。

林相改造专项规划，重点在于有计划、有步骤地改造人工纯林，增加阔叶林和混交林比重，恢复和提高林分质量。

（二）自然景观保护区

自然景观保护区是指庐山风景名胜区范围内含有特殊地质景观、自然植被

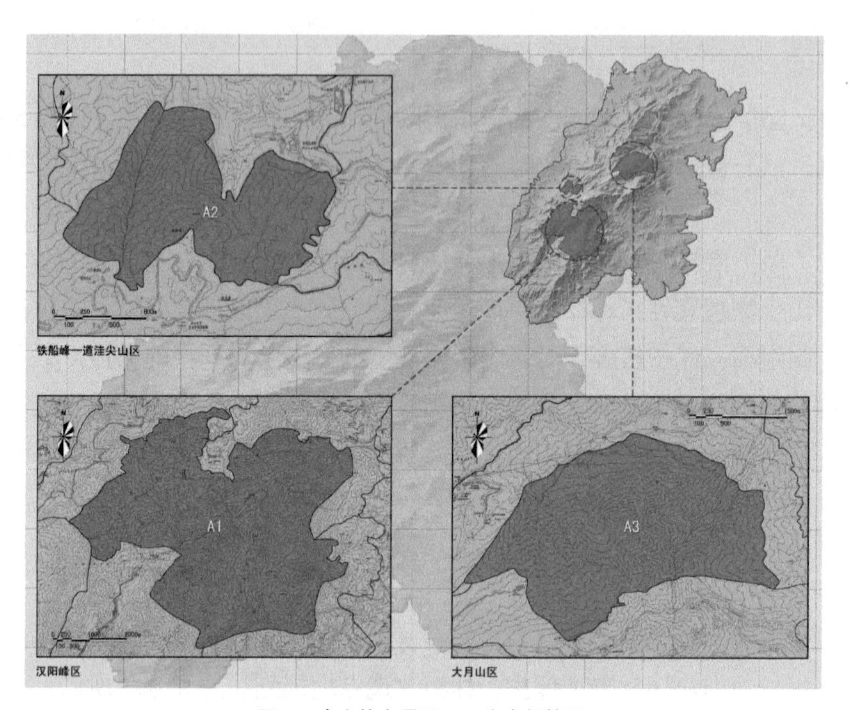

图 2　庐山核心景区——生态保护区

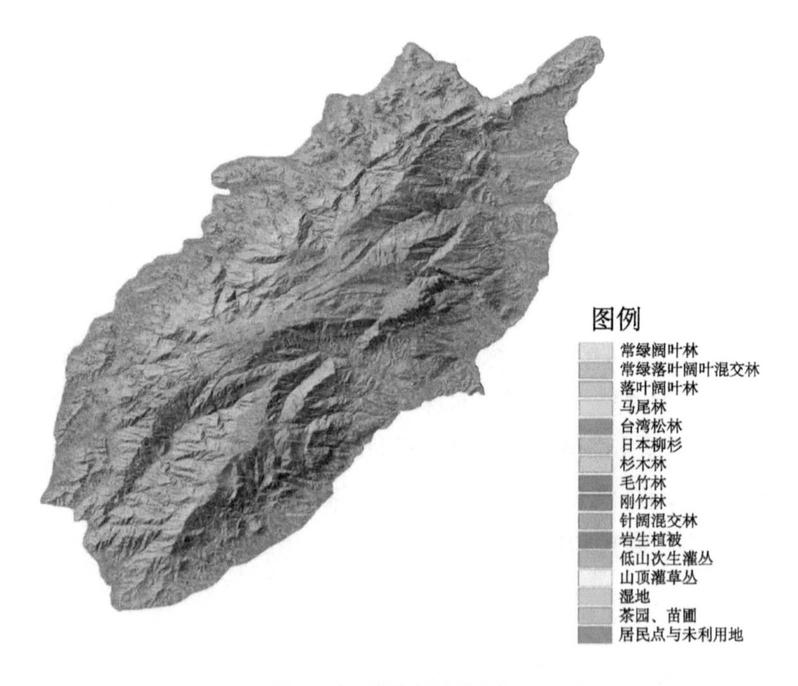

图 3　庐山现有植被分布图

景观、特殊天象等天然景源、景观及其周围一定范围与空间的地段，主要包括特级景点和一级景点及其相关区域，以及以庐山风景名胜区目前森林植被在山体垂直分布的基本状况，即以常绿落叶阔叶混交林和常绿阔叶林分布交叉带的800～1100米海拔线为主要参照标尺。保护区范围内的植被同时也是庐山重要的水源涵养、补充地带。自然景观保护区的划定依据是以保持自然景观资源特征的完整性为核心，并从整体考虑自然景观周围环境的协调性与一致性，结合自然景观周边的地形地貌环境特征加以划定。

自然景观保护区内严格限制对自然景观的开发，可以配置必要的步行游览和安全防护设施，宜控制游客进入，严禁安排任何与其无关的人为设施，严禁机动交通及其设施进入。

庐山风景名胜区内的自然景观保护区共有10处，面积达91.78平方千米（图4、图5）。

图4 庐山核心景区——自然景观保护区

图5　庐山自然景观保护区照片

1. 自然景观保护区存在的问题

（1）不恰当的开发利用方式破坏自然景观。

（2）景观资源中心偏移造成资源利用不均衡。

2. 自然景观保护区保护措施

（1）根据景区地理位置，结合资源状况，自然景观保护区分为10个区，针对各景区特点、景观资源、生态资源，确定保护内容和保护方式，制定保护措施。

（2）严格保护自然景观保护区的自然生态环境，对存在问题区域进行整治。

（3）应突出各景区景观资源特色。对于景观资源的展现方式、游客游览方式和游程的组织，通过区分游客体验方式、划定游览活动的不同区域，做到既能充分展现景观资源的风貌，又避免损害自然景观。

（4）各景区在不破坏生态环境和自然景观的前提下，完善游览设施，保障游客安全。

（三）史迹保护区

庐山史迹保护区总面积为7.16平方千米，分为5处：C1东谷史迹保护区面积为 2.08 平方千米；C2 东林寺史迹保护区面积为 0.78 平方千米；C3 白鹿洞史迹保护区面积为 1.39 平方千米；C4 观音桥史迹保护区面积为 0.16 平方千米；C5 植物园史迹保护区面积为 2.75 平方千米（图 6）。

图 6　庐山核心景区——史迹保护区

1. 史迹保护区存在的问题

当前庐山史迹保护区存在的问题主要在于：①对史迹价值认识不充分，尤其是对史迹所承载的精神文化方面的无形价值认识不充分；②管理保护力度欠缺；③保护经费不足。

2. 保护措施

为了解决史迹保护区存在的问题，遵循历史地段整体保护、与周边自然环境共生和可持续发展三项原则，规划规定在遵从统一保护原则的前提下，根据各文化景观的自身特点和类型，制定相对应的保护措施；划定文物保护范围；完善文物保护制度；禁止将文物建筑用于与文物保护无关的活动；委托专业单位提供文物保护技术支持等 8 条总体保护措施。

庐山史迹保护区中包括宗教建筑、书院建筑、近代建筑与别墅、传统民居与村落、石刻碑刻 5 类史迹，规划根据各类史迹的特点和存在的问题制定了具体的保护措施。

3. 风物保护

庐山文化景观不仅包括具体的物质形态的历史遗存，还包括许多非物质的文化遗产，包括山水和田园诗画、民俗、宗教礼仪、神话传说、民间文艺、历史事件、地方人物等，它们与庐山自然景观有机结合，构成了庐山别具一格的文化景观。

对于这些风物，规划提出了加强收集、整理、研究工作，梳理其与自然景观相互融合、增色的关系，探讨庐山文化与中国历史及未来等课题，增强展示、宣传的力度。

五、庐山核心景区分区保护

在庐山核心景区的三类保护区中，根据其资源构成和空间分布，规划进一步将其细分。生态保护区分为汉阳峰、铁船峰－道洼尖山和大月山 3 个区（A1～A3），自然景观保护区分为好汉坡－小天池、锦绣谷－仙人洞、石门涧－龙首崖等 10 个区（D1～D10），史迹保护区分为东谷、东林寺、白鹿洞等 5 个区（C1～C5）。针对各分区的资源特征、保护难度、分布范围、空间结构等确定其功能定位，划定重点保护区和控制区，制定专项保护措施（表 1）。

六、庐山核心景区中的社会调控

根据庐山社会调控规划的总体设想，其核心景区成为社会调控中的重点，居民大部分位于居民控制区中。居民主要分布于自然景观保护区中的康王谷中，隶属于星子县庐山垅村和观口村两个行政村，其中观口行政村辖观口钱村和付

表 1　分区中人类活动控制一览表

编号	人类活动		A1	A2	A3	C1	C2	C3	C4	C5	D1	D2	D3	D4	D5	D6	D7	D8	D9	D10
一	饮食	餐厅	×	×	×	×	×	×	×	×	×	×	◇	×	×	○	◇	◇	×	×
		饮食店	×	×	×	▽	▽	×	×	×	×	×	◇	×	×	△	◇	◇	×	×
		饮食点	×	×	×	▽	▽	▽	▽	▽	×	◇	◇	◇	×	○	▽	▽	▽	▽
二	住宿	宾馆	×	×	×	▽	×	×	×	×	×	×	×	×	×	×	×	▽	×	×
		旅馆	×	×	×	▽	▽	▽	▽	×	×	×	×	×	×	△	×	▽	×	×
		简单旅宿点	×	×	×	×	×	×	×	×	×	×	×	×	×	△	×	×	×	×
三	交通	缆车	×	×	×	×	×	×	×	√	×	×	×	×	×	×	×	×	×	×
		机动车	√	√	√	▽	▽	◇	◇	√	×	×	×	×	×	▽	×	▽	×	×
		停车位	×	×	×	▽	▽	◇	◇	×	×	×	×	×	×	▽	×	▽	×	×
		非机动车	√	√	√	○	○	○	○	○	○	○	○	○	√	○	▽	○	○	○
		步行观光	×	×	×	○	○	○	○	○	○	○	○	○	×	○	○	○	○	○
		特殊步行	×	×	×	○	○	○	○	○	○	○	○	○	×	○	○	○	○	○
四	购物	小卖部、商亭	×	×	×	▽	▽	▽	▽	▽	×	◇	◇	◇	×	○	▽	▽	▽	▽
		商摊集市墟场	×	×	×	×	×	×	×	×	×	×	×	×	×	○	×	×	×	×
		商店	×	×	×	▽	×	×	×	×	×	×	×	×	×	×	×	×	×	×
五	娱乐	艺术表演	×	×	×	▽	▽	▽	▽	×	×	×	○	×	×	○	○	○	○	○
		游戏娱乐	×	×	×	▽	×	×	×	×	×	×	×	×	×	○	○	○	×	×
		体育运动	×	×	×	○	×	▽	○	×	○	○	○	○	×	○	○	○	○	○
		其他娱乐文体	×	×	×	▽	×	×	×	×	×	×	×	×	×	○	○	○	×	×

续表

编号	人类活动		A1	A2	A3	C1	C2	C3	C4	C5	D1	D2	D3	D4	D5	D6	D7	D8	D9	D10
六	游览	休憩庇护	×	×	×	○	○	○	○	○	○	○	○	○	×	○	○	○	○	○
		环境卫生	×	×	×	○	○	○	○	○	○	○	○	○	×	○	○	○	○	○
		宣讲咨询	×	×	×	×	○	○	○	○	○	○	○	○	×	○	○	○	○	○
		公厕	×	×	×	○	○	○	○	○	○	○	○	○	×	○	○	○	○	○
七	保健	疗养	×	×	×	▽	×	×	×	×	×	×	×	×	×	×	×	▽	×	×
		温泉浴	×	×	×	×	×	×	×	×	×	×	×	×	×	×	×	×	×	×
		休养度假	×	×	×	▽	×	×	×	×	×	×	×	×	×	△	×	△	×	×
八	科技教育	科学考察	√	√	√	○	○	○	○	○	○	○	○	○	√	○	○	○	○	○
		采集	√	√	√	○	○	○	○	○	○	○	○	○	√	○	○	○	○	○
		宣传	×	×	×	○	○	○	○	○	○	○	○	○	√	○	○	○	○	○
		纪念	×	×	×	○	○	○	○	○	○	○	○	○	√	○	○	○	○	○
		文博展览	×	×	×	○	○	○	○	○	○	○	○	○	√	○	○	○	○	○
		观测研究	√	√	√	○	○	○	○	○	○	○	○	○	√	○	○	○	○	○
九	管理	管理站	√	√	√	×	○	○	○	○	×	×	○	×	√	○	○	○	×	×
		管理点	√	√	√	○	○	○	○	○	○	○	○	○	√	○	○	○	○	○
		管理员巡视	√	√	√	○	○	○	○	○	○	○	○	○	√	○	○	○	○	○
十	其他	审美欣赏	×	×	×	○	○	○	○	○	○	○	○	○	×	○	○	○	○	○
		社会民俗	×	×	×	○	○	×	○	×	×	×	×	×	×	○	○	×	×	×
		宗教礼仪	×	×	×	○	○	×	○	×	○	○	×	○	×	×	○	×	×	×

注：○可设置；△可设置，数量、规模可以适当增加；▽可设置，数量、规模应减少；√可设置，但仅允许用作管理、科研保护；◇可设置，但仅能设置于景区入口处；× 禁止设置

村，庐山垅村辖督里钱村、杜村、余村、汪村、朱村、帅家村、楼下村。

由于山中可耕种土地较少，1998 年后禁止砍伐森林，山中交通不便，谷内目前无乡镇企业，只有几个加工林业产品和搞运输的个体户，属特级贫困区。康王谷进行了旅游开发，但开发水平较低，宣传力度不足，旅游业发展缓慢，未能很好地改善居民生活。村中多数年轻人外出打工。

在保护山林自然生态环境的前提下，挖掘康王谷深谷探幽的旅游特色，整理谷内的田园景观和乡土民居。可适度开发农家耕读、农家旅馆（民宿）等旅游方式和旅游设施，降低居民对山林土地的依赖。

同时，为了保护自然景观资源，康王谷内村落应控制居民数量，避免增长。可制定适当的补偿政策和福利措施，将部分无生产、生活能力的居民移至康王谷口的观口村。

七、庐山核心景区保护管理与规划实施

庐山核心景区的保护工作由庐山管理局领导下的规划建设处全面负责监管，并行使申报执行的职能，由江西省住房和城乡建设厅履行审批与监督的职能。

八、庐山核心景区保护规划再思考

庐山风景名胜区最显著的特色在于其自然景观与人文景观之间复杂微妙的关系，以及人文景观与中国历史之间千丝万缕的联系。核心景区作为庐山风景名胜区，更是集中地反映出这一特色。庐山资源的保护延续和发展重点在于如何保护、强化这一特色。

庐山文化的发展得益于其独特的区位和自然地理气候条件，得益于中国传统文化中对自然山水、田园生活的向往，它是由众多文人、士绅、僧道以及其他众多在当时拥有较高文化水平的人士长期在此生活、休养、度假、修行的过程中创造出来的。庐山的精华不是静态的单纯的自然景观，而是在与人类高水平活动相结合的过程中产生出来的。

20世纪80年代开始的庐山观光游虽然急剧扩大了庐山的游客数量，但大量游客短期走马观花式的低水平、低文化的旅游方式，极大地破坏了庐山的文化和生态。大多数游客在不同景点间快速通过，满足于在景点到此一游的拍照和导游粗浅的解说，庐山多变的自然景观、精妙点景的诗词被忽略掉。同时，旺季大量游客的涌入不仅大大增加了庐山的生态负荷、破坏了庐山的生态环境，也极大地降低了游客的游览体验。这样低水平的观光游加上不合理的高收费，导致游客对庐山的评价每况愈下。

另一方面，庐山作为“世界文化景观”已纳入了《保护世界文化和自然遗产公约》的保护范畴，已大大超出了所辖区域的局部经济考量。急功近利地获取短期经济收益，而忽视远期的保护和可持续发展，显然是不可取的。

庐山核心景区保护规划正是基于《保护世界文化和自然遗产公约》所确定的保护原则和做法，立足于资源的科学保护和永续利用。为此，首先，必须进一步对庐山的各类景观资源的特征和保护进行更精细、更到位的研究，梳理出其内在规律和相互关联，在相互融合上突出保护其特色。在彰显核心景观保护原真性、独特性的同时，带动庐山全山及“山—江—湖”全域的整体科学保护与开发。其次，必须顺应国际发展大趋势，以“世界文化景观”遗产保护和利用的高标准，尽快由低水平的利用方式向高水平的利用方式转型升级，即由20世纪80年代兴起的短时观光游向更有文化品位的长时文化体验、科普游学、休闲度假、养生养老等转化，催生各种体验型、学习型、定制型、环保型、创新型旅游业态，形成高文化与高附加值的旅游产业链。远景则应以国家拟出台的《国家公园法》为依据，渐进整合庐山—鄱阳湖及赣北生态景观资源，创立“庐山—鄱阳湖国家公园”或“庐山国家文化公园”，为庐山的科学保护与发展开辟更美好的前景。

青山秀水优保育

——庐山自然景源的保护与培育

魏　民　梁伊任*

庐山优美独特的自然环境是中华山水文化的最佳载体。庐山的自然植被、水系、山川、动物和天象，构成了复杂的生态环境，成为鄱阳湖、长江大生态圈的有机组成部分。针对自然景源保护与利用中的问题，本轮总体规划分别通过对景源保护级别的空间划分和景源保护方式的类型划分，提出了一系列优化保育的管理控制方法与技术措施，主要从分级保护与分类保护两大方面加以规划，以求达到自然景源全面有效的保育。

庐山面江临湖，山高谷深，具有河流、湖泊、坡地、山峰等多种地貌，险峻与秀丽刚柔相济，兼以丰富的生物资源和良好的气候条件，形成了独特的天景、地景、水景和生景景观，使得庐山形成了优美的山水自然环境，成为中华山水文化的最佳载体，具有极高的文化与美学价值。庐山的独特地貌，既是一道独特的风景线，又成为李四光创立“第四纪冰川学说”的科学依据。得天独厚的气候条件，使其拥有生长茂密的森林植被，众多的古树名木，特别是形态各异、千变万化的水系、湖泊、瀑布，层峦叠嶂的青山翠谷，成为鄱阳湖、长江大生态圈中的有机组成部分，发挥着极为重要的生态作用。

* 魏民，北京林业大学园林学院副教授；梁伊任，北京林业大学园林学院教授。本文成稿时间：2013年11月。

一、自然景源的破坏与威胁

自然是文明赖以生存与成长的地方，庐山的自然资源是庐山特殊文化的背景与源泉。“一山飞峙大江边”的庐山由于其独特的地理位置，形成了复杂的生态环境，为动植物的栖息、繁衍提供了良好的生境。然而，在自然景源的保护与利用过程中也显现出几个突出的问题。

（一）林相单一

森林是生态环境建设的主体，在保护和改善环境中具有不可替代的作用，发达的林业不仅对改善生态环境、保持水土、调节气候、涵养水源、森林防火等发挥着重大的作用，而且丰富的森林资源、合理的林相结构对发展旅游、改善庐山季相景观都具有至关重要的作用。然而通过这次调查，我们发现庐山的森林资源存在以下几个问题：①森林林相单一，针叶林比重过大，阔叶林和混交林过小（图 1）；②林分质量不高（图 2），郁闭度较大。密度大，导致林木分化严重，林分内卫生条件差，地被植被少，容易遭受自然灾害和森林病虫害的危害；③人工林面积大，天然林面积小。

（二）山体破碎

近年来，庐山山体人为破坏的情况已经得到有效控制，然而山下自然山体由于开山采瓷土、采石等，部分山体遭受严重的破坏，如高垄乡附近、观音桥附近等山体均存在上述情况。山体破坏严重的区域有：①大排岭高岭土矿，这是一个以露采为主的古老矿山，地面已千疮百孔，水土流失严重；②东牯山花岗石矿，地表有数十个采石场及石材加工厂，对地貌与植被均有破坏；③康家坡石灰石矿，有多处露天采石场，对地貌与植被有显著破坏；④威家砂岩采石场，对地貌与植被环境均有破坏；⑤海会花岗石矿，有多处采石场，对地貌植被有破坏；⑥温泉长石矿，有数十处采矿坑，对地貌与植被有明显破坏。

（三）地质隐患

庐山山体地带的主要地质灾害是泥石流和滑坡，泥石流大多分布在震旦纪

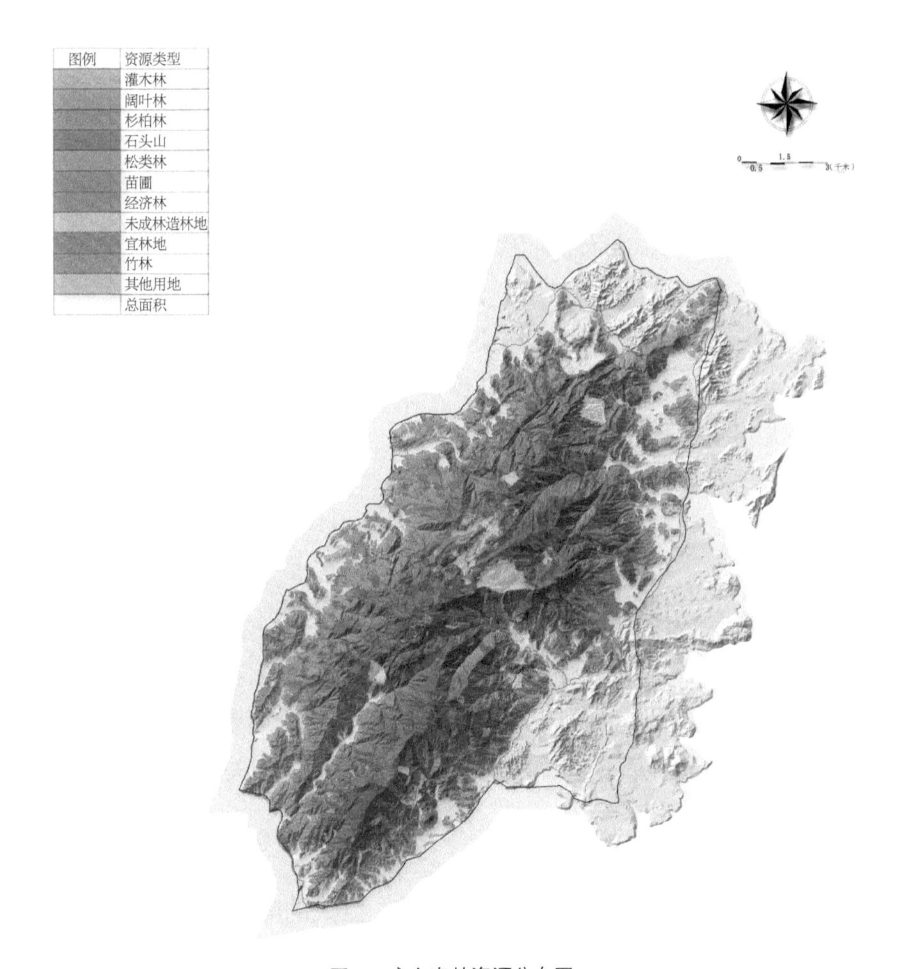

图 1　庐山森林资源分布图

图 2　林分质量不高，结构较为单一

砂岩风化层比较厚的陡坡地带的暴雨之后。近年来，由于风景区内人类活动频繁，泥石流对景区的危害加剧。据不完全统计，1975 年、1984 年、1995 年和 1998 年景区内多处发生泥石流。泥石流所到之处，房舍被冲，桥涵被毁，公路被堵，田地被淤，自然景观和历史遗迹破坏严重（图 3）。1995 年 8 月 15 日发生在犁头尖北坡的泥石流就是典型的地质灾害之一。

图 3　仰天坪－汉阳峰沿途地质灾害点

（四）水源污染

随着庐山风景区内人类活动的增加，相应地带下游水体污染较为严重。如琴湖总氮超标 12.8 倍，总磷超标 2.7 倍；芦林湖总氮超标 4 倍，总磷超标 1.8 倍，化学需氧量（COD）超标 1.7 倍。植物园与海会桥地表溪流中的溶解氧（DO）标准指数大于 1，污染较为严重，与人为生活排污密切相关。

（五）设施污染

缺乏科学论证的索道、有轨电车的建设，巨大的噪声与震动，打破了庐山自然的宁静，同时也造成了景观污染。牯岭镇常住人口的增加，以及相应基础设施的扩建和改造，白天机动车的废气污染、夜间的照明污染，打破了自然界中动植物的生活规律与生长节律，并产生相应的负面影响。

二、自然景源的保护与培育

针对庐山自然景源保护与利用中存在的相关问题，在统筹地质遗迹分布、水源涵养条件和森林分布结构等条件的基础上，分别通过对景源保护级别的空间划分和景源保护方式的类型划分，提出有针对性的管理控制方法与技术措施。

（一）分级保护

整个风景名胜区内可划分为特级保护区、一级保护区、二级保护区、三级保护区四级，并在风景名胜区周边划出一定范围的外围保护地带，以控制周边用地建设对其的影响。

1. 保护区分级划分（图4、表1）

（1）特级保护区

庐山风景名胜区特级保护区包括三部分（T1区、T2区、T3区），总面积

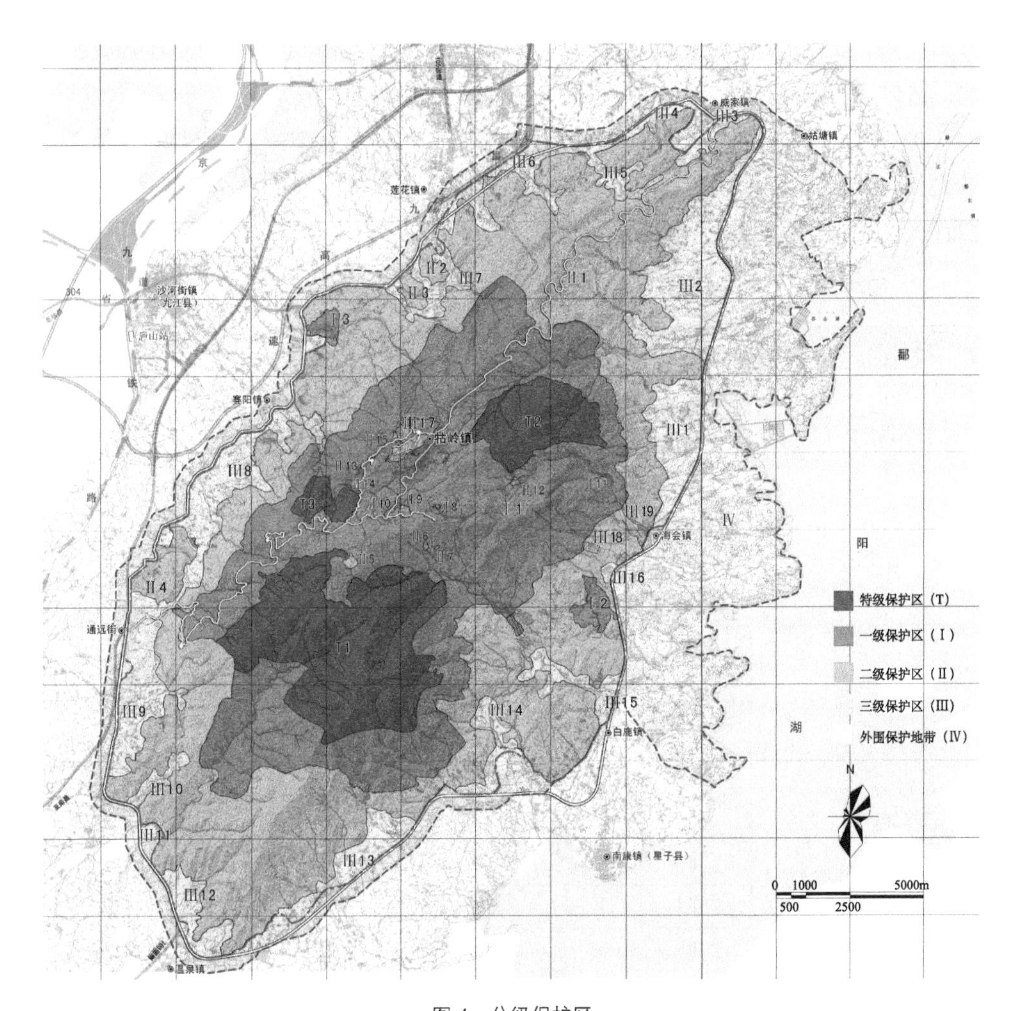

图4 分级保护区

38.42平方千米，占庐山风景名胜区规划总面积的11.63%。特级保护区是指对保护庐山生物多样性及生态环境作用十分重要或对人类活动敏感的区域。特级保护区与分类保护培育规划中的生态保护区范围相一致。特级保护区范围内的植被同时是形成庐山水景的重要水源涵养地。

T1区以汉阳峰为中心，包括龟背峰、五乳峰、马耳峰、永坡山、大步岭、筲箕洼、百药塘及其周围的地域，面积28.10平方千米。区内包括庐山自然保护区的核心保护区，以汉阳峰为中心的区域人烟稀少，山势陡峭，种源丰富，天然林占比高，百药塘一带天然林约占当地森林总面积的65%。

T2区位于三叠泉、九叠谷之北、碧龙潭之南的铃岗岭、牛角栋、彭山、大月山一带，面积约8.27平方千米。此区是碧龙潭景区和三叠泉景区的主要水源地，区内森林覆盖率达80%以上，以人工次生林和人工林为主。

T3区位于石门涧之南的铁船峰、牧马场、道洼尖山等一带，面积2.05平方千米，铁船峰、牧马场、道洼尖山一带自然植被丰富，区内有庐山尚存的落叶阔叶林、常绿阔叶林和落叶常绿阔叶混交林等。

表1 分级保护区域索引表

分级保护类型	索引号	分区面积/平方千米	总面积/平方千米	百分比/%
特级保护区（T）	T1	28.10	38.42	11.63
	T2	8.27		
	T3	2.05		
一级保护区（Ⅰ）	Ⅰ1	96.11	98.28	29.74
	Ⅰ2	1.39		
	Ⅰ3	0.78		
二级保护区（Ⅱ）	Ⅱ1	136.26	141.37	42.79
	Ⅱ2	0.80		
	Ⅱ3	0.86		
	Ⅱ4	2.83		
	Ⅱ5	0.15		
	Ⅱ6	0.04		
	Ⅱ7	0.02		
	Ⅱ8	0.03		
	Ⅱ9	0.11		

续表

分级保护类型	索引号	分区面积 / 平方千米	总面积 / 平方千米	百分比 / %
二级保护区（Ⅱ）	Ⅱ10	0.07	141.37	42.79
	Ⅱ11	0.01		
	Ⅱ12	0.06		
	Ⅱ13	0.01		
	Ⅱ14	0.01		
	Ⅱ15	0.11		
三级保护区（Ⅲ）	Ⅲ1	5.65	52.35	15.84
	Ⅲ2	12.41		
	Ⅲ3	1.14		
	Ⅲ4	0.13		
	Ⅲ5	1.17		
	Ⅲ6	4.24		
	Ⅲ7	2.04		
	Ⅲ8	8.88		
	Ⅲ9	3.30		
	Ⅲ10	0.89		
	Ⅲ11	0.16		
	Ⅲ12	2.72		
	Ⅲ13	3.60		
	Ⅲ14	1.86		
	Ⅲ15	2.15		
	Ⅲ16	0.30		
	Ⅲ17	1.21		
	Ⅲ18	0.13		
	Ⅲ19	0.37		
合计			330.42	100.00
外围保护地带（Ⅳ）		103.94	103.94	

特级保护区内禁止任何生产经营活动，除科学研究的特需外，游客不得进入，不得建设任何建筑设施。

（2）一级保护区

一级保护区是指在特级或一级景源周围风景资源价值高的区域，其在功能上满足自然植被生态恢复、史迹保护、地质保护等要求。一级保护区的划定主要根据景源评价中所确定的特级和一级景源及周边形成的完整的景源环境所在区域范围，同时确定以庐山风景名胜区目前森林植被在山体垂直分布的基本状况，即以落叶常绿阔叶混交林和常绿阔叶林分布交叉带的800～1100米海拔线为主要参照标尺。一级保护区范围内的植被同时也是庐山重要的水源涵养、补充地带。一级保护区包括两部分，总面积为98.28平方千米，占风景名胜区规划总面积的29.74%。

Ⅰ1 特级及一级景源周围地域（以特级和一级景点的视域范围和立地条件为依据），总面积96.11平方千米，其中不包括牯岭正街及西谷部分地区。

Ⅰ2 白鹿洞书院及其周围地域，面积为1.39平方千米。

Ⅰ3 东林寺和西林寺周边地域，面积为0.78平方千米。

一级保护区可以安置必需的步行游赏道路和相关设施，严禁建设与风景游赏无关的任何设施。除东林寺（旅游服务站）外，此区不得安排旅宿床位，严格控制和限制机动交通工具进入。

（3）二级保护区

二级保护区是指在风景名胜区范围内，二级、三级和四级景源周围相应区域。二级保护区的划定主要根据景源评价中所确定的二级、三级和四级景源及周边形成的完整的景源环境所在区域范围，同时确定以庐山风景名胜区目前森林植被在山体垂直分布的基本状况，即针叶林广泛分布地带的500～800米海拔线为主要参照标尺。二级保护区包括两部分，总面积141.37平方千米，占风景名胜区规划总面积的42.79%。

二级保护区范围内可以安排少量的旅宿设施，但对规模、密度、形式、体量等需加以严格控制，并严禁任何与风景游赏无关的建设，应有条件限制机动交通工具进入本区。

（4）三级保护区

庐山风景名胜区范围内，以上各级保护区之外的地区划为三级保护区，总面积52.35平方千米，占风景名胜区规划总面积的15.84%。

三级保护区内，应有序控制各项建设与设施，并应与风景环境相协调。

（5）外围保护地带

主要是指在风景名胜区界线范围外，对庐山风景名胜区景观与生态完整性有明显影响的区域，总面积 103.94 平方千米。在城镇建设区内重点是控制城镇规模和环境污染，突出风景城镇特色，所有建设必须进行环境分析和评价。在农村范围内严禁砍伐树木和开山采石，加强水土保持，农村居民点建设必须符合风景名胜区总体规划要求，修建道路及其他一切建设活动不得损伤风景资源与地貌景观。

2. 分级控制与管理

分级保护控制与管理，是在划定相应级别保护区域的基础上，分别从设施、人类活动、土地利用三个方面，提出具体而明确的、面向管理的控制性规定（表 2、表 3、表 4）。

表 2　分级保护区域中设施控制与管理一览表

设施类型＼分级		特级保护区	一级保护区	二级保护区	三级保护区
1. 道路交通	栈道	×	×	○	○
	土路	△	△	△	△
	石砌步道	×	○	×	△
	其他铺装	×	●	×	△
	机动车道、停车场	×	○	×	×
	索道等	×	△	×	×
2. 餐饮	饮食点	×	△	×	○
	野餐点	×	○	×	○
	一般餐厅	×	—	×	○
	中级餐厅	×	△	×	○
	高级餐厅	×	×	×	×
3. 住宿	野营点	×	×	×	△
	家庭客栈	×	○	×	○
	一般旅馆	×	△	×	○
	中档宾馆	×	×	×	○
	高级宾馆	×	×	×	×

续表

设施类型	分级	特级保护区	一级保护区	二级保护区	三级保护区
4. 宣讲咨询	解说设施	×	×	×	○
	咨询中心	×	●	×	○
	博物馆	×	○	×	○
	展览馆	×	○	×	○
	艺术表演场所	×	○	×	○
5. 购物	商摊	×	×	×	○
	小卖部	×	○	×	○
	商店	×	△	×	○
	银行	×	×	×	○
6. 卫生保健	卫生救护站	×	×	×	○
	医院	×	○	×	○
	疗养院	×	—	×	○
7. 管理设施	景点保护设施	○	×	●	○
	游客监控设施	—	●	—	○
	环境监控设施	●	●	●	●
	行政管理设施	×	●	×	○
8. 游览设施	风雨亭	×	○	△	○
	休息椅凳	×	●	○	○
	景观小品	×	●	×	○
9. 基础设施	邮政设施	×	○	×	○
	电力设施	—	—	○	○
	电信设施	—	○	○	○
	给水设施	—	○	○	○
	排水设施	○	○	○	○
	环卫设施	—	○	×	○
	防火通道	○	○	○	○
	消防设施	○	○	○	○
10. 其他	科教、纪念类设施	×	●	△	○
	节庆、乡土类设施	×	○	△	○
	宗教设施	×	—	△	△
	水库	×	△	×	△

注：●应该设置；○可以设置；△可保留不宜新设置；× 禁止设置；—不适用

表 3　分级保护区域中人类活动控制与管理一览表

人类活动＼分级		特级保护区	一级保护区	二级保护区	三级保护区
1. 旅游活动	按指定路线游览	×	●	×	○
	探险登山	×	△	×	—
	骑自行车游览	×	△	×	△
	摄影、摄像	×	○	×	○
	采摘	×	×	×	○
	篝火晚会	×	×	×	×
1. 旅游活动	烧烤	×	×	×	×
	室外歌舞集会	×	△	×	—
	游泳	×	×	×	×
	射击射箭	×	×	×	×
	蹦极、攀岩、漂流、滑翔、走钢丝等各类极限运动	×	△	×	△
	冰雪活动	×	△	×	△
	野营	×	△	×	×
	民俗节庆	×	△	×	×
	劳作体验	×	○	×	×
2. 经济社会活动	伐木	×	×	×	×
	采药、挖根	×	×	×	×
	开山采石、采矿挖沙	×	×	×	×
	放牧	×	×	×	×
	营利性锤拓	×	×	×	×
	人工养殖、种植	×	△	×	○
	抽取地下水	×	△	×	△
	构筑堰坝	×	×	×	△
	商业活动	×	○	×	—
3. 科研活动	采集标本	△	△	△	○
	科研性锤拓	×	○	△	○
	钻探	×	×	×	×
	观测	○	○	○	○
	科教摄影摄像	△	○	△	○

续表

人类活动 \ 分级		特级保护区	一级保护区	二级保护区	三级保护区
4. 管理活动	标桩立界	○	○	○	○
	植树造林	○	○	○	●
	灾害防治	●	●	●	●
	引进外来树种	×	×	×	△
	监测	●	●	●	●
	解说活动	—	○	—	—

注：●应该执行；○允许开展；△有条件允许开展；× 禁止开展；—不适用

表 4　分级保护区域中土地利用控制与管理一览表

用地类型 \ 分级		特级保护区	一级保护区	二级保护区	三级保护区
1. 风景游赏用地	风景点建设用地	×	△	×	×
	风景保护用地	●	—	●	—
	风景恢复用地	×	—	●	—
	野外游憩用地	×	●	×	△
	其他观光用地	×	△	×	△
2. 旅游设施用地	旅游点建设用地	×	×	×	×
	娱乐文体用地	×	×	×	×
	休养保健用地	×	×	×	×
	购物商贸用地	×	×	×	×
	其他旅游设施建设用地	×	×	×	△
3. 居民社会用地	居民点建设用地	×	×	×	○
	管理机构用地	×	△	×	△
	科技教育用地	×	×	×	△
	工副业生产用地	×	×	×	△
	其他居民社会用地	×	×	×	△
4. 交通与工程用地	对外交通通信用地	×	×	×	×
	内部交通通信用地	×	●	×	●
	供应工程用地	×	×	×	△
	其他工程用地	×	×	×	△

续表

用地类型 \ 分级		特级保护区	一级保护区	二级保护区	三级保护区
5. 林地	/	○	×	○	○
6. 园地	/	×	△	×	○
7. 耕地	/	×	△	×	○
8. 草地	天然牧草地	○	—	○	○
	人工草地	—	—	—	—
	其他草地	△	△	—	△
9. 水域	/	○	○	○	○
10. 滞留	/	×	×	×	○

注：●应该设置；○允许设置；△有条件允许设置；× 不允许设置；—不适用

（二）分类保护（图5）

1. 生物多样性保护

（1）森林植被

庐山植被类型属中亚热带常绿阔叶林北部亚地带，植物群落出现了明显的垂直分布状况，自下而上植被显示出向亚热带常绿阔叶林与落叶阔叶混交林过渡的特征。为保护风景名胜区内的天然生态系统和植物的垂直分布带，应进行科学的森林抚育和封山育林。由于气候的影响，植物分布有山上山下的差异和南坡北坡的不同，植被的垂直分布为：西北坡是常绿阔叶林带和常绿阔叶落叶混交林带，以及落叶阔叶矮林带；东南坡是常绿阔叶林带和常绿落叶阔叶混交林带及山顶灌木林带。

针对森林植被资源，应尽快开展野生植物资源的环境本底调查并制定保护规划，切实保护其物种多样性、遗传多样性以及生态系统多样性。加大生态保护力度，增加科研投入，开展野生物种尤其是珍稀濒危物种的科学研究。采取就地保护、迁地保护和离体保存相结合的方式保护珍稀、濒危物种，防止物种灭绝。挽救、研究和可持续地利用本地野生物种，保护和利用栽培物种的野生亲缘种及其遗传多样性，维护生态环境的动态平衡，慎重引进外来物种（经有关上级主管部门批准用于科研的物种除外）。有效地保护现有森林植被，遵循森林植被的自然演替规律，采用科学的方法、适地适树的原则进行森林的保护和培育，创造一个多功能、复合型的森林植被体系，形成和谐稳定的自然生态系统。

对以下范围内的林木必须严格保护，禁止非管理人员和科研人员进入，包括：①庐山南坡，东坡海拔800米以下、北坡海拔500米以下分布在电站、秀峰、白鹿洞、观音桥、碧云庵一带残存着小块的常绿阔叶林；②分布于庐山海拔700～800米以下的次生常绿落叶阔叶混交林；③海拔1100～1300米，牧马场至铁船峰一带的落叶阔叶林。对其周边植物物种进行改造，扩大阔叶林面积。在牯牛岭东谷、西谷散生的落叶阔叶树应进行挂牌登记，结合周边环境整治改

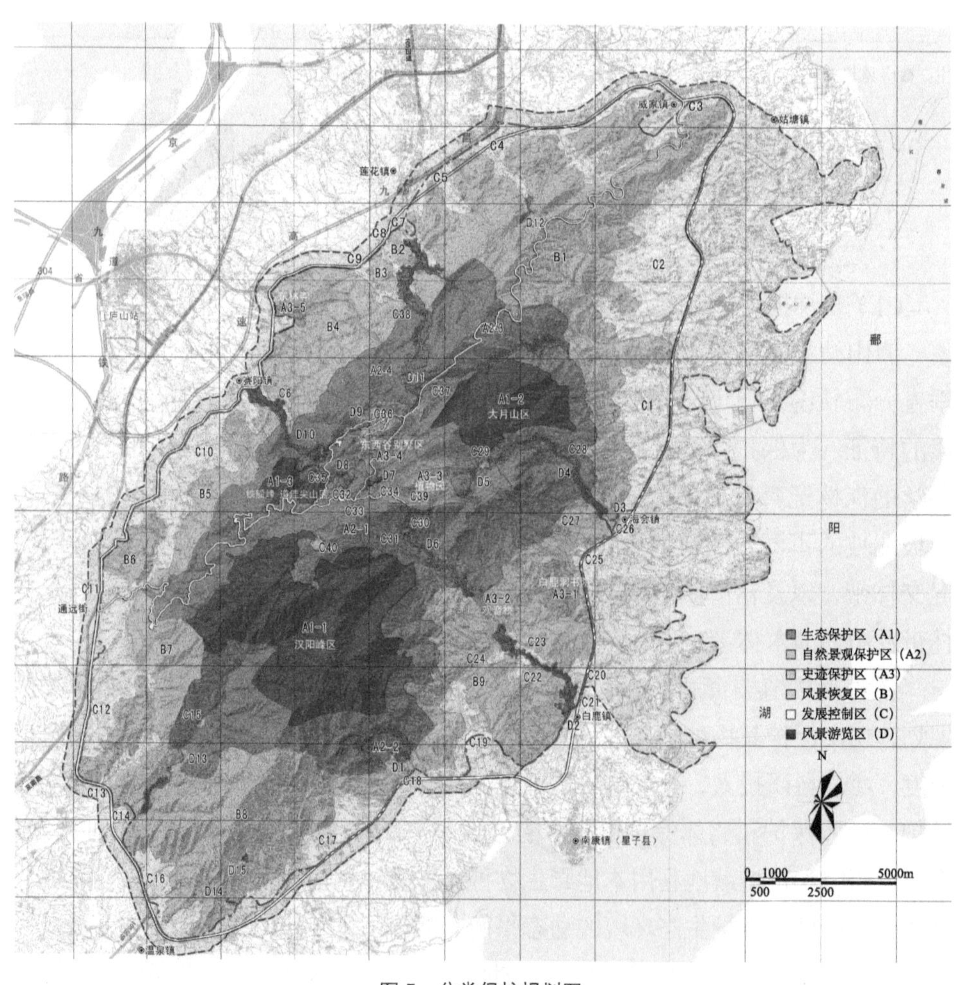

图5　分类保护规划图

善其生长条件，并增加阔叶树数量。

（2）动物栖息

庐山风景名胜区内的动物资源相当丰富，共有各种鸟类约178种（其中繁殖鸟121种），兽类39种，爬行类33种，两栖类20种，昆虫2000种以上（庐山特有昆虫33种）。其中一级保护动物3种，二级保护动物18种，省级保护动物49种。

保护野生物种及其组成的群落和生境，禁止任何可能威胁其生存的人类行为，如捕猎、买卖野生动物以及其他破坏其栖息地的行为。设置必要的生态廊道，为野生动物提供联系的通道和迁徙的可能。尽可能地降低人类活动给野生动物带来的生存威胁，如严格控制机动车的数量，汽车尾气排放应符合国家排放标准；拆除不必要的亮化设施；严格控制生活垃圾的倾倒。

（3）古树名木专项保护

庐山风景名胜区内共有古树名木282棵，分属39科73种，以水杉、银杏、金钱松、罗汉松、鹅掌楸、柳杉、樟树、枫香为主。有珍稀植物45种，其中属国家一级保护的有11种，二级保护的有34种。古树名木是庐山历史的见证，是活文物，是林木之秀的精华，也是价值很高的自然景观资源，应该制定有效的保护措施对其进行精心细致的保护。

针对古树名木资源应建立古树名木的确认、备案和归档制度，实行动态管理。实行挂牌保护，设立古树名木的价值说明和保护标志。实行划界保护，保护古树名木的良好生境。完善保护设施，明确游客责任。依据科学知识，加大对自然灾害的防治力度。

（4）林相改造专项规划

丰富的森林资源、合理的林相结构对涵养水源、消除地质灾害、防火、防止水土流失、改善庐山季相景观都具有至关重要的作用。针对庐山森林林相改造，应有计划、有步骤地改造人工纯林，增加阔叶林和混交林比重，恢复和提高林分质量。

应采用局部改造、综合改造的方式，逐步改造林相单一人工纯林的结构，以团块状、短带状改造为主，绝对禁止“剃光头”式的皆伐。根据立地条件情况，提倡多树种更新造林，营造乔、灌、草比例合理的复层结构式针阔混交林，形成良好的立体层次结构，提高林木生长量，改善林分质量，如常绿阔叶、落叶阔叶混交林可选择庐山较具优势的青棡＋小叶白辛树群系、甜储＋锥栗＋短柄袍群系、青棡＋锥栗群系、甜储＋青棡＋锥栗群系、青冈栎＋锥栗＋化香树群系以及青棡＋光叶榉群系等。在保持林分稳定性的前提下，对郁闭度在0.9以上或受上方庇荫影响生长的人工幼龄林以及天然中幼龄林，进行透光抚育。

2. 地质地貌保护

庐山风景名胜区内共有159个重要的地质遗迹景观点，其中保存较为自然且完整的第四纪海洋性山麓冰川遗迹景观，不但是中国东部地区，而且是全球中纬度山区中最典型的地区，有着极其重要的科学价值。同时，庐山世界地质公园的地貌别具特色，由断块山构造地貌、冰蚀地貌及流水地貌三位一体而构成多成因复合地貌景观，乃国内外罕见。许多还是重要景点的构成主体，如五老峰、锦绣谷、含鄱口、芦林湖、铁船峰、三叠泉、王家坡、石门涧等，在各个景观资源中占有十分重要的地位，有着较高的地学旅游品位，具备较高的美学价值、观光旅游价值，因此必须对庐山地质遗迹进行专项保护。

针对地质地貌资源应尽快组织科研考察，对庐山风景名胜区内的地质遗迹进行普查，建立确认、备案和归档制度，实行动态管理。对部分遭到破坏的山体、岩石要给予科学合理的人为保护和处理（局部修建形式自然的挡土墙或护栏、人工覆以植被、实施基础加固支撑、划定隔离带），防止山体滑坡和水土流失。保护第四纪冰川遗迹及其他地质特征的独特性和唯一性，保护代表主要地质演化历史阶段的突出模式的地质景观类型，并扩大和促进相关研究。对其周围的植被实施保育措施，维护良好的植被状况，禁止在坡度达到25°以上的地区开垦，防止因水土流失而引起的山石崩塌、泥石流等地质灾害，已有耕田实施退耕还林。

3. 水景水域专项保护

庐山风景区内的瀑布、碧潭、溪流、泉眼、湖泊、水库、坑塘等各类水景水域遍布景区各处，仅著名的瀑布就有20多条，重要的溪流就有10处，面积超过4公顷的湖泊、水库也有近10处。这些水体不仅是风景区内景观、生活、生产用水的重要来源，同时是庐山风景名胜区自然资源的重要组成部分，也是庐山野生生物赖以生存的生境和物质基础。然而调查显示，近年来庐山核心景区各类水景水域水量不断减少、水土流失、水体污染等现象日趋严重。

针对水景水域资源，应对各类水体实施环境监管，加强保护管理力度，保护水源地。保护、培育水源涵养林，提高林分质量，减少水土流失。制止可能导致水体污染、破坏的活动和过度利用。对溪流、湖泊、碧潭、坑塘各类水域必须及时进行清理和疏浚，不得擅自围、堵、塞或做其他改变。加强对水景水域周边环境的绿化，开展环境整治，恢复风景名胜区水景特色。

三、结束语

庐山，自古就是一座令文人墨客垂青的名山，无数名人纷至沓来，为其增添了不少光彩。经过多年的建设，庐山已经成为国内一个十分成熟的风景名胜区。1996 年庐山以“世界文化景观”被联合国教科文组织列入《世界遗产名录》，这一具有里程碑式的事件给庐山风景名胜区的进一步发展注入了新的活力，让这座古老的名山更加容光焕发。庐山之所以能成为“世界文化景观”遗产，就在于其自然与文化的高度融合与共荣，因此庐山的自然景源表现出强烈的文化与美学、生态与科学特征与价值。

庐山的自然景观价值体现在其独特而完整的“山—江—湖”体系，体现在其地景、水景、天景、生景的全类型的典型特征，体现在自然力对天地千百年的孕育与刻画，体现在人与自然之间相互协调地呵护与利用。恰恰是因为庐山自然与文化高度融合的特征，庐山自然景源的保护与培育不仅是自然视角的生态安全与景观完整，而且其文化的真实与延续更有赖于自然的承载与保全。

人文奇观融自然

——庐山世界文化景观遗产的构成要素与内涵

钱 云*

“文化景观”概念发源于19世纪末并在地理学界普遍使用，1992年，“文化景观”成为世界遗产的重要组成部分，用以代表“自然与人类的共同作品”。本文分析了要满足文化景观标准必须具有“人与自然互动”的突出的普遍价值、原真性及完整性，并加以具体分析。庐山作为我国第一处文化景观遗产，具有极高的研究价值。在文化景观概念及标准的基础上，指出庐山满足文化景观标准的依据，分析庐山文化景观的要素、价值，以及庐山四处文化景观核心。最后，得出结论以及对庐山文化景观可持续发展的展望和建议。

一、文化景观和文化景观遗产

（一）文化景观的概念演进

文化景观的概念最早由德国学者奥托·舒特尔（Otto Schluetter）于19世纪末提出，他将景观归为两种，一种为自然景观，即没有人类痕迹的景观；另一种为文化景观，即人为创造的景观。他认为人类创造的景观是文化地理学的主

* 钱云，北京林业大学园林学院副教授。本文成稿时间：2013年5月。

要研究任务，地理学问题的本质在于将景观形态视为文化产物。

20 世纪初，美国地理学家卡尔·索尔（Carl Sauer）创立了著名的文化景观学派“伯克利学派”，“文化景观”一词开始在地理学中广泛应用。“伯克利学派”反对当时盛行的“环境决定论”，而是关注自然环境变化中的人为因素，认为“文化景观由自然景观通过文化群体的作用形成，文化是动因，自然区域是媒介，文化景观是结果”。[①②③]

第二次世界大战后文化研究的兴起引发了新文化地理学者对“伯克利学派”的批判，他们认为“伯克利学派”中文化成为内生的、与自然相对的客观存在而缺乏对其自身的反思；认为景观不只是所见的客观情景，更是“文化的意象”，是人类看待环境的方式。新文化地理学在传统文化地理学的基础上，深化了文化景观的相关解释和研究，认为文化景观主要是由于人类活动的影响而形成的，是各类文化现象的线索和集合体，所以文化景观的变化也主要取决于人类活动，人类活动的不断演进改变着文化景观的格局和过程。这些都为世界文化景观遗产的解读和研究提供了理论支撑。

（二）文化景观遗产及其分类

1992 年 12 月在美国圣菲召开的联合国教科文组织世界遗产委员会第 16 届会议上，“文化景观”被列入世界遗产范畴，世界遗产委员会公布的《实施〈保护世界文化和自然遗产公约〉的操作指南》（以下简称《操作指南》）中明确指出文化景观即文化资产，它代表了《保护世界文化和自然遗产公约》（以下简称《公约》）第一条所规定的“自然与人类的共同作品”。“它们说明并展示了人类社会和聚落随着时间在自然环境的限制或所提供的机会以及来自外在或内在的延续社会、经济和文化力量等诸多因素共同影响下的演变过程”。[④]

《公约》中的“文化景观”被表述为“自然与人类的共同作品”，分为以下三类。

（1）由人类有意设计和建筑的景观（clearly defined landscape designed and created intentionally by man）。

---

① R.J. 约翰斯顿 . 人文地理学词典 [M]. 柴彦威等译 . 北京：商务印书馆，2004.

② 李莉 .“风景”研究的文化地理学价值 [J]. 广东社会科学，2020,（3）：154-164.

③ 刘英 . 文化地理 [J]. 外国文学，2019，（2）：112-123.

④ United Nations Educational, Scientific and Cultural Organization. The Operational Guidelines for the Implementation of the World Heritage Convention[EB/OL]. https://whc.unesco.org/en/guidelines.

（2）有机进化的景观（the organically evolved landscape）。它始自最初始的一种社会、经济、行政以及宗教需要，并通过与周围自然环境的相联系或相适应而发展到目前的形式，包括：①有机进化之残遗物（或化石）景观［a relict（or fossil）landscape］，代表一种历史事件、任务或活动的依存景观环境，其进化过程已经完结，但是可以清晰地看见其区别于其他景观的显著特点；②有机进化之持续性景观（continuing landscape），被场所的使用者通过他们的行为塑造而成的景观，反映了所属社区的文化和社会特征，在当今与传统生活方式相联系的社会中，保持一种积极的社会作用，而且其自身演变过程仍在进行之中，同时又展示了历史上其演变发展的物证。

（3）联想性文化景观（associative cultural landscape）。包括对环境的阐述和欣赏方式，以与自然因素、强烈的宗教、艺术或文化相联系为突出普遍特征，而不是以文化物证为主要特征。

（三）文化景观遗产的评估标准

为区分和规范文化景观遗产、文化遗产、文化与自然混合遗产的评选，《操作指南》对文化景观的原则进行了规定：文化景观“在选择时，必须同时以其突出的普遍价值和明确的地理文化区域内具有代表性为基础，使其能反映该区域本色的、独特的文化内涵”。列入《世界遗产名录》的文化景观至少应满足《公约》中突出的普遍价值的标准、原真性标准和完整性标准。

1.“人与自然互动”的突出普遍价值

根据世界遗产委员会对文化景观类型遗产的定义，文化景观的核心含义在于“人类与自然环境互动下的多样化杰作”，与“双遗产”同时包括自然与文化特质的概念并不相同。文化景观通常“反映了可持续土地利用的特殊技术，重点考虑了人类介入自然环境后的性格与特质，以及与自然之间特殊性的精神关联。保护文化景观不仅能够对可持续土地利用的现代技术做出贡献，而且能维持或加强景观上的自然价值”。因此，文化景观遗产被认定的关键是其应该反映人与自然间的互动关系。①②

---

① United Nations Educational, Scientific and Cultural Organization. The Operational Guidelines for the Implementation of the World Heritage Convention[EB/OL]. https://whc.unesco.org/en/guidelines.

② 陈安泽 . 旅游地学大辞典 [M]. 北京：科学出版社 . 2013.

突出普遍价值指文化和自然价值之罕见超越了国家界限，对全人类的现在和未来均具有普遍的重大意义。世界遗产委员会将这一条规定为遗产列入《世界遗产名录》的标准。关于如何界定遗产是否具有“突出普遍价值”,《操作指南》第77条就明确指出，“如果申报的遗产符合下列一项或多项标准，委员会将会认为该遗产具有突出的普遍价值”,《操作指南》对这十条提名标准进行了详细的描述。

2. 原真性

文化景观遗产必须具有原真性，这是判断一处文化景观是否具有突出普遍价值的重要标准。在文化景观提名评估时，评估小组需要针对文化景观的原真性进行以下几方面的考虑：①对于人类有意设计和建筑的景观，是否有可信的平面图、文献、图片、解说材料、考古学证据，以及现存的特点能够证明这些遗产都是人类有意设计的创造性天才杰作；②对于有机进化景观，是否有历史图册、照片、考古证据等可信的材料，以证明该景观是由于人类和自然之间的相互作用而产生的，进而表现出该景观的突出普遍价值；③对于联想性文化景观，提名文献是否清楚地交代了该景观所蕴含的信仰、对灵感的启发以及其他联想到的内容；④原真性是否在突出普遍价值的物质和非物质方面都得到了充分的表达；⑤是否存在某些可辨别的证据来表现突出普遍价值中包含的非物质内容，诸如语言和传统活动。

3. 完整性

文化景观遗产还必须具有完整性。完整性用来衡量自然和文化遗产及其特征的整体性与无缺憾性。审查遗产完整性就要评估以下特征的程度：①包括所有表现其突出的普遍价值的必要因素；②形体上足够大，确保能完整代表体现遗产价值的特色和过程；③受到发展的负面影响被忽视。

对于文化景观遗产，其物理构造和重要特征都必须保存完好，且侵蚀退化得到控制；能表现遗产全部价值的绝大部分必要因素也要包括在内；遗产中体现其显著特征的种种关系和能动机制也应予以保存。

（四）中国文化景观遗产的保护和研究进展

20 世纪 20～30 年代，外国传教士和我国外派的留学生陆续将近代人文地理学和经济地理学传入国内。近30年来，“景观”和“文化景观”的概念，在人文地理学、经济地理学、历史地理学、人口地理学、区域地理学等学科中被广泛应用，其定义与内涵得到了系统的考证与阐释。文化景观遗产于1992年以新的遗产类别列入《世界遗产名录》，费勒（Feller）教授在2002年递交给联合国教科文组织的报告中对中国的文化景观价值给予了高度评价，并将亚太地区对文化景观推进的希望寄托在中国方面。截至目前，中国共有包括江西庐山、山西五台山、浙江杭州西湖、云南红河哈尼梯田四处“世界文化景观”遗产。此外，中国有很多本应该被提名的文化景观却未被提名，并且另有多处已经被提名为其他类别世界遗产的均有可能被重新提名为文化景观。

然而，我国与文化景观遗产相关的教育和专项研究还相当薄弱，而中国文化景观正面临着大量流失的困境。当前我国文化景观面临的挑战主要包括：①来自保护理念方面的差距；②来自社会变迁方面的压力；③来自天灾人祸方面的威胁。针对当前面临的挑战，我国文化景观遗产应该确立正确的保护理念，完善科学的保护法规，制定有效的保护规划，采取有力的保护措施。

二、庐山文化景观的构成要素及其价值

庐山拥有秀美的山水、灿烂的文化、优良的生态，是中华大地名山大川的典型代表之一。在庐山长达2000多年的人类活动中，庐山以其俊秀的自然风光和丰富的文化内涵，成为文人墨客的圣地、高僧名道的乐土，庐山文化得到了丰富的沉积，留下了众多知名文化景观遗产。

1996年庐山申报世界遗产成功，在墨西哥举行的第20次世界遗产委员会大会决议：“基于文化遗产标准第二、三、四以及第六条，世界遗产委员会决定将庐山以文化景观列入《世界遗产名录》”（表1）。庐山的遗产类型属于联想性文化景观，即以“包含了对环境的阐述和欣赏方式，以与自然因素、强烈的宗教、艺术或文化相联系为突出普遍特征，而不是以文化物证为主要特征”的文化景观。庐山文化景观遗产构成要素可分为物质要素和精神要素两个部分，人类与自然环境相互融合，并具有极高的原真性和完整性。

表1 庐山符合世界遗产突出普遍价值的相关文化标准情况一览表

《操作指南》中的标准要求		笔者的评定阐述
标准Ⅱ	体现了一段时期内或世界某一文化区域内人类的重要价值观交流，对建筑、技术、古迹艺术、城镇规划或景观设计的发展产生过重大影响	庐山的建筑体现了古今中外文化的深入交流融合
标准Ⅲ	能为现存的或已消逝的文化传统或文明提供独特的或至少是特殊的见证	庐山是中国佛教化和佛教中国化的见证者，是古代理学、书院文化繁荣的见证者
标准Ⅳ	是一种建筑、建筑群、技术整体或景观的杰出范例，能够展现人类历史上一个（或几个）重要发展阶段	庐山牯岭建筑群是近代西方规划思想在中国的重要实践，代表了近代东西方建筑景观文化的交流
标准Ⅵ	与具有突出的普遍意义的事件、生活传统、思想、信仰、艺术作品或文学作品有直接或实质的联系（委员会认为本标准最好与其他标准一起使用）	庐山与中国近代政治人物及历史事件有密不可分的联系，是重要的历史教育课堂

（一）庐山的文化景观遗产构成要素

物质要素是构成庐山文化景观遗产突出普遍价值的核心组成部分。庐山北邻中国最长的河流长江，东临中国最大的淡水湖鄱阳湖，拥有独一无二的“山—江—湖”一体化格局（图1），水运交通为历来政商名流、文人学者的到来提供了便利，独特山水空间的美学价值为文学创作创造了条件。东林寺位于庐山西北麓，寺庙选址、布局注重与环境相融合，具有很强的自然观念，体现了佛教自然观对寺观的影响，“慧远的东林，代表着中国佛教化与佛教中国化的趋势”，对日本等邻国的文化交流做出了突出贡献。[①] 白鹿洞书院位于庐山五老峰南麓一处盆地内，书院选址、布

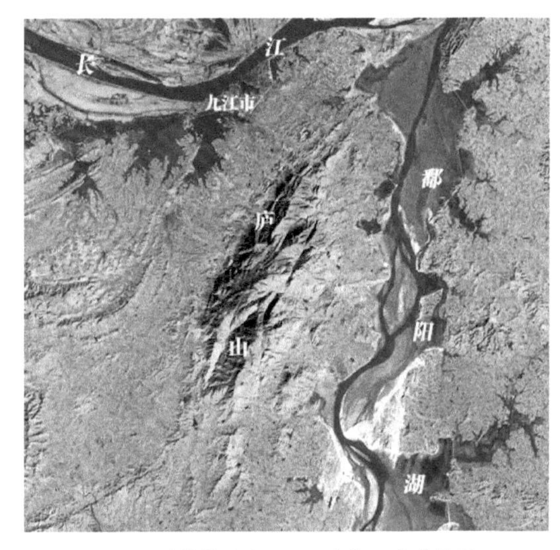

图1 独特的“山—江—湖”一体化格局

① 胡适. 庐山游记 [M]. 北京：商务印书馆，1928.

局深受“儒、释、道”观念影响，在学术方面，书院文化和理学体系发源于此，白鹿洞书院“代表中国近世七百年宋学即理学的大趋势”。“牯岭代表了西方文化侵入中国的大趋势”[①]，东谷别墅群位于庐山牯岭，中外文化、传统与现代文化在此交流碰撞，是一项独特的文化和建筑艺术成就。民国三大建筑位于庐山牯岭，是中国人在庐山的建筑活动成果中的代表作，代表了当时人们的艺术审美取向，更是近代国共两党一系列重大政治历史事件的见证者。除此之外，还有众多融于山水的人文史迹：散布于庐山山水间的古遗迹，沿着漫长的历史脉络向我们诉说先人的故事、精神，传达文人的高尚情操或是先人的生态智慧；摩崖石刻体现着古人丰富的想象和审美情趣；不同风格的建筑共处一山构成了独特的风景，传达着庐山兼容并包的处世哲学；西方的学院建筑和东方的书院建筑传达着中西方的建筑文化和教育文化；庐山植物园拥有独特优越的天然地理条件，开创了中国植物园事业的先河，形成了中西合璧的独特园林风格，记录着中西方文化交流的历史与发展（表 2）。

表 2　庐山文化景观物质构成要素满足文化遗产情况分析

文化景观遗产标准 / 庐山物质构成要素	对区域的建筑、景观、规划设计等方面产生影响	包含展示社会文明、文化传统的物证	作为景观/建筑范例存在，说明人类重大历史	与特殊/普遍意义事件、传统、思想、信仰、艺术等有联系
山水格局	√			
东林寺	√	√	√	√
白鹿洞书院		√	√	√
东谷别墅群	√	√	√	√
民国三大建筑		√	√	
古遗址		√		
摩崖石刻		√		√
宗教建筑		√		√
学院建筑		√		
庐山植物园	√	√		

精神要素突出体现了庐山是联想性文化景观，强调的是精神层面的关联。精神要素可分为中国传统文化、多种宗教文化、古今政治文化、西方现代文明四大部分，其中中国传统文化又包括隐逸文化、书院文化、山水文化；多种宗

① 胡适．庐山游记 [M]. 北京：商务印书馆，1928.

教文化指佛教、道教、天主教、基督教、东正教、伊斯兰教的多元融合；古今政治文化不仅包括庐山古代的政治地位，还包括其对近现代中国命运的重要影响；西方现代文明包括现代商业文化、建筑与造园艺术以及现代园艺技术等。精神要素依托于物质构成要素而存在，并且深化了景观。

（二）庐山文化景观遗产具有极高的原真性与完整性

庐山的文化景观遗产类型属于联想性文化景观，评估小组需要针对文化景观的原真性进行以下几方面的考虑：对于联想性文化景观，提名文献是否清楚地交代了该景观所蕴含的信仰、对灵感的启发以及其他联想到的内容；原真性是否在突出普遍价值的物质和非物质方面都得到了充分的表达；是否存在某些可辨别的证据来表现突出普遍价值中包含的非物质内容，诸如语言和传统活动。国际古迹遗址理事会庐山评估报告对庐山的原真性进行了具体描述："庐山国家公园的文化遗产组成要素具有极高的原真性。比起单体建筑的原真性，更有意义的是这些文化遗产与自然之间的互动。庐山的原真性无可争议，在过去的近百年来，其特质吸引了众多的作家和艺术家，并且在21世纪也吸引了众多的旅游者前来游览，而庐山的独特性保护完好。"

笔者认为，庐山文化景观具有极高的原真性与完整性，主要体现在"能传递所蕴含的信仰，启发灵感，引发人的精神联想""遗产单体和非物质要素有关信息来源真实可信，并延续至今""遗产单体认知度和理解度高，保存较为完好"（表3）。

表3　庐山文化景观遗产的原真性和完整性分析

评估判断	具体体现
能传递所蕴含的信仰，启发灵感，引发人的精神联想	（1）庐山的历史遗迹以其独特的方式，融汇在具有突出价值的自然美中，形成了具有极高美学价值并与精神文化相连，吸引无数阶层的群体前来并获得情感的感召、灵感的启迪、信仰的回归 （2）东林寺仍被奉为净土宗"祖庭"，前来朝圣的弟子络绎不绝；摩崖石刻传达着古人丰富的想象和审美情趣；文人故居传达着古人的隐逸文化及文人的人格和情操
遗产单体和非物质要素有关信息来源真实可信，并延续至今	（1）反映庐山遗产单体特征的历史图册、文献描述等相关材料证据来源丰富而可靠、信息真实。从晋义熙年间（405～418）开始，即出现以庐山为主要内容的专门著作。仅近代学者吴宗慈撰《庐山志》时，引证有关庐山的著作就有518种 （2）由庐山影响而产生的宗教信仰、生活方式、审美价值、道德观念等非物质内容一直延续至今。庐山上东、西林寺的香火依旧旺盛，信徒虔诚；牯岭镇生活气息浓厚；许多美学学院的学生常来庐山写生；白鹿洞书院举办《论语》讲习班等。这一系列的现象和活动表明，庐山文化景观遗产的非物质内容一直延续至今

续表

评估判断	具体体现
遗产单体认知度和理解度高，保存较为完好	（1）古遗址丰富，其中远古文化遗迹 20 余处，中古文化遗迹 600 余处，主要代表有亭子墩遗址、陶渊明墓、鄱阳湖战场遗址等 （2）摩崖石刻、碑刻欣赏价值与研究价值高。现存 900 多块，大多为著名文学家、书法家、政治家等题写 （3）历史性建筑种类众多，类型独特，以宗教建筑、书院建筑以及中外别墅为主

三、庐山四处核心文化景观的内涵

丰富的文化景观遍布庐山，其中以四处重要的文化景观为核心，包括位于庐山西北麓的东林寺、庐山五老峰南麓的白鹿洞书院、庐山牯岭的东谷别墅群和民国三大建筑。学者胡适游庐山时，曾说："慧远的东林，代表着中国佛教化与佛教中国化的趋势；白鹿洞书院，代表中国近世七百年宋学即理学的大趋势；牯岭代表了西方文化侵入中国的大趋势。"[①]而民国三大建筑是中国近代历史的重要见证者。以下分别对该四处核心文化景观进行详细分析。

（一）东林寺

东林寺（图 2）作为庐山寺庙的代表，具有自身的独立形态。《高僧传卷六·庐山慧远法师文钞》中描述道："远创造精舍，洞尽山美，却负香炉之峰，傍带瀑布之壑。仍石垒基，即松栽构，清泉环阶，白云满室。复于寺内别置禅林，森树烟凝，石经苔合。凡在瞻履，皆神清而气肃焉。"这里，展现出寺庙选址、布局与环境的协调和美，其景象已与园林相仿。可见慧远选中东林寺的地址，是对庐山进行全面考察的结果，在他眼里，佛法无所不在，山水与佛法互融，一方净土就在现实的山水之中，可游可赏可居，佛教徒在山水之中逍遥自在，佛教就这样中国化了。

东林寺在布局形态上采用了附院式，寺院主要佛寺建筑沿主轴线依次展开，在轴线的两侧对称式地布置次要建筑，围合构成了东林寺的主要宗教空间。这

① 胡适．庐山游记 [M]. 北京：商务印书馆，1928.

图 2　东林寺鸟瞰（摄影：李修竹）

些建筑的穿插分割，形成了各种大大小小的庭院空间，在满足寺观烧香拜佛的功能基础上，再加以人工造景的点缀，形成了丰富的寺观园林空间。而法堂后面的东林山则是东林寺的天然后花园，其建置深受佛教自然观影响，文佛塔、译经台、千手观音阁依次坐落于清幽秀丽的东林山上，自然空间与佛教氛围融为一体（图 3）。德国著名园林学者玛丽安娜・鲍榭蒂（Marianne Beuchert）指出："在此之后涌现了大量的寺庙园林，也有一些私家园林，都以庐山为其造园模式。"①

经分析，东林寺的文化景观价值主要包括以下几个部分。

1. 突出的佛教地位

晋代，慧远在庐山活动了 35 年，他和门徒创建了东林寺等十余座寺庙。慧远在此创建的"净土学说"，成为中国佛教的重要宗派"净土宗"的思想来源，其与竺道生的"顿悟学说"由庐山发源，是中国佛教哲学思想的重要组成之一，并且影响了中国乃至东方的文学艺术的发展。学者胡适游庐山时，曾说："慧远

① 玛丽安娜・鲍榭蒂．中国园林 [M]. 闻晓萌，廉悦东译．北京：中国建筑工业出版社，1996.

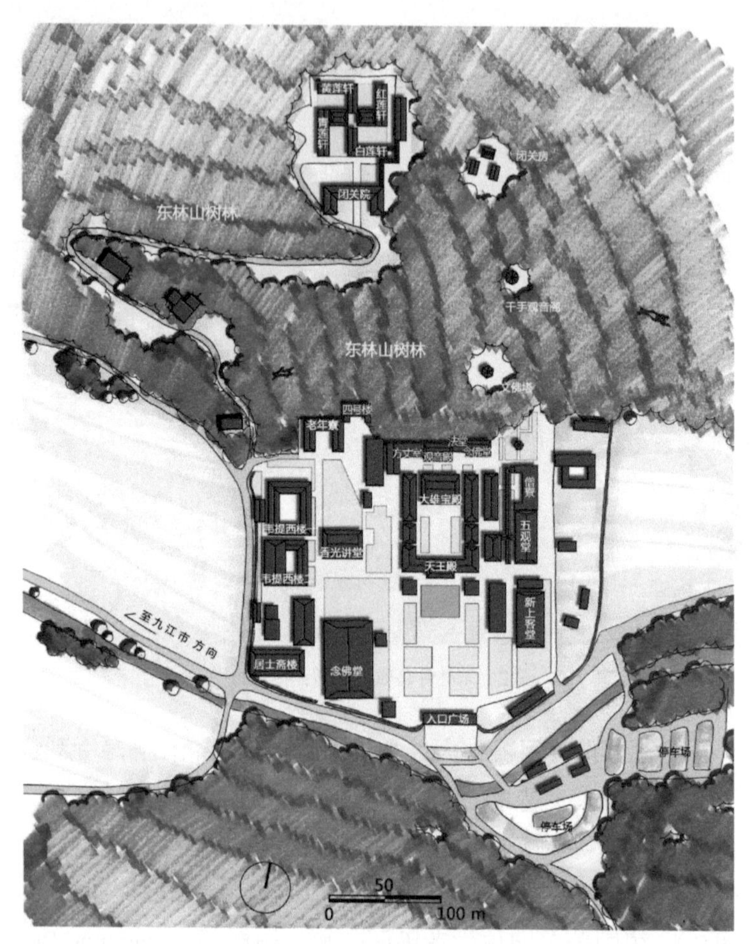

图 3　东林寺平面图

的东林，代表着中国佛教化与佛教中国化的趋势。”①

2. 对风景科学的贡献

慧远关于风景科学的著述，受佛教的本无论和因明论的影响，并与传统文化相结合，促成了风景园林学科的重要发展。他的这些建树，是风景科学最初的曙光。而他早期创建庐山风景名胜区和创建第一座寺观园林的活动，已成为世界文化遗产中的重要组成部分，也是慧远对世界文化的贡献。

① 胡适．庐山游记 [M]. 北京：商务印书馆，1928.

3. 对中国传统文化影响深远

历史上，与东林寺结缘的名流高士不乏其人，寺内文物甚多，从东晋远公与西域经师译经驻锡的译经台，到清末康有为题刻的《柳公权残碑记》，时间跨度千余年，每一处古迹都寄寓着一段历史典故，其丰厚的文化底蕴，对中国传统文化也产生了至为深远的影响。

4. 对日本等邻国的文化交流的突出贡献

历史上，东林寺对中日、中印、中尼的文化交流与友好往来都曾做出过贡献。唐代以后，东林寺盛极一时，唐代著名法师鉴真把慧远的净土学说带到了日本并得到很好的发展。直至今日，日本佛教净土宗仍把庐山东林寺视为“祖庭”，前来庐山东林寺朝圣的日本佛教弟子也是络绎不绝。

（二）白鹿洞书院

白鹿洞书院山林环合，草木葱茏，书院总体上呈山南水北的格局，颇得堪舆之法，乃风水宝地。堪舆之法的第一要素是水，白鹿洞书院外有贯道西，内有泮池、莲池和泉水数泓，可谓得水。堪舆之法的“藏风”也就是聚气。白鹿洞，其实并没有洞，只因四周青山怀抱，貌如洞状，因此而得名。北有环抱的山峦，阻挡了北风的侵袭，南面有水，稍远处以山为屏，东西侧面仅以小路连接外界，书院周围森林茂密，如此环境正合藏风聚气的道理，也是读书治学的最佳处所。中国古代哲学一方面以儒为主流，另一方面实质上是儒、道、佛互补，道、佛的世界观和隐逸思想深深地影响了中国的士人。先人们选择如此清净的书院环境，体现了包括儒、道、佛在内的中国传统哲学和风水学说对山水环境的推崇。

如果说，儒士把书院建在山林是体现了佛、道的超越性，那么其秩序谨严的书院建筑又分明地体现了儒的世俗性。书院坐北朝南，以礼圣殿为中心，组成了一个错落有致的庞大建筑群体。庭院布局基本上以主体建筑为中心，采取对称的方式将散落的建筑联系成一个整体。整个建筑群又由几个独具特色的小型建筑群组成，各个建筑之间以围墙间隔，中间又置门相连（图4、图5）。

图 4　白鹿洞书院平面图

图 5　宋代白鹿洞书院图

白鹿洞书院的园林景观布局轻松活泼，借得院外山水，点缀亭池桥廊，较少人事之动，自成天然之趣。作为对修文敦儒之地的补充，这种自然多变的园林景观平衡了主体建筑的规整严谨，表现出了“天地之和”的“乐”的亲和。院内景点富含象征寓意，命名多出诗文典故，人文气息浓郁。例如，书院园林特色中对植物的精心运用深受儒家自然比德思想影响，院内外最多的林木是松树；后山有竹林参布其中。宋代白鹿洞书院曾作莲池、君子堂，棂星门内泮池里曾种荷莲；朱子祠前的丹桂亭、御书阁前均种有桂花树。松以寿长之生生不息、竹以正直之节攀高、莲以高洁之君子之态为儒家所崇尚，桂花则象征着文人的科举入仕。书院力求文化与风景的有机结合，融成一体，景借文传，突出其文化特色。在这里，文化与自然、人文与山景紧密相连，互为依存，不可分割，相得益彰。

此外，白鹿洞书院还具有很高的学术价值。白鹿洞书院始建于南唐升元年间，是中国首间完备的书院。宋代理学家、教育家朱熹出任南康军时，决意与佛教泛滥抗衡，振兴这一儒家教育中心，并亲自在此讲学。由于朱熹的努力和修葺，白鹿洞书院成为中国书院之首，并且带动宋代以来书院的繁荣。他以儒家传统的政治伦理思想为支柱，继往开来，建立了庞大的“理学”体系，历代著名的理学家也在这里培养了大批的人才。自此，白鹿洞书院成为儒学主流——“理学”的圣地和宋末至清初数百年中国一个重要的文化摇篮，“理学”成为中国封建社会的主体思想，在中国哲学史上具有重要地位，如学者胡适所言“白鹿洞书院，代表中国近世七百年宋学即理学的大趋势”。[①]

（三）东谷别墅群

1858年，九江被迫开放为通商口岸，得天独厚的风景、气候和交通区位吸引了大量外国人前来传教、经商、购置土地和建房。1886年冬，英国基督教美以美会教士李德立登上庐山，“登高下望，见长冲（指庐山东谷一带地方），地势平坦，水流环绕，阳光充足，极适合建屋避暑之用”[②]，从此开始了他的侵占和开发庐山牯岭的活动。自1895年起，庐山有英国、俄国、美国、法国等二十余国建造的别墅群，庐山成了中外著名的避暑胜地。同时，庐山出现了大量的外国教堂、银行、商店、学校、医院、市政议会等，成为西方文化影响中国腹地

① 胡适 . 庐山游记 [M]. 北京：商务印书馆，1928.

② The Story of Kuling by Edward Selby Little [M]. 庐山：庐山图书馆：4.

的独特代表。

牯岭镇总体自然空间格局可以概括为山间谷地，以牯牛岭为界分为东谷与西谷。东谷别墅群规划（图 6）以发源于汉口峡的长冲河为轴心，利用河流山间谷地的天然景致形成沿河的带状公园——林赛公园。从建设一开始便抓住自然特征，将河流与山间谷地予以保留，这是刚刚兴起的风景建筑学手法，同时也吸收了中国园林依山临水的手法。公共活动建筑及居民度假别墅沿长冲河谷两岸的山坡展开，并远离河岸，强调布局的离散性，向深处向远方发展（图 7）。建筑体量小，不与大自然喧宾夺主，园内原有地形地貌、林木花草溪流、露出地面的天然风景石一律予以保护，体现了英国传教士李德立 1886 年第一次上庐山时的感受"隐遁之风"。离散性的房屋、自然式的庭院、花园般的环境和谐地结合在一起，融汇在自然的山水之中，形成有乡村自然景色的近代城镇格局。建筑风格多元，式样朴素，材料本土，屋瓦色彩鲜艳活泼，尺度、比例合理，屋面组合多样，注重庭院营造，注重总体的整体性和个体的随机性的结合，这一切使得东谷形成了一处高质量的"世界级别墅博物馆"，这在中外都是少见的特例（图 8）。

图 6　东谷别墅群区位图

庐山东谷别墅群以更好的选址、先进的规划理念、多样化的建筑风格和成熟的管理模式，成为近代避暑胜地的杰出实例。它不仅是典型的近代建筑群，还反映出人与自然的亲密融合关系；它不仅吸收西方近代建筑的主要审美视野，还保留了中国传统园林的基本特征，反映了中国和西方文化的碰撞。此外，“牯岭代表了西方文化侵入中国的大趋势”，牯岭的东谷建筑群与近代中国的政治事件和人物密切相关。总的来说，庐山牯岭近代建筑群与庐山世界文化遗产突出的普遍价值高度一致，并起着重要的支撑作用。

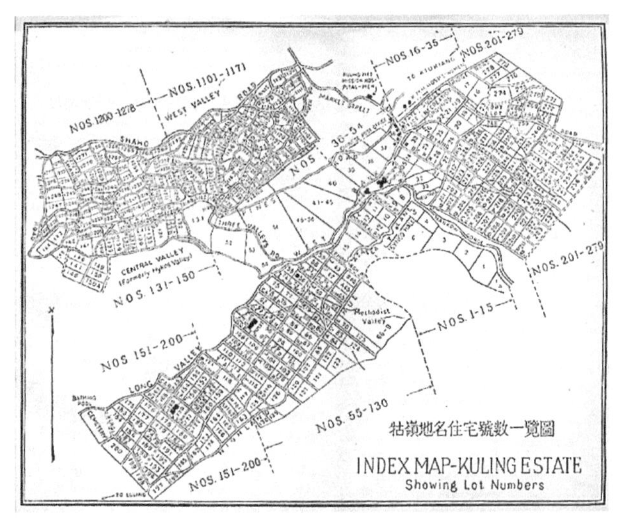

图 7　牯岭索引图（波赫尔规划图）

图 8　东谷别墅景观（摄影：钱云）

（四）民国三大建筑

1932～1937 年，国民党将庐山作为“夏都”，并多次在山上召开各种重要会议，于 1933 年成立“庐山军官训练团”，为其服务建设“三大公建”，即图书馆、传习学舍、大礼堂。它们是庐山山上最大的三座公共建筑，并合成一个组团（图 9），其风格体现了民国时期中央政府的审美取向。

图 9　民国三大建筑分布图

庐山图书馆采用复古的中国传统复兴风格（图 10）；大礼堂采用中西合璧的风格，一方面采用中国传统装饰元素，另一方面整体借鉴了西方装饰艺术风格；传习学舍采用时尚的装饰艺术风格。图书馆和大礼堂标志着庐山建筑由完全按照西方理念建造向西方与中国传统建筑风格相融合的转变，是当时中国建筑师探讨中国建筑特点的设计思想的表现；传习学舍则是中国建筑师追求简洁、实用的现代主义建筑设计理念的一种表现。

经分析，民国三大建筑的文化景观价值主要是：①它们的风格反映了南京国民政府一方面推崇民族主义、一方面追赶世界潮流的建筑艺术审美取向；②它们是中国人在庐山的建筑活动成果中的代表作，展现了中国人在近代建筑风格上的探索；③改变了在此之前清一色洋式建筑一统全山的现象，“中国固有形式”“近代式”等风格相继出现，为庐山建筑风格的多样化扮演了一个重要的角色，也记录着庐山近代建筑风格的演变；④近代国共两党一系列重大政治历史事件在此发生，是爱国主义教育的重要基地。

图 10 庐山图书馆正立面（摄影：钱云）

四、结论及展望

从古以来，中华先民一直将“天人合一”的哲学思想融汇于对庐山的开发之中，人类和庐山之间的关系大体经历了自然崇拜、山水审美、宗教活动、游览观赏、文人讲学几个阶段，不同经济、文化、政治背景的各阶层人士先后介入参与。庐山作为“世界文化景观”遗产，极为充分地体现了文化景观遗产是“自然与人类的共同作品”“它们说明并展示了人类社会和聚落随着时间在自然环境的限制或所提供的机会，以及来自外在或内在的延续社会、经济和文化力量等诸多因素共同影响下的演变过程”①。

申遗的成功说明了庐山文化景观的宝贵和独特，如何在后申遗时代实现庐

① United Nations Educational, Scientific and Cultural Organization. The Operational Guidelines for the Implementation of the World Heritage Convention[EB/OL]. https://whc.unesco.org/en/guidelines.

山文化景观的可持续发展，保持其人与自然互动的突出的普遍价值、原真性和完整性，是一个值得研究的课题。当前庐山文化景观建设的任务在于挖掘核心价值，凸显庐山特色，使物质更加丰富，精神更加深厚，使得庐山不仅是优良的自然环境，更是人类的精神家园；保持文化景观遗产的原真性、完整性；传统景观框架内要体现庐山不同历史时期的景观差异性，呈现庐山景观沿着中国传统文化的脉络不断发展和变化的轨迹；利用现代方法诠释庐山文化景观，完善基础设施，利用现代新技术，更新庐山文化景观利用方式，保证庐山文化景观遗产的长久可持续发展。

建筑遗产精保护

——庐山牯岭近代建筑遗产的保护

钱　毅　经　真　李欣宇*

庐山牯岭近代建筑群于19世纪末20世纪初因西方传教士建设牯岭避暑地形成，至今仍留存近600处近代建筑。牯岭近代建筑群具有极高的历史价值、艺术价值、科学价值以及社会文化价值，是庐山世界文化景观的重要组成部分。本文将从对庐山牯岭近代建筑群的形成、在历史进程中的发展与利用的回顾开始，进而深入分析庐山牯岭近代建筑群的价值，并对迄今庐山牯岭近代建筑群保护工作进行回顾，对保护策略进行介绍。

一、庐山牯岭近代建筑群的形成及特征

（一）牯岭避暑地的建设及庐山牯岭建筑群的形成

英国传教士李德立看中庐山牯岭夏季气候凉爽，交通便利，于1895年强租牯岭，创立了牯岭公司（Kuling Estate），开始将庐山牯岭建设为一处山中避暑

* 钱毅，北方工业大学建筑与艺术学院建筑系副教授；经真，深圳市宝安规划设计院土地规划研究所规划师；李欣宇，北京国文琰文化遗产保护中心有限公司规划师。本文成稿时间：2014年3月。

地[①]。至 1899 年，建设已初具规模，吸引了英国、法国、俄国等 15 个国家的传教士、商人买地、建屋、居住。到 20 世纪 20 年代，波赫尔规划的外国人避暑地建设基本完成［根据 1931 年国民政府庐山管理局[②]的调查，牯岭特区（外国人避暑地）共有房屋 526 座］（图 1）。此时的牯岭，与同时期的河北北戴河、浙江莫干山、河南鸡公山几处避暑地相比，规模最大，最为著名。

图 1　1920 年的牯岭东谷别墅群（窦乐安，1921）

20 世纪 20 年代之后，牯岭避暑地逐渐发展为市镇，除了外国人的避暑别墅及教堂等建筑，服务性的商铺、旅馆等发展起来，中国居民也越来越多。至 20 世纪 30 年代，牯岭避暑地加上周边地区共有建筑 1200 余座，公共服务与市政设施不断完善，山林城市风貌逐步形成。

（二）庐山牯岭建筑群的特征

1. 注重功能主义与自然结合的避暑地规划

李德立于 1895 年强租牯岭后，即与英国工程师波赫尔等对庐山牯岭东谷地区进行规划，1899 年完成初步规划，1905 年完成扩大规划，现存规划图便是 1905 年印刷的扩大规划方案。这是一套颇具近代化特征的规划，包括初步的土地利用规划，结合场地实际条件及功能主义的方格路网的道路交通系统规划，

① 避暑地属于欧美国家在亚洲各国殖民的产物，从印度北部等地起源，扩展到东亚国家。英国人使用“山中避暑地”（hill station）通称远东避暑地，美国人使用“mountain resort”指称“山中避暑地”，使用“summer resort”通称山中与海滨的避暑地。1919 年，民国政府颁布《避暑地管理章程》与《避暑地租建章程》，这也是中国官方正式将庐山牯岭等称为“避暑地”。

② 1899 年，牯岭避暑地初具规模时，外国人即成立市政议会（The Kuling Municipal Council，中国人称之为董事会），与牯岭公司共同为牯岭外国人的自治性管理机构。中国政府方面，1895 年清政府在庐山设警察局，1908 年设立清丈局（土地管理机构）。1919 年，民国政府颁布《避暑地管理章程》与《避暑地租建章程》，开始限制西方人在避暑地不断扩张的租地建房行为。1926 年，民国政府设立庐山管理局。1927 年北伐战争后，当时的江西省政府收回牯岭外国人避暑地的警察权。1936 年，国民政府庐山管理局收回庐山避暑地。

包括电灯、道路、墓地等的公共基础设施规划，以及殖民风格别墅住宅区和受英国自然风景园林深刻影响的园林景观规划等内容。这样具有严谨规划的近代避暑地建设，在国内及东南亚、南亚地区都是绝无仅有的。

图 2　林赛公园（摄影：钱毅）

该规划合理的规划布局、方格网的道路体系等反映了当时西方殖民地规划理念中功能主义的特征；以尊重自然的英式公园——林赛公园（图 2）为中心的东谷别墅区的规划，也反映了 19 世纪末 20 世纪初西方注重自然与城市结合的田园城市规划思想。可以说，庐山东谷的规划，以及后续西谷的建设，主要体现了西方人在避暑地规划中利用自然、躲避长江中下游夏季气候的酷热及城市生活的喧闹，注重身心康复、卫生的具有现代性特征的规划思想。同时，创造出的低密度别墅建筑群与自然山林水系、自然植被相融合，配以自然风格的园林，与庐山文化传统中的隐逸之风、桃花源式的空间环境思想相吻合，牯岭避暑地这个外来的事物在地理空间与文化特征方面与中国传统的庐山文化景观渐渐更多地相融合。

2. 与避暑地及“夏都”功能相适应的建筑类型

早期推动庐山牯岭避暑地开发建设的是西方基督教的传教士们，因此最初的从规划到建筑建设，都是以基督教会的宗教与避暑生活为中心的。

除了“大英执事会”办公楼、市政厅、托事部地产公事房等行政管理机构建筑，以及部分领事公馆、商馆，大部分建筑都与宗教生活有关，如协和教堂、英国基督教堂、美国基督教堂、法国天主教堂、福音教堂的宗教建筑，美国学校、英国学校、法国学校等教会学校，美国教会医院、伯利医院等教会医院，各个教会的公馆，或者各国传教士及其家人居住的避暑别墅，以及为生活配套服务的旅社、图书馆等建筑。

民国初年，庐山牯岭的中国人在政治及经济上的影响力逐渐加大，牯岭避暑地的社区建设更加多元化，建筑类型也更加丰富。宗教类建筑除了早期的佛教寺庙、西方人的基督教堂，甚至还建起清真寺；商店、旅社、邮局等商业、服务业建筑逐渐增多；许多华人士绅也在牯岭购地建设别墅；为市政服务的电灯厂、自来水厂等也建设起来。

这些类型丰富的建筑留存至今，见证了庐山牯岭从避暑地到“夏都”的变迁。

3. 兼具时代性与地方适应性的建筑风格特征

从 19 世纪末开始，庐山外国人所建的大部分别墅建筑都是“班加庐”（Bungalow）风格的外廊建筑。李德立也在其《牯岭开辟记》中提到了这些被称为“班加庐”的别墅[①]；在《牯岭道路图》中也是用“班加庐”来称谓这些别墅。

“班加庐”这种小住宅建筑最初起源于 17 世纪英国在南亚的殖民地，它的特点是门窗大，室内天花板高，有深檐或游廊，非常适宜于炎热地区的环境。18 世纪末 19 世纪初这种建筑传回欧洲，并转化为富裕阶层的一种郊野别墅形式，宽阔的外廊提供了遮阳并通风良好的空间环境，成为适合休憩的生活空间。19 世纪这种建筑作为西方殖民者公馆、住宅的主要建筑形式再次来到亚洲，逐渐被贴上西方殖民者休闲、“高贵”生活意向的标签，在包括中国沿海开埠城市在内的亚洲地区风靡开来，今天的学者们称其为“殖民地外廊式”，或者简称“外廊式”。

牯岭开始建设时期，中国开埠城市里的外廊式建筑已经不再是 17 世纪南亚“班加庐”建筑那样的简陋风格。它们大多为砖木结构，高高的台基上是漂亮的外廊，比较常见的是连续半圆拱券的新文艺复兴风格，外墙是红色的清水砖墙或明亮色彩的抹灰墙面，四坡屋顶铺着整齐的板瓦或牛舍瓦。

在庐山牯岭流行的“班加庐”建筑，空间上通常也设置带有休闲意向的外廊空间，但与开埠城市亮丽的外廊式建筑不同，它们更接近 19 世纪末 20 世纪初英国本土某些建在乡村的第二住宅的简朴样式（图 3）。

庐山牯岭山高路险，牯岭的“班加庐”建筑，基础、墙体多为粗犷的石砌外墙砌筑，外廊有的采用轻质的木柱及木制装饰挂落，有的采用石柱或石拱券，

① “I had previously often spoken of the eligibility of these places for bungalows...”，参见 Edward S L. The Story of Kuling [M]. 上海：美华书馆，1899：4-5

图 3 “班加庐”风格的 178 号别墅（摄影：钱毅）

也有建筑局部采用木质雨淋板[①]外墙（图 4），屋面铺波形铁皮瓦。砌筑墙体的花岗岩、制作屋架及雨淋板外墙、门窗框的木材均取自本地，铺设屋面用的波形铁皮瓦便于运输。建筑既坚固、美观，建造成本又相对低廉，建造周期短，建造工程相对简便易行。

庐山夏季阴凉、多雨，冬季寒冷、多雪，牯岭的“班加庐”建筑有许多与这种气候相适应的特点。这些建筑多建于高高的防潮层上，既与坡地环境相适应，也可以隔绝地面的潮湿；许多建筑采用封闭的窗式外廊，以适应冬季的寒冷气候；建筑的屋面大多用波形铁皮瓦铺叠，再钉在木屋架上，用波形铁皮瓦也可以防止冬季树上尖锐的冰凌砸破屋面；各个房间都设有壁炉，上部形成突出屋面的石制烟囱，冬季可以驱除寒冷与湿气。

图 4 局部采用雨淋板外墙的 176 号别墅（摄影：钱毅）

在建筑风格方面，有以下几方面特征。其一，大部分建筑是具有庐山牯岭地域特征的“班加庐”建筑风格；其二，受哥特风格影响的粗犷城堡风格也是牯岭常见的地域性风格，它们墙体封闭、厚重，或有石砌粗犷扶壁，

① 雨淋板是指一条条倾斜的长木板压叠形成的外墙，是起源于多雨的英国南部或瑞典，流行于美国新英格兰地区的殖民建筑。雨淋板建筑在中国香港、上海、厦门等开埠城市并没有流行，只是分布在庐山等避暑地。

造型古拙；其三，牯岭的避暑地建筑也体现着建造者各自母国建筑的特征，如带有法国罗曼建筑风格的法国天主教堂，英国人建筑中体现出来的哥特式、“班加庐”风格，美国人建筑的美国殖民风格，瑞典、芬兰传教士建筑的蒙萨式屋顶[①]，日本人别墅中的和式室内风格等，同时这些建筑风格也融合在庐山牯岭本地的地域性建筑特征中；其四，牯岭建筑也体现着时代特征，如20世纪初牯岭的“班加庐”风格与19世纪末20世纪初英国本土第二住宅风格，以及同时代英国殖民者在西姆拉等亚洲避暑地的别墅建筑相似，而20世纪初影响中国开埠城市的基督教倡导的中国风（近代建筑加中国传统式样的屋顶或构件装饰）也影响到庐山牯岭，甚至20世纪20～30年代风靡的中国传统复兴式建筑与装饰艺术风格[②]也在庐山民国三大建筑中得到体现；其五，庐山牯岭建筑的风格一方面由于避暑度假的功能而追求实用、简朴的风格，另一方面由于适应地方条件、气候而形成高基础、毛石墙、粗犷石柱或纤细木柱的外廊、波形铁皮瓦坡屋顶、石构烟囱顶等地方性的建筑特征。

二、庐山牯岭近代建筑群的发展与利用

（一）作为南京国民政府“夏都”的庐山牯岭

1. 牯岭“夏都”的兴起

自1926年起，国民党的军政要员就经常会聚庐山。1928年南京国民政府成立后，为躲避南京暑期的炎热，每到暑期，国民政府及各部门要员都要到庐山办公、开会、避暑。许多南京国民政府的军政要员、社会名流都在庐山购置

---

① 蒙萨式屋顶，即复折屋顶，起源于法国，它的名字取自法国著名建筑师弗朗索瓦·芒萨尔（François Mansart），但它的出现则要更早。一个原因是法国冬季寒冷多冰雪，为了保护哥特建筑的石砌拱顶，法国人在其上面建造木质的构架，形成复折式屋顶；另一个原因是法国房地产税制中，复折式屋顶内部的大空间屋顶不计入课税，同时复折式屋顶也有效地解决了采光间距问题，因此复折式屋顶在法国流行起来。

② 装饰艺术风格，它继承了新艺术运动风格、维也纳分离派、德国表现派等现代建筑风格的衣钵，同时保留了历史主义的设计元素。在建筑风格方面，它采用简洁明快的几何线条作为装饰的母题，成为一种独特的流行设计风格。从1925年巴黎国际装饰艺术与现代工业博览会开始，迅速地风靡开来，特别是在美国，它与高层建筑的结合，成为时尚的象征。装饰艺术风格从20世纪20年代中后期以时尚风格的姿态进入中国，在上海、天津、广州等大城市迅速流行起来。

洋人别墅或自己建设别墅。庐山管理局完善了庐山的道路、自来水等基础设施，改善了牯岭的生活条件。从20世纪30年代起，庐山牯岭逐渐被称为南京国民政府的“夏都”。除了1939～1945年庐山沦陷时期，1932～1937年及1946～1948年，作为国民政府最高领导人的蒋介石，暑期时间经常在庐山办公、疗养、开会、会见外国使节。

1934～1936年，蒋介石在庐山督办庐山军官训练团期间，建设了传习学舍、庐山图书馆、大礼堂三大建筑，设计与施工都由中国建筑企业完成。1937年7月，蒋介石宣布中国进入全面抗战的“庐山谈话会”在当时新建成的庐山图书馆召开，与会代表下榻传习学舍大楼。

受南京国民政府时期高涨的民族主义思想影响，庐山图书馆为形式上复古的带中国传统大屋顶的传统复兴式建筑；传习学舍是钢筋混凝土结构的6层大厦，整体采用20世纪二三十年代风靡世界的装饰艺术风格，体现着现代特征，阳台栏杆、木门窗等则采用了中国传统纹样的装饰；大礼堂建筑则是在传统复兴基础上进行创新的建筑风格，主体运用了与功能相适应并比较现代的简洁造型，并融合了庐山地域性的建筑材料做法，同时将中国传统建筑的样式打碎成各个装饰部件，借用装饰艺术的手法融合到建筑设计中。

2. 国有公园的初立

1926年，南京国民政府改原庐山警察局为庐山管理局，最初归九江市政府管辖，1930年改为归江西省政府管辖，1930年议决未行，1932年修正执行的《庐山管理局组织规程》规定，庐山管理局“以庐山各山地为范围，管理一切行政事务”“管理庐山各地风景名胜事宜”。

1935年11月30日国民政府行政院训令［令字第6244号］，将庐山“作为国有公园”。

1936年，庐山植物园主任秦仁昌提出《保护庐山森林意见》，为南京国民政府采纳，江西省政府和庐山管理局先后制定了《庐山森林保护法》和《保护庐山森林办法》。

（二）作为中共政治舞台的庐山牯岭

1949年中华人民共和国成立后，人民政府接管庐山，建设公路等基础设施，庐山牯岭的山林城镇生活更加便利（图5）。人民政府先后利用牯岭东谷近代别墅群及民国三大建筑，分别于1959年、1961年、1970年在庐山牯岭召开三次在中国现代史及中共党史上有着重大影响的中央政治局会议（图6）。会议期间，我党重要领导人分别下榻124号、175号、176号、180号、359号、442号等别墅建筑，其他与会领导也纷纷下榻牯岭的老别墅（也有极少量新建别墅）。

图5　今天的牯岭街（摄影：钱毅）

（三）作为新中国疗养地的庐山牯岭

1957年，庐山温泉疗养院建成。随着土地制度的变革，牯岭的近代建筑多划分给单位、疗养院，如庐山疗养院等，一直到21世纪初，还基本延续了这种行政隶属格局。庐山近代建筑转化为以休憩、避暑、疗养为主的别墅群。

（四）作为世界文化景观重要组成部分的庐山牯岭

1982年，国务院批准庐山为第一批重点风景名胜区。1996年，庐山作为“世界文化景观”遗产列入《世界遗产名录》。2004年，庐山被列为首批“世界

图6　庐山人民剧院——庐山会议旧址（摄影：钱毅）

地质公园”。2012年开始，为疏解庐山牯岭逐渐膨胀的人口，减轻牯岭中心区承担的环境压力，庐山管理局及其工作人员下迁至九江市区的新区。庐山牯岭近代建筑群这处融自然与文化为一体的别墅建筑群，作为“世界文化景观”遗产的组成部分，面临着新的契机。

三、庐山牯岭近代建筑群的价值

（一）庐山牯岭近代建筑群及其价值的认知过程

庐山牯岭近代建筑作为庐山牯岭历史文化景观的重要组成部分，对其价值的认识，由20世纪80年代到现在，经历了逐渐深入的过程。

1980～1982年，庐山管理局在与江西省城乡规划设计研究总院共同编制《庐山风景名胜区总体规划（1982—2000）》的过程中，认定庐山牯岭的近代建筑是一笔宝贵的财富。在此基础上，对庐山近代建筑的调查研究陆续展开：1982年，同济大学师生测绘了六十多座牯岭近代建筑；1986年，清华大学与日本东京大学合作展开中国近代建筑调查研究，确定庐山作为16个研究对象城市与地区之一，其成果集结在《中国近代建筑总览·庐山篇》中，于1993年出版；1986年，日本黑川纪章建筑都市设计事务所与庐山管理局联合编制了《江西省庐山风景名胜区观光开发综合基本计划》，提出利用牯岭近代别墅群规划文化游道；1998年，南昌大学师生对庐山近代建筑进行了测绘。

1996年，在庐山申请世界遗产过程中，联合国教科文组织专家尼玛尔·德·席尔瓦在考察中认为庐山别墅具有很高的历史与文化价值，建议将庐山别墅补充进庐山申遗材料中，这促成庐山近代建筑后来成为获认可的庐山世界文化景观的组成部分[①]。1999年，清华大学与庐山管理局合作对庐山牯岭近代建筑进行了全面的普查，并且根据庐山近代建筑的现状及价值，进行了分级评价。[②]这次普查成果也成为2001年《庐山牯岭正街详细性规划》、2002年《庐山

---

① 欧阳怀龙. 欧阳怀龙（庐山规划办公室）联合国专家考察庐山工作笔记（1996年5月6～9日）// 欧阳怀龙. 从桃花源到夏都——庐山近代建筑文化景观[M]. 上海：同济大学出版社，2012：122.

② 庐山建筑学会，庐山规划办公室，清华大学建筑学院. 庐山近代建筑现状及保护分级调查.2000；钱毅. 庐山牯岭近代建筑的保护与再利用研究[D]. 北京：清华大学硕士学位论文，2001.

牯岭西谷控制性详细规划》，2005 年修编的《庐山风景名胜区总体规划（2011—2025）》的相应依据。

（二）庐山牯岭近代建筑群的价值分析

2013 年，庐山管理局与北京清华同衡规划设计研究院有限公司文化遗产保护研究所共同编制了《世界文化遗产庐山保护总体规划（2013—2030）》《全国重点文物保护单位庐山会议旧址及庐山别墅建筑群保护规划》，以此为契机，对庐山作为世界文化景观的价值进行系统梳理，同时委托北方工业大学参与了庐山近代建筑群的价值的研究。该研究以全国重点文物保护单位“庐山会议旧址及庐山别墅建筑群”为中心，对庐山近代建筑群的价值进行了梳理，成果如下。

1. 庐山牯岭近代建筑群的历史价值

首先，庐山牯岭近代建筑作为重要的实物例证，可以证实、订正、补充文献记载中有关牯岭早期避暑地建设时期、南京国民政府时期以及新中国三次庐山会议时期相应历史事件的史实。

其次，庐山牯岭近代建筑群最初是 19 世纪末 20 世纪初由西方传教士为避暑所建，反映了第二次鸦片战争后西方势力深入中国腹地，中国殖民化逐步加深的历史事实。建成于 20 世纪 30 年代的民国三大建筑是蒋介石为在牯岭训练军官而建，反映了 20 世纪中叶中国国内革命战争及抗日战争的历史情况，见证了 1937 年全国社会各派别在“庐山谈话会”上宣示抗战的历史时刻。中华人民共和国成立后，中共中央先后利用牯岭东谷近代别墅群及民国三大建筑，在庐山牯岭召开三次在中国现代史及中共党史上有着重大影响的中央政治局会议。牯岭近代建筑群中的建筑、院落及其历史环境真实地显示了这些重要事件发生的历史背景，以及中国近现代史上国共两党最重要政治人物群体的活动场所。

另外，庐山牯岭避暑地近代建筑群从 19 世纪末初创至今一百多年的建设与保护的历史，反映了庐山牯岭作为中国近代建设年代最早、规模最大、设施最全、保存最完整，并且长盛不衰的避暑地的发展。英国传教士李德立等对牯岭避暑地早期的规划，体现了注重功能的近代西方殖民地式规划思想、注重自然环境的西方近代避暑地建设思想与庐山自然及人文环境的结合；其数百座花岗石砌筑墙体、木屋架、波形铁皮瓦屋顶的独栋避暑建筑，受到19世纪末20世纪初英国殖民地“班加庐”建筑的影响，同时反映了近代来自沿海开埠城市的殖民地外廊式建筑由于对庐山牯岭环境条件的适应而在建筑风格方面产生的变化，具有突出的代表性及独特性。庐山牯岭近代建筑群发展的历史也反映了中国近现代较长历史时期内庐山牯岭从西方人避暑地，到民国“夏都”，到新中国干部、群众的疗养地及现代风景名胜区的历史变迁，这些建筑本身、建筑内陈设及外部环境的变迁见证了不同时期生活方式、社会风尚、思想观念等方面的变化。

2. 庐山牯岭近代建筑群的艺术价值

庐山牯岭近代建筑群，其避暑别墅建筑主体多为粗犷的石砌外墙包围，也有建筑局部采用木质雨淋板外墙，空间上通常设置带有休闲意向的外廊空间，加上波形铁皮瓦屋面以及冬季采暖用壁炉上部突出屋面的石制烟囱，砌筑墙体的花岗岩、制作屋架的木材均取自本地，铺设屋面的铁皮瓦便于运输，这样就形成融于庐山本地环境并适应庐山避暑度假功能的建筑特色（图7）。民国三大建筑，一方面表现了民族主义的建筑风格，另一方面体现着对现代技术及艺术的追求，清晰地表现了南京国民政府时期官方建筑的价值取向，它们都具有较高的建筑艺术价值。

庐山牯岭近代建筑群与园林、历史道路及山形水系、自然植被融为一体，共同构成庐山牯岭近代避暑度假地别墅建筑群整体景观，达到了山地建筑群与自然景观完美结合的艺术效果，是庐山牯岭“山林城市”文化景观的核心组成部分，具有极高的景观审美价值。

庐山牯岭近代建筑群，其早期的规划在一定程度上反映了当时带有功能主义色彩的西方殖民地式规划理念，以及带有花园城市色彩的西方避暑地规划思想与中国传统隐逸之风的桃花源式空间环境思想的结合。

3. 庐山牯岭近代建筑群的科学价值

庐山牯岭近代建筑群的规划布局合理，尊重自然，符合当时先进的功能主义规划理念及田园城市规划思想，其规划一方面考虑了接近自然的避暑疗养对身心健康的有益作用，另一方面考虑了别墅区容积率控制、公共空间的组织，

图 7　树林中的 251 号别墅（摄影：钱毅）

是比较出色的近代避暑别墅区规划实例，具有较高的城市规划学和景观学方面的科学研究价值。

庐山牯岭近代建筑群造型美观、形式多样，体现了西方避暑地建筑特征或中国传统风格新建筑特征，同时体现出时代及地方特色，具有一定的建筑学上的研究价值。南京国民政府主持建造的传习学舍、大礼堂等建筑代表了当时国内建筑业的营建水平，具有一定的科学研究价值。

4. 庐山牯岭近代建筑群的社会文化价值

庐山牯岭近代建筑群的社会文化价值主要体现在经济价值、教育价值、文化价值和情感价值 4 个方面（表 1）。

表 1　庐山牯岭近代建筑群社会文化价值评估表

社会价值类别	价值体现
经济价值	庐山牯岭近代建筑群是庐山风景名胜区的代表性形象，是重要的文化资源、旅游资源和休疗养资源，对当地的经济发展有积极的推动作用

续表

社会价值类别	价值体现
教育价值	庐山牯岭近代建筑群是以抗日战争历史及庐山会议历史为核心的爱国主义教育基地，是研究和普及中国近现代史及中共党史的重要场所，是研究中国近代建筑史的重要场所
文化价值	庐山牯岭近代建筑群是缅怀历史名人、追忆历史事件的重要载体，也是延续庐山的人文传统，进行艺术创作及文化交流的场所，体现了文化关联性方面的重要意义
情感价值	庐山牯岭近代建筑群作为世界文化景观的重要组成部分，是庐山、九江市及江西省文化品牌之一，是地方人民心目中引以为豪的历史文化遗产

（三）庐山牯岭近代建筑群的突出普遍价值

1. 突出普遍价值的解读

2008 年版的《操作指南》对突出普遍价值给出如下定义：“文化和（或）自然价值是如此罕见，超越了国家界限，对全人类的现在和未来均具有普遍的重要意义。”① 为了将其理解具体化，世界遗产委员会将其规定为 10 条标准，其中前 6 条适用于文化遗产。

根据比较和分析，庐山牯岭近代建筑群主要符合世界遗产突出普遍价值的标准Ⅱ、标准Ⅲ、标准Ⅳ和标准Ⅵ，具体价值如表 2 所示。

表 2　庐山牯岭近代建筑群符合世界遗产突出普遍价值标准一览表

	《操作指南》中的标准要求	庐山牯岭近代建筑群突出普遍价值的体现
标准Ⅱ	体现了一段时期内或世界某一文化区域内人类的重要价值观交流，对建筑、技术、古迹艺术、城镇规划或景观设计的发展产生过重大影响	庐山牯岭近代建筑群随着历史的发展而有机演进，在选址、建筑设计及布局上逐步融入山林景色中，创造出了一种迥异于城市或者其他区域环境的文化景观，展现了近代西方殖民文化在庐山本土化的进程，同时反映了当时西方功能主义、殖民地式及花园城市的规划思想
标准Ⅲ	能为现存的或已消逝的文化传统或文明提供独特的或至少是特殊的见证	庐山牯岭的近代避暑建筑群将建筑群融入庐山自然风光中，使西方近代远离城市，选择接近自然、气候宜人的场所进行避暑疗养的风尚与在庐山本地孕育的追求隐逸之风、尊崇自然与文化之间和谐互动的“山水精神”相结合，使得这种独特的庐山文化得以传承

① World Heritage Center. Operational Guidelines for the Implementation of the World Heritage Convention [R/OL]. [2011-12-27].

续表

	《操作指南》中的标准要求	庐山牯岭近代建筑群突出普遍价值的体现
标准Ⅳ	是一种建筑、建筑群、技术整体或景观的杰出范例，能够展现历史上一个（或几个）重要发展阶段	庐山牯岭近代建筑群是亚洲近代早期典型的经过全面规划、发展完备的避暑度假建筑群，在中国甚至亚洲近代建筑历史上具有重要地位。同时，它也是构成庐山山水文化景观的重要阶段和组成部分
标准Ⅵ	与具有突出的普遍意义的事件、文化传统、观点、信仰、艺术作品或文学作品有直接或实质的联系	庐山牯岭近代建筑群多数别墅是我国学者等的居住地，并通过诗词、题刻等文学和艺术作品，反映了与庐山文化、艺术、宗教等方面的关联性

2. 突出普遍价值的比较研究

对比分析的方法是对世界遗产地突出普遍价值进行研究及验证的重要方法之一。

围绕庐山牯岭近代建筑群的世界遗产价值，在全球范围内，与近代殖民时期的避暑地进行比较。近代殖民时期的避暑地于19世纪20～30年代起源于西方帝国主义国家在南亚、东南亚的殖民地，其中以印度西姆拉（Shimla）（图8）、大吉岭（Darjeeling）的避暑地规模最大、发展最为充分。19世纪末，近代避暑地在我国出现，以庐山牯岭避暑地规模最大、发展最为充分（图9）。

国内的近代避暑地成规模的主要有浙江莫干山、河南鸡公山、河北北戴河几处，与庐山牯岭近代避暑建筑群相比，其建设规模、规划的系统性、保存的完整性及影响力均不及庐山牯岭。

在全球范围的对比发现，印度西姆拉、大吉岭两处英国殖民者在喜马拉雅山麓建设的避暑地规模比庐山牯岭更大，并且各种功能设施更加完备，但并没有像牯岭一样按照事先规划系统建设。

另外，庐山牯岭近代建筑群作为与古代的庐山融入中国传统“山水精神”的文化景观一脉相承的近代文化景观，在世界范围内是独一无二的。

四、庐山牯岭近代建筑群的保护

（一）庐山牯岭近代建筑群保护工作的开展

自1996年庐山正式成为世界文化景观开始，对庐山牯岭近代建筑的保护工

图 8　印度西姆拉的市中心建筑群（摄影：钱毅）

图 9　庐山牯岭剪刀峡建筑群（摄影：钱毅）

作也逐步展开。

1996 年，“庐山会议旧址及庐山别墅建筑群”被公布为第四批全国重点文物保护单位，具体包括 124 号别墅、175 号别墅、176 号别墅、180 号别墅、359

号别墅、442号别墅、传习学舍旧址、庐山大礼堂旧址8个点的9座主要建筑[①]，类型上属于“近现代重要史迹及代表性建筑”。这些建筑以围绕中共庐山会议相关史迹为主，基本偏重其在中国近代史、革命史上的价值。

1996年，江西省人大常委会颁布《江西省庐山风景名胜区管理条例》。2000年，江西省人民政府发布《江西省风景名胜区管理办法》。2005年，庐山管理局制定《庐山管理局建设项目管理暂行规定》《庐山别墅建筑保护、整修管理暂行办法》《庐山管理局房屋维修项目管理办法》《庐山管理局建筑材料管理办法》。这些法规、条例促进了对牯岭历史建筑的保护。

2000年，庐山管理局与清华大学规划设计研究院及规划系合作编制了《庐山牯岭西谷控制性详细规划》与《庐山牯岭正街详细性规划》，规划中对西谷、正街的近代建筑制定了保护措施及管理要求。2003年开始又编制了《庐山风景名胜区总体规划（2011—2025）》。《庐山风景名胜区核心景区专项保护规划》划定了东谷史迹保护区，对东谷的别墅进行保护。

2013年，庐山管理局与北京清华同衡规划设计研究院有限公司文化遗产保护研究所共同编制了《世界文化遗产庐山保护总体规划（2013—2030）》《全国重点文物保护单位庐山会议旧址及庐山别墅建筑群保护规划》，全面厘清了庐山世界遗产的价值及其载体，同时促进了对庐山牯岭近代建筑群进行科学的保护。

（二）庐山牯岭近代建筑群的遗产现状

1. 庐山牯岭近代建筑群的分布片区

庐山牯岭近代建筑群主要分布在庐山牯岭两侧，总面积约378公顷。经调查，现存近代建筑近600座，可分为东谷文化景观区、西谷文化景观区、胜利村窑洼文化景观区、正街文化景观区[②]（图10）。

东谷文化景观区，即牯岭以东地区，是西方殖民者对牯岭开发最早的地区，包括东谷（长冲河谷）、日照峰、莲花谷、汉口峡、喉虎岭及医生洼等地，面积约208公顷。这里分布着庐山大部分近代建筑，基本由西方殖民者系统地规划

① 其中，庐山河东路175号别墅是第五批公布的全国重点文物保护单位，归并入第四批全国重点文物保护单位——庐山会议旧址及庐山别墅建筑群。

② 根据1999年与2012年两次的调研成果。

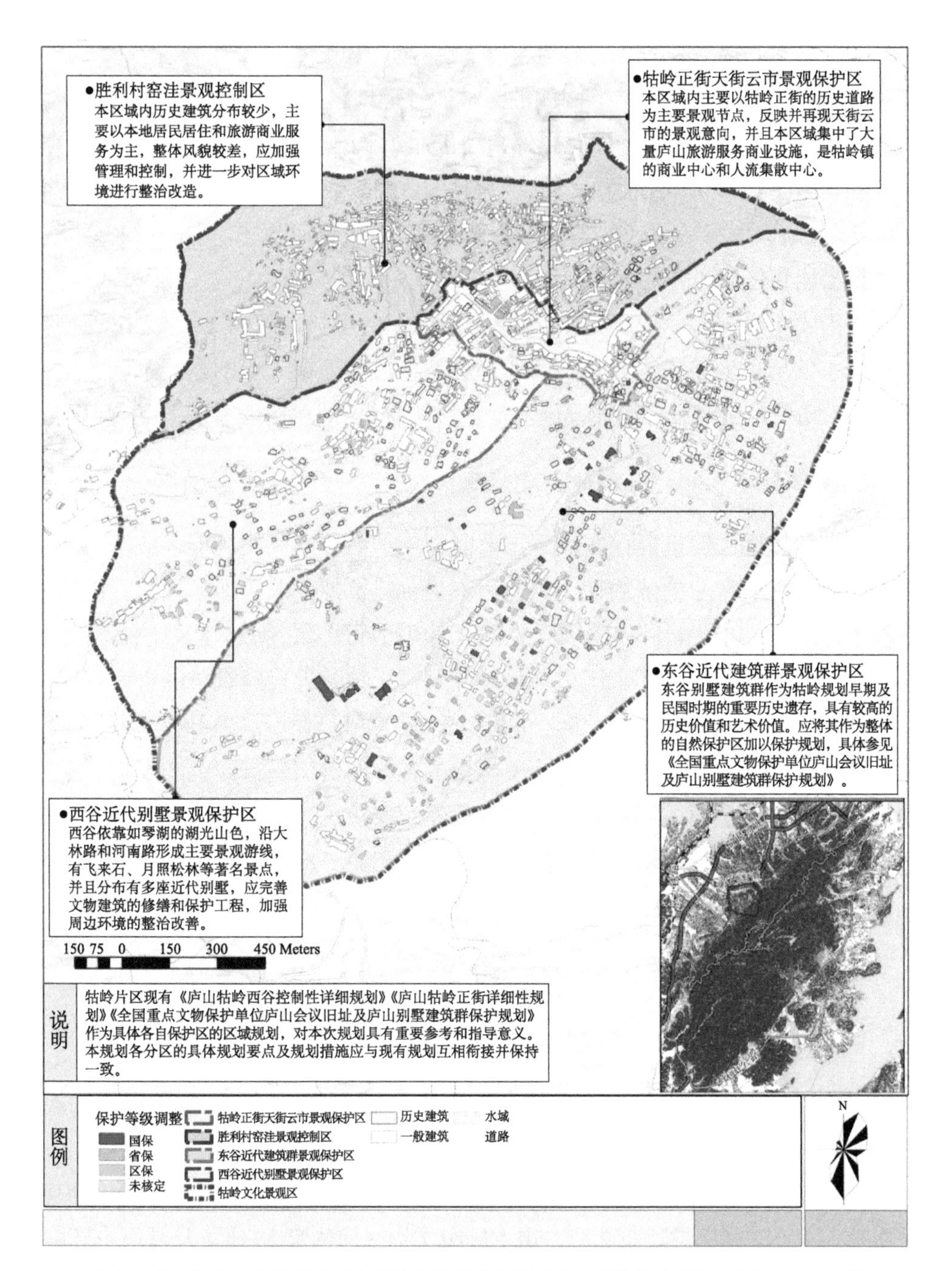

图 10　庐山牯岭文化景观片区分布图［《世界文化遗产庐山保护总体规划（2013—2030）》］

建设，现存的近代建筑仍然有近400座。除此之外，还包括长冲河、林赛公园等景观及基本保存下来的路网结构。

西谷文化景观区，即牯岭西侧的大林冲谷地地区，面积约79公顷，这一带由西方人开发的别墅较多。除此之外，还包括如琴湖、花径等景观。

胜利村窑洼文化景观区，即牯岭北侧的胜利村、窑洼、橄榄山等地区，面积约76公顷，大多数近代建筑是由后期来到庐山的富商巨贾等开发的，西谷、胜利村窑洼文化景观区现存近代建筑约200座。

正街文化景观区，面积约15公顷，现保存的近代建筑有26座，以连接牯岭东西谷的历史道路为主要景观廊道，反映并再现天街云市的景观意向，主要集中了大量庐山旅游服务商业设施，是牯岭镇商业中心和游客集散中心。

2. 庐山牯岭近代建筑群的主要问题

庐山牯岭近代建筑群存在以下主要问题：①牯岭近代建筑群多数历史建筑年久失修，急需专业的修缮；②因使用不当，建筑外部改、加建严重，内部格局被不当改造；③牯岭近代建筑群的历史环境破坏严重，新建建筑风貌不协调，新建及改建道路系统破坏了历史环境等问题；④牯岭近代建筑群的管理权属关系复杂，导致管理难度较大；⑤牯岭近代建筑群展示现状及展示内容极不平衡，需要对国家级文物保护建筑及环境所蕴含的各方面价值进行研究与发掘，对其内涵及价值进行全面的展示；⑥牯岭近代建筑群防护工作还有待加强，防洪排水、消防设施有待进一步完善，需要应对滑坡和泥石流等地质灾害的威胁，并且需要建立行之有效的监控系统。

（三）庐山牯岭近代建筑群保护的策略

1. 目前保护的架构及问题

目前对庐山牯岭近代建筑群的有效保护，需依据现有的规划及相应法规、条例。

具体来说，对属于各级文物保护单位的文物建筑（目前国家级文物保护建筑9座，省级文物保护建筑2座，市、区级文物保护建筑28座）及其历史环境，可依据文物保护体系的相应法律、法规依法保护。

对于尚未纳入文物保护体系的历史建筑及其历史环境，可依据已经公布实施的各项规划及法规、条例依法保护。

目前保护工作存在的最主要问题是尚缺乏一部针对庐山牯岭近代建筑群整体的保护规划。

同时，保护建筑数量较多，权属关系复杂，其建筑空间及环境大部分仍在“活态”的使用中，需要开阔思路，在强调政府主导的同时，积极引导公众与社会的参与，这也符合新版《中国文物古迹保护准则》强调和突出民众及社会参与文化遗产保护的内容。

另外，由于牯岭近代建筑群具有极高的历史价值、艺术价值、科学价值，目前许多价值较高的建筑或文物保护级别过低，或尚未纳入文物保护体系中。

2. 作为全国重点文物保护单位庐山会议旧址及庐山别墅建筑群的保护

庐山会议旧址及庐山别墅建筑群在类型上属于“近现代重要史迹及代表性建筑”，其内涵指第四批全国重点文物保护单位，其外延包括列入庐山会议旧址及庐山别墅建筑群的8个点的9座主要建筑。

对这9座国家级文物保护建筑，根据2013年的《全国重点文物保护单位庐山会议旧址及庐山别墅建筑群保护规划》进行保护。确定属于原避暑别墅类型的各国家级文物保护建筑以现存历史院落边界为保护范围，确定作为见证国家级文物保护建筑价值内涵的重要历史事件的重要历史环境——庐山牯岭东谷整体为建设控制地带，根据国家级文物保护文物区规划相关管理要求进行保护。根据各国家级文物保护单位的现状、环境和文物价值，依据《中国文物古迹保护准则》及相关法规的要求，制定相应的保护措施，对文物建筑进行保护，并制定文物防护及保护监测方案。同时，对国家级文物保护单位的历史环境进行保护，针对文物管理、文物研究与宣传教育、文物的展示利用做出相应规划（表3）。

表3　建议增补为全国重点文物保护单位的建筑

建筑名称	历史功能	具体历史	当前保护级别	建议保护级别
43号（普林路11号）	文化教育	英国学校（1910年前后建成）	区级	国家级
68号（普林路30号）	度假别墅	原为美国人雷魁尔别墅，1934年张学良旧居，1946年宋子文旧居	区级	国家级

续表

建筑名称	历史功能	具体历史	当前保护级别	建议保护级别
248号（中路25号）	宾馆	英国牯岭饭店（建于1919年），蒋介石多次在此主持各种工作	市级	国家级
251号（中路2号）	度假别墅	原为德国人克拉贝别墅，三次庐山会议中，1959年为林伯渠住所，1961年为郭沫若住所，1970年为朱德住所	区级	国家级
258号（河西路29号）	办公建筑	英国汉口国际出口公司（约建于1900年前后）	区级	国家级
266号（中路12号）	文化教育	多国牯岭图书馆（约建于1905年后），1970年庐山会议期间为陈锡联住所	未核定	国家级
283号（中三路10号）	宗教建筑	原为1910年前后所建美国耶稣升天教堂，1959年庐山会议期间曾作为舞厅	区级	国家级
286号（中四路11号）	度假别墅	原为北美长老会传教士别墅，约建于1903年，1961年庐山会议期间为邓小平住所，1970年为董必武住所	省级	国家级
291号（中三路2号）	度假别墅	英国驻九江领事馆别墅，1959年、1961年、1970年三次庐山会议期间为陈云住所	未核定	国家级
310号（中四路12号）	度假别墅	20世纪初至1936年为赛珍珠及父亲赛兆祥住所	区级	国家级
336号（中五路14号）	宾馆	原为1910年前后所建仙岩饭店主楼，曾为庐山首席接待要地，与南昌起义、“庐山谈话会”等重要历史事件有关	区级	国家级
402号（中十路7号）	文化教育	牯岭美国学校宿舍楼（约建于1934年），1937年为“庐山谈话会”代表住宿地	区级	国家级
404号（中十路3号）	文化教育	牯岭美国学校教学楼（约建于1922年），1937年为“庐山谈话会”代表住宿地	区级	国家级
438号（河西路23号）	宗教建筑	英国基督教堂（建于1910年前后），1959年曾作为庐山会议中南组会议室	区级	国家级
454号（河西路8号）	办公建筑	1925牯岭英租界地产公事房，1936年以后民国江西省庐山管理局	无	国家级
468号（河西路19号）	宗教建筑	协和教堂（建于20世纪初），20世纪50年代改建为电影院，因连续放映《庐山恋》创造吉尼斯世界纪录	市级	国家级
479号（河西路86号）	度假别墅	20世纪初李德立旧居，1933年孔祥熙买下此别墅	区级	国家级

续表

建筑名称	历史功能	具体历史	当前保护级别	建议保护级别
527号（香山路13号）	宗教建筑	法国天主教堂（1908年建）	区级	国家级
602号（河南路93号）	度假别墅	1929～1933年陈三立旧居	省级	国家级
782号（大林路32号）	办公建筑	1927～1936年民国江西省庐山管理局	区级	国家级
834号（牯岭街48号）	宗教建筑	庐山清真寺	无	国家级
1120号	科学研究	气象台	无	国家级

注：出自《全国重点文物保护单位庐山会议旧址及庐山别墅建筑群保护规划》，2013

针对大量历史建筑及其历史环境的使用及动态保护，制定相应的历史建筑与历史环境的保护利用指导原则。指导原则需建立广泛的由当地居民、业主、房屋设施使用者、建筑及装修设计及施工团队、各方面专家，以及地方政府共同参与的保护工作，让该指导原则成为整合管理、资金、技术以及公共参与的依据。

首先，确定历史建筑及其环境在物质与非物质层面的价值载体与保护原则，于遗产保护管理规划层面确立保护流程及管控反馈机制，针对现状问题提出解决措施与展示其价值的利用手段；其次，确立“价值载体认知—现状问题分析—保护措施制定—合理利用引导”的导则框架，在问题分析层面，细化为建筑自身问题及建筑利用问题，以便针对现存的各类问题制定建筑维修措施及利用方式的引导措施。

3. 牯岭东谷近代建筑群的保护

根据《全国重点文物保护单位庐山会议旧址及庐山别墅建筑群保护规划》，确定庐山牯岭东谷整体作为见证国家级文物保护建筑价值内涵的重要历史事件的重要历史环境，作为国家级文物保护建筑的建设控制地带进行保护。保护规划以庐山会议旧址及庐山别墅建筑群文物本体相关的环境因素为环境保护对象，以保护牯岭东谷整体的文化景观为目的，保护牯岭东谷整体的历史文化环境，维护生态环境，改善景观环境，控制环境容量。该保护规划对牯岭东谷的其他文物建筑、历史建筑的保护制定了措施；对东谷的景观环境制定了保护措施；对东谷基础设施制定了改造措施；对东谷内一般建筑制定了整治与改造措施；完善牯岭东谷展现近代建筑群价值的展示利用计划。

同时，根据《世界文化遗产庐山保护总体规划（2013—2030）》确定的“东谷文化景观区”，以及《庐山风景名胜区总体规划（2011—2025）》《庐山风景名胜区核心景区专项保护规划》中确定的“东谷史迹保护区”的保护管理要求进行保护，包括对东谷文物建筑、历史建筑、历史环境、自然环境的保护与控制。

4. 牯岭西谷、牯岭街、窑洼近代建筑群的保护

根据《庐山风景名胜区总体规划（2011—2025）》《庐山牯岭正街详细性规划》《庐山牯岭西谷控制性详细规划》，西谷大林路、河南路、芦林、朝阳村地区为历史文化保护区的建设控制区，窑洼、橄榄山、胜利村地区，以及牯岭街地区为环境协调区。

同时，根据《世界文化遗产庐山保护总体规划（2013—2030）》，对西谷、牯岭街、窑洼的保护提出相应要求，具体见图 10。

5. 未来保护工作的完善

第一，亟待制定庐山牯岭近代建筑群的保护规划。

对不仅限于东谷，而且包括西谷、窑洼、胜利村的近代建筑全面进行调查，对其现状和价值进行详细评估，确定对不同类别近代建筑的相应保护措施。对庐山牯岭近代建筑群历史环境的保护做出相应规划，通过制定庐山牯岭历史建筑、历史街巷保护利用指导原则等推进公众可参与、可持续的历史环境保护工作，逐步完善牯岭地区基础设施建设。进一步完善管理机构建设，提高人员素质。持续实施对国家级文物保护建筑、院落、附属文物的日常保养及监测、记录工作，以及庐山牯岭近代建筑群及其周边其他文物建筑、历史建筑的长期保护和运营工作。调整、完善庐山牯岭近代建筑群的展示系统，逐步发展文化旅游项目，开展庐山近代建筑群相关旅游设施的建设与运营。

第二，由于目前牯岭近代建筑群许多价值较高的建筑或文物保护级别过低，或尚未纳入文物保护体系中，亟待调整。

目前列入“庐山会议旧址及庐山别墅建筑群”全国重点文物保护单位的近

代建筑仅占牯岭近代建筑群的一小部分，与庐山牯岭近代建筑群遗产的地位和规模不相称；与其他被公布为全国重点文物保护单位的近代建筑群遗产相比，其数量也偏少[①]，体现价值偏重中国近代史、革命史上的价值，尚不能反映庐山别墅建筑群全面丰富的历史价值和建筑艺术价值，不足以全面地反映庐山牯岭近代建筑群的面貌。因此，在《全国重点文物保护单位庐山会议旧址及庐山别墅建筑群保护规划》中，首先建议在基于真实性、完整性、代表性原则的基础上，对该全国重点文物保护单位列入的建筑进行增补。建议增补庐山牯岭近代建筑遗产中与重要历史事件有关或与重要人物活动相关的建筑，反映庐山牯岭近代建筑遗产在近代历史上特殊地位的建筑，反映庐山牯岭近代建筑遗产杰出艺术成就的建筑，共约 22 座为国家级文物保护建筑（其中原省级文物保护建筑 2 座，市、区级文物保护建筑 14 座，未核定级别建筑 3 座，其他历史建筑 2 座）。

依据上述原则，《世界文化遗产庐山保护总体规划（2013—2030）》中，建议增补省级文物保护建筑至 42 座（其中原市、区级文物保护建筑 9 座，原未核定级别建筑 22 座，其他历史建筑 11 座）；增补市、区级文物保护建筑至 56 座（其中原市、区级文物保护建筑 5 座，原未核定级别建筑 31 座，其他历史建筑 20 座）；调整其他历史建筑登录为不可移动文物点 96 个。

① 对比国内其他近代建筑群，国家级文物保护建筑数量所占比例基本都在 10% 以上。

牯岭洋房阅天下

——庐山东西谷别墅区的规划评价与科学利用

金笠铭　凤存荣*

庐山牯岭东西谷别墅区，是庐山风景名胜区核心景区中五大史迹保护区之一[①]，也是庐山风景名胜区的七大特级人文景观之一[②]，是庐山申请“世界文化景观”遗产的重要依据之一，其保护和利用价值很大，也是庐山风景名胜区规划的重中之重。对其历史和现状的调查研究已有大量的文献资料可供借鉴。本文评价了波赫尔规划方法后，对中国近代四大避暑地进行了规划建筑比较，简要介绍了对庐山近代建筑的既往研究。最后重点对东西谷别墅区的科学保护与利用，提出了全新规划思路。

今天，面临庐山申遗成功后提出加强保护的新要求和新时期新常态旅游发展的新需求，有必要对庐山东西谷别墅区采取新的规划思路，以便提升其保护和利用的水准，达到更合理、更完整、更有效、更科学的目的。为此，本文在

---

* 金笠铭，清华大学建筑学院城市规划系教授；凤存荣，清华大学建筑学院城市规划系教授。本文成稿时间：2015年6月。

① 庐山风景名胜区核心景区五大史迹保护区包括白鹿洞书院、观音桥、植物园、东西谷别墅区、东林寺保护区；详见《庐山风景名胜区总体规划（2011—2025）》中的第六章“风景保护与培育规划”，以及《庐山风景名胜区核心景区专项保护规划》。

② 庐山风景名胜区七大特级人文景观包括庐山植物园、东西谷别墅群、白鹿洞书院、民国三大建筑、秀峰摩崖石刻、观音桥、山水诗。详见《庐山风景名胜区总体规划（2011—2025）》中的第三章第11条“人文景观资源评价”。

重点评价了波赫尔规划方法后，对中国近代主要避暑地进行了规划建筑比较，介绍了对庐山近代建筑的既往研究。最后重点对当前东西谷别墅区提出了全新的规划思路，即立足于整体科学的保护并更好地发挥其历史文化价值，以创建庐山东西谷别墅博物馆群为规划和运营目标，推动保护和利用的有机结合，彰显庐山作为世界文化景观的风韵和价值。

在《庐山风景名胜区总体规划（2011—2025）》中的庐山人文景观资源分组评价表中，将东西谷别墅区、白鹿洞书院、观音桥等7处列为特级人文景观资源，并在《庐山风景名胜区核心景区专项保护规划》中将东西谷别墅区列为五大史迹保护区之一，可见东西谷别墅区在庐山的重要地位和价值。此别墅区中的近代建筑数量大、类型多、精品突出，是中国近代建筑中极富人文色彩的代表作，也是有别于国内其他风景名胜区的独特人文景观，是申报世界文化景观遗产中的重要内容。

分布在庐山牯岭东西谷地区的1000余幢别墅中，至今保存完好的有600余幢。从可查阅的资料文献和图纸上，有精彩内容及详细地址和解释文字的，共列出A类别墅34幢（表1）、B类别墅26幢[①]（表2），分别属于英、美、法、德、意、日、葡、加、俄、丹麦、捷、挪、比、芬、新西兰、瑞士、瑞典及中国等20个国家和地区所建造的有代表性的别墅（34幢A类别墅中：英国10幢、美国12幢、法国1幢、德国1幢、瑞典1幢、芬兰2幢、中国7幢）。这些别墅不仅风格各异，而且其背后均有独特的故事，不少还曾经是名人的故居。A类、B类别墅尽管在留存下来的别墅中所占数量不大，但均堪称别墅中的上乘之作，加上未列入A类、B类的别墅建筑，也应积极保护与进行合理的利用。

表1 庐山东谷别墅（A类）一览表

编号	原业主国籍	图上号	地址	简介
A1	英国	479	香山路479	“玻璃屋”的主人李德立的别墅
A2	英国	291	中四路291	一幢和庐山关系特殊的别墅
A3	英国	197	河东路197	大英执事会的别墅
A4	美国	210	胭脂路210	宋美龄的陪嫁别墅
A5	英国	180	河东路180	美庐——蒋介石与宋美龄的家
A6	英国	336	中五路336	极富戏剧色彩的仙岩旅馆

① A类、B类别墅分类依据：Ⅰ：别墅的人文特色；Ⅱ：别墅建筑的特点（包括平面布局、立面特色、内外装修装饰、建筑结构与材料等）；Ⅲ：建筑室外环境（绿化、景观等）。

续表

编号	原业主国籍	图上号	地址	简介
A7	英国	246	中二路246	牯岭饭店与《塘沽协定》
A8	中国	336	河西路505	庐山图书馆——中国全面抗战的第一声从这里发出
A9	中国	336	中五路336	庐山大厦是庐山当时最雄伟的建筑之一
A10	中国	336	中五路336	鹿野山房别墅
A11	英国	441	河西路441	冯玉祥别墅——不应被冷落的别墅
A12	德国	303	中五路303	汪精卫别墅——与耻辱连在一起的别墅
A13	美国	359	中八路359	宋美龄别墅——令宋美龄自惭的别墅
A14	芬兰	195	河东路195	陈布雷别墅——感知满腹苦水的别墅
A15	芬兰	190	河东路190	芬兰别墅——往事多的别墅
A16	美国	268	中二路268	陈诚礼敬周恩来的别墅
A17	中国	504	河西路504	庐山会议的会址
A18	美国	175	河东路175	毛泽东秘密居住的别墅
A19	美国	442	河西路442	马歇尔、周恩来先后住过的别墅
A20	美国	286	中四路286	邓小平住过的别墅
A21	美国	176	河东路176	彭德怀、黄克诚住过的别墅
A22	中国	304	中五路304	林彪别墅——静得出奇的别墅
A23	美国	394	中九路394	胡志明别墅——历史上第一位外国元首下榻的别墅
A24	美国	367	中九路367	夏定川别墅——收容过难民的别墅
A25	美国	404	中九路404	美国的学校
A26	美国	282	中四路282	美国教堂——宋美龄做礼拜的地方
A27	美国	438	河西路438	天主教堂——栖息心灵的天主教堂
A28	法国	527	香山路527	密林中的神秘别墅
A29	中国	358	中八路358	林伯渠的别墅
A30	瑞典	178	河东路178	原英国循道会会堂，庐山精品别墅之一
A31	英国	182	脂红路182	蒋经国别墅
A32	英国	198	河东路198	杨格非别墅
A33	英国	162	脂红路162	牯岭议事厅
A34	中国	283	中三路283	—

表 2　庐山东谷别墅（B 类）一览表

编号	图上号	地址
B1	446	河西路
B2	467	河西路
B3	468	河西路
B4	124	河西路
B5	651	河东路
B6	253	河东路
B7	257	河东路
B8	258	河东路
B9	265	河东路
B10	269	河东路
B11	282	河东路
B12	290	河东路
B13	287	河东路
B14	300	河东路
B15	301	河东路
B16	302	—
B17	310	—
B18	349	—
B19	341	—
B20	387	河东路
B21	388	河东路
B22	363	河东路
B23	356	河东路
B24	384	河东路
B25	402	中十路
B26	431	中十路

为了更好地保护这些别墅，并发挥其独特的旅游观光和文化鉴赏的功能，充分彰显其文化价值，我们建议把整体科学保护与合理利用有机结合起来，创建庐山东西谷别墅博物馆群。可采取整体规划、分期实施、逐片开放的做法，使这片难得的别墅建筑群重新焕发出活力和魅力。

关于庐山东谷别墅区的开发历史，在本书《匡庐规划多华章——庐山风景名胜区规划的历史沿革》《人文奇观融自然——庐山世界文化景观遗产的构成要素与内涵》《建筑遗产精保护——庐山牯岭近代建筑遗产的保护》中已有不同视角的详尽介绍，本文不再赘述。本文仅对波赫尔规划是如何借鉴当年英国通常采用的规划方法，做一些补充和修正。

一、对波赫尔规划方法的再评价

（一）街区制与分区制的尝试应用

最初的东谷规划并非后人评论的那么完美。以批租土地为规划目标，借鉴当时英国地产开发通常采用的方格网街区手法，把规划用地 1029 亩划分成很多大小基本相同的 279 块地块，并按批租先后编号（NoS1～S279）。波赫尔等的高明之处在于，为蜿蜒穿越基地的长冲河谷预留了空间，即以一些顺应地形变化的曲线形道路打破了单调呆板的方格路网式构图，这就为后来形成的长达 2400 米的林赛公园创造了条件。之后，随着西谷土地的开发，规划范围进一步扩大至 4500 亩。在西谷用地规划中更好地顺应了地形，完全打破了方格网街区布局手法，以十分自由的路网将用地划分成极不规则的地块。可以说，在西谷的 151 块用地中（NoS1101～S1172、NoS1200～S1278）没有两块用地的面积是相等的。

从总的规划布局结构看，为了控制每一期开发规模，并利于形成适合居民生活的社区，规划将东谷地区分成了上、中、下三个区。中心区由于是早期开发用地（NoS1～S15、NoS16～S35、NoS36～S54），位于东谷长冲河谷的上风上水，且集中了主要的公共建筑（包括教堂、医院、学校、饭店、商店、旅馆、管理机构等），已成为整个东谷别墅区的公共服务中心；上区位于日照峰的坡地，地形坡度较大，可用地规模不宜太大（NoS201～S279）；下区则位于长冲河谷下游，地形相对舒缓，可布置更多的别墅用地（NoS55～S130、NoS151～S200）。西谷地区则在美国租赁的用地西侧展开（NoS131～S150、NoS1101～S1172、NoS1200～S1278），形成了相对独立的社区（图 1）。从用地形态、大小及区位上可以看出，开发者和规划师对开发难易、时序、区位价

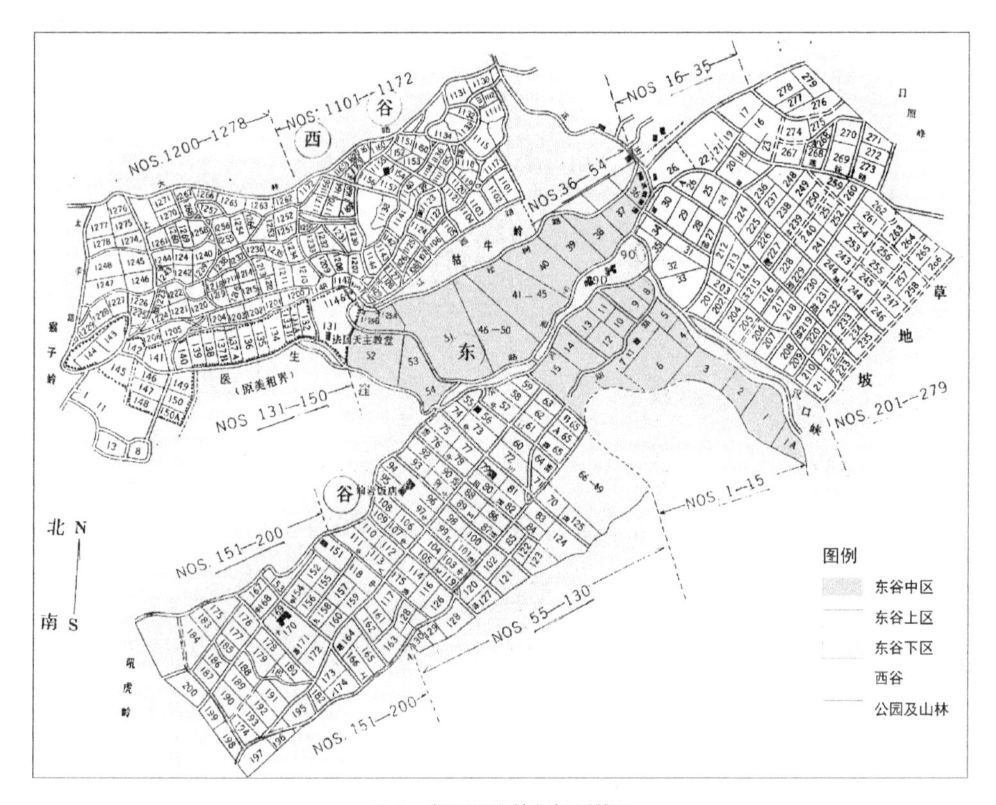

图 1 东西谷波赫尔规划简图

值、置业者地位、社区划分等均有精心考虑。在总共 430 块用地中，大的地块有 4 亩左右，小的不足两亩，可供不同经济实力的业主购置。同时规定，大地块上住宅栋密度[①]≤8，住宅建筑密度[②]≤15%，高度控制≤2 层，坡屋顶，院中绿化率≥70%，院墙全部为透空绿篱；小地块上住宅栋密度≤2，住宅建筑密度≤15%，高度控制≤2 层，以平房为主，坡屋顶，院中绿化率≥80%，院墙也必须为透空绿篱。这种对建筑、绿化的控制实际上对整个东西谷别墅区的建筑空间面貌和环境质量的控制作用很大，是英美分区制（zoning）在中国最早和较成功的尝试。

较大密度的方格路网将土地划分成大小不等的建设用地，也形成了英国当时城市规划盛行的街区制（block）模式（图 2）。而为了更好地适应自然地形和

① 住宅栋密度（residential gross density），即每英亩（1 英亩≈4046.86 平方米）用地上住宅的栋数。

② 住宅建筑密度（residential area gross density），即住宅建筑基底面积与用地面积之比值，用百分比表示。

图 2　庐山牯岭避暑地——分区制 + 街区制布局（策划：金笠铭，绘图：任胜飞）

组织交通，波赫尔、甘约翰又有意识地规划了分工明确的人车分行的道路系统：车行路大多平行或与等高线锐角相交，主路曾多以英国地名命名，这些道路名称大多已在中华人民共和国成立后改名；人行路大多垂直等高线，以当地石板铺就成台阶式，有些步行路长达百级以上，甚至千级。这种人车分行路网结构在近代尚未进入汽车时代的中国城镇规划中实在是难得的开山之举。而沿长冲河谷形成的林赛公园与牯岭山林互相渗透，成为此区体现英国自然园林风格的一大亮点。

（二）以教区构成作为规划主要理念

特别要指出，李德立以传教士身份开发牯岭，也始终把宗教意志和教区理念贯穿在规划建设中。在东谷开发初期，他便优先对教堂进行选址并率先建设（如法国天主教堂于 1894 年建成，美国协和教堂于 1899 年建成，美国耶稣升天教堂于 1901 年建成），这不仅对吸引大量传教士和信奉基督教与天主教的外国人上山置地建屋起了很大作用，而且为以教堂为中心的传教活动提供了可能，谋求了各教会势力的鼎力支持。李德立还颁布了“十不准”，即山上居民和游客不准随地便溺、不准砍伐树木等，营造了文明卫生的环境。除此之外，一批学校、医院、图书馆、商店、旅馆等与西方当代城镇生活相适应的公共建筑陆续建成，这些公共建筑大多也是以教堂为中心布局的，同时使东谷完全具备了一些现代旅游度假城镇的配套服务功能。

而后随着东西谷别墅区的开发建设，为其服务的中国低层聚居区也在西谷窑洼一带陆续形成。由于缺乏规划，这里实际上成了贫民区，与东西谷别墅区落差很大（图 3）。

（三）总的评价

单从专业角度评价，这项规划是中国近代第一个由西方专业人士编制的山地避暑地规划。这个规划不仅体现了当时刚刚在西方盛行的旅游避暑地（现为度假村）规划的理念和做法，也体现了当时已趋成熟的城镇规划的理念和方法。其中体现了分区制、街区制、教区构成环境景观、人车分行道路系统，以及英国当时盛行的自然园林式的理念，与同时期英国著名现代城市规划理论奠

图 3　庐山牯岭西谷窑洼实景（摄影：张雷）

基者埃比尼泽·霍华德（Ebenezer Howard，1850—1928）的《明日的田园城市》（*Garden Cities of Tomorrow*）所倡导的崇尚自然的思想是相通的，但因同时发生，并无先后借鉴的关系。更确切地说，与霍华德同时期的波赫尔等，更多的是受到英国维多利亚晚期崇尚并追逐回归自然郊野田园生活潮流的影响。此时，已全面推展的英国郊区化极大地改变着规划师市镇规划的理念和方法，所谓更开放、更浪漫、更自然的空间布局手法应运而生，以迎合以上的潮流，实现富有阶层人们体现自我和亲近乡野的生活。[①]这种新的规划理念和逐渐形成了更理性、更务实的规划技术和指标体系（如住宅栋密度、住宅建筑密度等）。而波赫尔等是受到严格训练的职业规划师，他们熟知这些做法。李德立恰好为他们提供了施展在英国都梦寐以求的机会：一方面，可以实现李德立的殖民理想；另一方面，能将如此难得的东西谷这块处女地作为他们的实验场。

这个规划也体现了近代商业地产开发及山地城镇规划的理念，具有一定的开拓性、示范性和先导性，也为中国近代引进西方发达国家的现代工业文明城市生活理念和方式开了先河，一定程度上推进了中国清末的开埠和社会进步。

（四）中国近代四大避暑地规划建筑比较

避暑地是19世纪欧美国家在亚洲推行殖民制度和生活方式的产物。这种避暑地专供欧美国家人士夏季避暑之用，一般均位于地势较高、夏季凉爽的山地或海滨地区。从英国人在亚洲殖民地英属印度开始建立，而后相继在中国的庐山牯岭、莫干山、鸡公山（图4）、北戴河（图5）试图进行仿效。但当时的中国自辛亥革命后，民国政府逐步收回了几处避暑地的土地权属，并于1919年颁布了《避暑地管理章程》和《避暑地租建章程》，进而完全控制了这四处避暑地的行政权和司法权，其建筑开发活动也由以外国人为主导向以国人为主导转变。直到20世纪30年代，避暑地建设进入萧条期。

由此可以看出，四处避暑地的规划建筑，并未完全按照英属亚洲殖民地避暑地的模式和方法。通过对四处避暑地的规划建筑的扼要比较（表3）可以证实，在开发建设初期，控制土地权属的业主背景不同及管理机制不同，规划编制及规划理念有比较大的差异。除其中庐山牯岭东西谷地区有比较完整专业的

---

① 刘易斯·芒福德.城市发展史——起源、演变和前景[M].宋俊岭，倪文彦，译.北京：中国建筑工业出版社，2005：500-505.

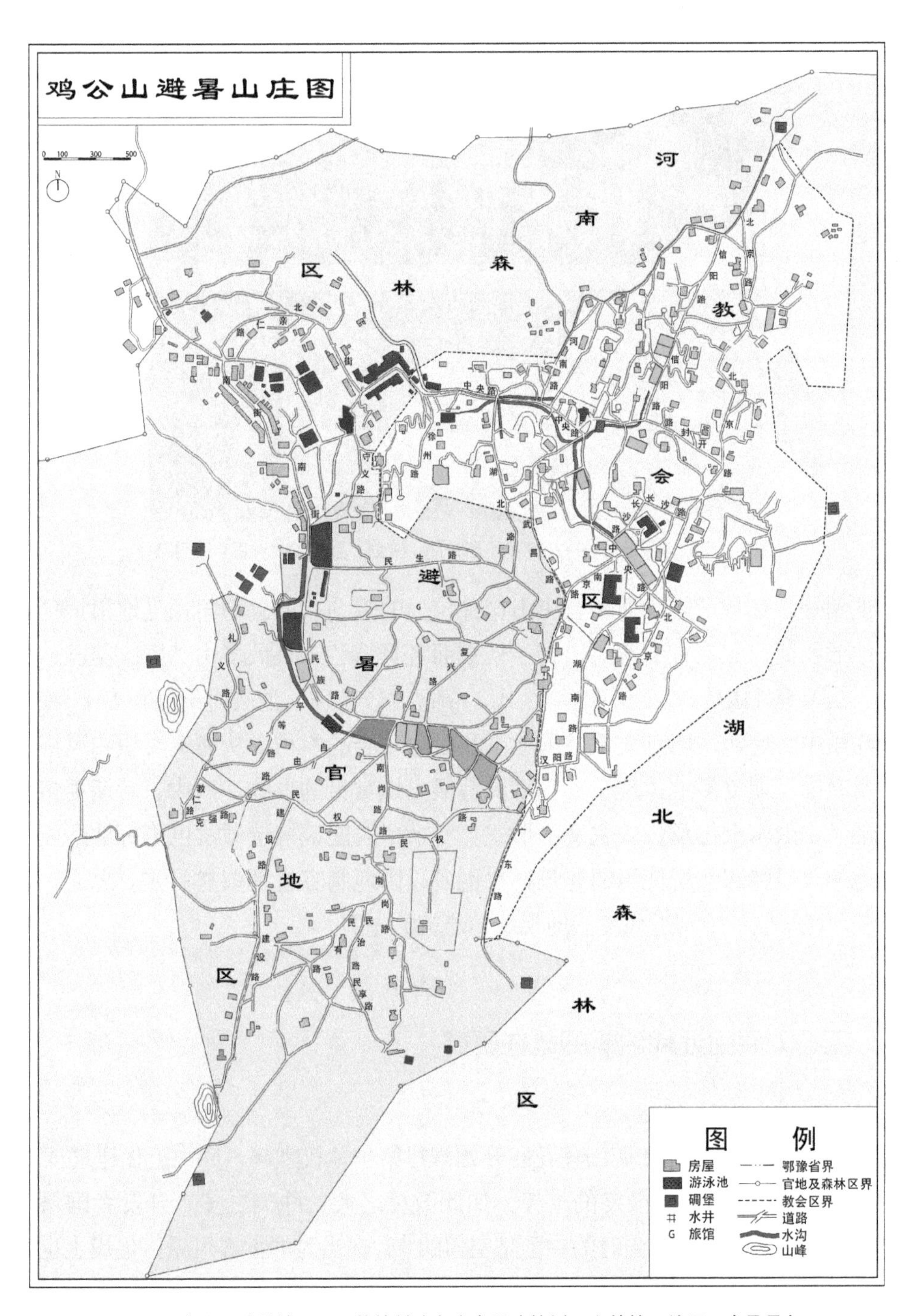

图 4　鸡公山避暑地——环状放射式自由布局（策划：金笠铭，绘图：唐予晨）

图 5　北戴河避暑地——串珠式组团布局（策划：金笠铭，绘图：任胜飞）

大规划外，其余三处尽管未有庐山这种统一的规划，但也不同程度地根据环境与地形和征购业主方的意愿进行了规划而各具特色，且大多由英国、美国、德国、法国等外国传教士主持（鸡公山的情况比较特殊，清政府干预较多）。在开发建设中、后期，均有大量中国业主和民国政府的参与。从建筑类型和风格上也反映出早期更多地体现了英属殖民地避暑地常见的形式，而中、后期更多地体现了中国本土化及折中主义的形式。所采用的建筑构造做法也更好地适应了当地的气候特点，所使用的建筑材料也多以因地制宜就地取材为主。总之，四处避暑地开创了中国近代度假地规划和建筑的先例。

二、对庐山近代建筑的既往研究

自 1863 年法国人在庐山莲花谷开始修建第一幢教堂起，庐山近代建筑至 20 世纪 30 年代基本形成最终的规模。如此数量之大、种类之多、开发者国籍之广的近代别墅建筑群在当时的中国是空前的[①]，在当时的世界风景区建设上也是

① 19 世纪 90 年代，继庐山牯岭开发之后，河北的北戴河（1898 年）、浙江的莫干山（1900 年）、河南的鸡公山（1903 年）也相继成为供外国人利用的避暑地，庐山当排其首。

表 3　中国近代四大避暑胜地规划、建筑概况（19 世纪末～20 世纪初）

	庐山牯岭	鸡公山	莫干山	北戴河
地理区位	江西省九江鄱阳湖北岸 北纬 29°26′～29°41′ 东经 115°52′～116°08′	河南省信阳市南部 北纬 31°46′～31°52′ 东经 114°01′～114°06′	浙江省德清县西部 北纬 30°36′ 东经 119°52′	河北省秦皇岛渤海海滨 北纬 39°48′～39°52′ 东经 119°26′～119°30′
气候特点	亚热带山地气候	北亚热带暖温带气候	北亚热带南缘、多风、凉爽	温带海洋性气候
建造时间	1894 年风景资源调查 1896 年开始建造活动 1898 年用地规划	1902～1903 年，美国传教士李立生、施道格上鸡公山考察并开始购地建房 1936 年，引来外国人来此购地，由民国政府统管	1891～1892 年，美浸礼会教士佛利甲、梅生、霍史敦、史博德先后考察莫干山 1896 年，美国传教士白鼎建茅舍，开始建设	1895 年前后，英传教士开始在联峰山东峰鸡冠山租地 400 亩建房，清政府矿物大臣张翼抢先征地并在此地建房
规划用地规模	1894 年 1029 亩 逐步扩展至 4500 亩	共计：1422 亩［（鄂界＋豫界 =924 亩）+（教会区 498 亩）］	1899～1905 年西洋人在莫干山已购地 1600 亩，至 1929 年已达 4000 亩，其中有 1000 亩划为避暑地	张翼以矿物区名义占地约达 5800 亩
涉及的国家	共 22 个国家，有中、英、美、法、德、意、日、葡、加、俄、丹麦、捷、挪、比、芬、新西兰、奥地利、西班牙、希腊、荷兰、瑞士、瑞典等	共 23 个国家，有中、美、英、法、德、俄、日、比、葡、荷、菲、泰、朝、瑞典、丹麦、挪威、芬兰、西班牙、希腊、奥地利、瑞士等	涉及的国家以美国为主，英国次之，另外有德、法、俄在此建房，1928 年后中国人开始大量建房	中、美、英、法、德、日、俄、意、比、希腊、奥地利、瑞典、瑞士、加、丹麦、西班牙、爱尔兰、挪威、波兰、印度等 20 个国家
主要营建发起人及规划人	李德立 波赫尔 甘约翰负责测量与土地划分，后为规划负责人	美传教士李立生为最早购地建房人，而后由清政府及民国地方政府，以“租”地章程等对建筑活动进行监管控制。为区别土地所属，将鸡公山划分为 4 个区，有湖北森林区、河南森林区、教会区及避暑官地区（含鄂界＋豫界）	英国耶稣教士洪慈恩开创在莫干山建造西式风格住房，而避暑会下设路政，房产会聘请英国人费信诚和德国人巴播为莫干山初、中期规划营建的主要主持人	甘约翰、张翼为征购土地主持人；甘林为最早在北戴河租地建房的英国人；而在庐山开发得势的李德立在此受挫

续表

	庐山牯岭	鸡公山	莫干山	北戴河
规划主要特点	沿用19世纪英国城镇土地地产开发的通常做法，采用了“分区制＋街区制”布局手法，同时受当时盛行的英国自然园林式理念和维多利亚晚期浪漫式空间布局影响，较好地与牯岭自然环境相结合，并注意了公共建筑布局和市政配套。部分方格式路网布局与地形结合较差。绿化率达90%以上	充分考虑了山势地形特点，以上山西北角位置沿两条山脊分别规划北街和南街两条主路，形成环路。环路两侧多布置公共建筑，再沿环路顺山势呈放射状伸展出各支路，沿曲折蜿蜒的支路两侧布置修建别墅建筑。别墅以集中与分散布局相结合，豫组别墅多集中在西部，鄂组别墅则多集中于东部。分区明确，市政配套，有利于管理。绿化率80%	未对全山范围进行大规划，只由各分散购地开发的业主分别进行局部规划及建筑布局，后逐步进行了水、电等市政配套。于1917年由德国人绘制了《莫干山附近图》，大空间形态呈圈层式自由式布局，限定控制了莫干山核心区范围。周边的建设仍处于较自由状态。绿化率达85%以上	开发初期未曾进行整个北戴河海滨用地的统一规划，只是根据不同背景征购土地的范围划分了一些相对集中的分区。整体则形成了相对松散及带状分布的组团式形态，各组团形成了各成系统的市政、道路、公共建筑；各大组团由一条城市主路相串联。各组团间以森林隔离，沿海有防风林带
建筑规模及特点	至1938年，牯岭共有别墅建筑1500幢，其中外国人建筑的别墅660幢，中国人建筑的别墅830余幢，别墅建筑类型主要有4种（独立式、半独立式、联立式和平房，其中平房居多），结构类型主要有3种（木结构、石木结构、砖木结构）；别墅及公共建筑风格呈欧洲多国风格；建材多采用石砌墙体、彩色铁皮屋顶	至20世纪30年代末，共建各类建筑500幢，其中别墅建筑476幢，别墅大小不等，形式各异，结构类型主要有2种（石木结构、砖木结构），建筑风格有罗马式、哥特式、德国式、折中式、拜占庭式等；其他公建（小学、中学、教堂、商业建筑等）也以折中式及欧式为主	至1932年鼎盛期，建有外国人别墅181幢，中国人别墅96幢，别墅建筑类型包括外廊式、封闭外廊式、无外廊式、城堡式及中式别墅；结构类型有3种（石木结构、砖木结构、木结构）；建筑风格以英国式花园洋房、德国式及法国式居多	至1948年共建别墅建筑719幢，其中外国人建483幢，中国人建236幢，别墅结构类型有2种（石木结构、砖石结构），建筑类型：“屋必有廊”（分一面廊、二面廊、三面廊），“屋必有台”（均有半地下室、室外筑高台，以防潮）。建筑风格多为欧美风格
各避暑地地位变迁	1919年成为官方认定的避暑地；1926年设立民国庐山管理局；1930年归江西省政府管辖；1934年庐山成为中国“夏都”变为国家公园；1950年成立庐山管理局；1953年又改称管理局到2015年；1982年成为第一批国家重点风景名胜区；1996年成为世界文化景观遗产；2004年成为世界地质公园；2006年全国文明风景区国家5A级旅游区；2016年庐山市设立	1919年成为官方认定的避暑胜地，曾作为森林公园与林场，至20世纪50年代由河南省林业厅接管。鸡公山位于河南、湖北两省之间，鸡公山东侧有湖北森林区，北侧有河南森林区（3645亩）。1982年成为国家第一批44处重点风景名胜区之一。2006年成为4A级旅游区	1919年，成为官方认定的避暑地；1928年，成立莫干山管理局接替了莫干山避暑会；1932年，成立莫干山公益会及莫干山避暑区域住民会议；20世纪30年代，成为上海、杭州等地避暑胜地；1994年，成为第三批国家重点风景名胜区；2005年莫干山别墅群成为浙江省级文物保护单位；2006年成为国	1919年，成为官方认定的避暑地（尽管未明文写入《避暑地管理章程》），至1949年一直作为京津夏季避暑胜地；1949年至20世纪90年代一直作为新中国的北方“夏都”；1982年成为第一批44个国家重点风景名胜区之一

罕见的。至20世纪30年代末，牯岭周围及东西谷别墅区的别墅建筑已达1000余幢，其中以东西谷、河南路分布最多，也大多按李德立、波赫尔规划进行了建设。

关于庐山东西谷别墅的研究，其实早在民国时期即有建筑专家进行过考察和调查，中华人民共和国成立初期也有专家学者对此进行过局部的调查和资料整理。但由于多方面的综合原因，并未开展全面系统的调查研究。20世纪80年代初期，改革开放的春风重新唤醒了国人。1982年7月，同济大学在丁文魁教授带领下，与庐山管理局建设处合作，对东西谷别墅建筑进行了真正专业规范的实测调研，共实测别墅60余幢，绘制了实测调研图集，将实测的别墅分为3类，并对东西谷别墅区提出了整体及分级保护的建议，具有开创性。1985年之后，东南大学的刘先觉教授多次上庐山，也对东谷别墅进行了深入重点调研。1986年之后，清华大学建筑学院的汪坦教授、张复合教授等与日本亚细亚近代建筑史研究会、东京大学合作，启动了国家自然科学基金及建设部科技攻关项目——“中国近代建筑的研究”，使中断30年的研究得以恢复。其中庐山牯岭近代建筑作为一项分课题，揭开了大规模系统化研究的序幕。

1993年10月，《中国近代建筑总览·庐山篇》正式出版，书中全面介绍了对庐山近代别墅及其他建筑的研究。以彭开福、欧阳怀龙先生为代表的庐山学人发挥卓越的才能，发表了一系列有价值和深度的研究论文与著作，有力地推动了此项研究的开展，并为后续申报庐山为世界文化景观遗产做出了积极的贡献。

（一）庐山近代建筑特征

对于庐山别墅的建筑特征，彭开福在《庐山牯岭地区建筑活动的研究》一文中作了概括[①]。其别墅建筑类型有12种：敞开外廊式、封闭式周边内廊、半封闭半敞开外廊式、单亭敞开式外廊、单亭封闭式、双亭封闭式、大坡度陡层面式、古堡式、鱼鳞板外墙轻型、单人字顶、双人字顶、单重和双重四坡屋顶。其建筑结构主要有3种：①木结构（圆木为骨架，木板为墙，铁瓦为顶）；②石木结构（以石为墙体，以木作廊和屋架，上覆铁瓦；少数以薄青石板作瓦）；

① 此文为1990年10月在大连召开的第三次中国近代建筑史研究讨论会上彭开福先生发表的论文。

③砖木结构（以当地烧制的青砖为墙体，木屋架，上覆铁瓦）。

建筑材料：墙体多为石墙，石料多为产自“女儿城砂岩”，色灰、质硬、石质细腻；墙体砌筑多样：方整石墙体、一面镜石墙体、乱石插花墙体、自然断面墙体。

门窗及梁木用木料多来自庐山周围各县。

铺路及瓦料的青石薄板、青砖都产自当地，只有屋顶上的铁瓦来自国外。

欧阳怀龙先生所著《从桃花源到夏都——庐山近代建筑文化景观》[①]一书中则对庐山近代建筑做了全面系统的介绍，指出曾有25个国家在庐山修建了各类别墅。而日本侵华时期致使400余幢别墅遭到破坏，能够完好保留和修复的仅有600余幢。这些别墅大多遵从李德立、波赫尔制定的规划，以尊重自然、亲近自然为设计宗旨，尽量顺应自然地势和自然植被（坡度≤25°作为建设用地），倡导欧洲乡村式度假风格，以较低的建筑密度（大多控制在20%之内），较低的层数（大多1～2层，少量3层），较小的建筑面积（控制在100～300平方米之内），较大的绿地率（大多控制在≥70%）为显著特征。别墅建筑类型主要有四种：独立式、半独立式、联立式和平房，其中平房居多。不少别墅都融入了中国乡土建筑风格及做法，同时因地制宜，尽量采用当地建材（以花岗岩、砂岩、石灰岩、石英砂岩等石材为主），配合少量当地的木料和青砖，加上产自国外的轻巧铁皮屋顶（部分采用当地的青石板瓦），涂上鲜艳的红、绿色屋面，使这些别墅建筑在蓝天绿树的映衬下显得分外靓丽多姿。欧阳怀龙先生曾指出，其方格路网布局存在与自然地形结合较差的问题。

至于别墅的营造过程和建筑工艺，张雷先生在《营造庐山别墅的故事》一书中曾有详尽的描述。该书中特别摘录了作为联合国教科文组织专家的尼玛尔·德·席尔瓦教授于1996年5月考察庐山别墅后说的一席话：“我最喜欢庐山的建筑布局，有那么美丽的自然景观作为背景。错落有致，保留了原来的风貌。”“庐山的近代建筑，是中国工人自己创造的，不是外国人创造的，它是中国文化的一部分……你们不要老讲别墅是英国人盖的，应该是你们的，是中国人的。别墅的石料和木料都是中国工人运来的，很多地方都是中国的传统风格。”[②]

① 欧阳怀龙．从桃花源到夏都——庐山近代建筑文化景观[M]上海：同济大学出版社，2012：83-99.

② 张雷．营造庐山别墅的故事[M].南昌：江西美术出版社，2008：15.

这段话的确令我们深思。东西谷别墅区的确是众多西方国家殖民者在此留下的建筑遗产，反映了西方众多国家不同的建筑风格。同时也必须看到这些近代建筑的实际建造者——中国工匠的汗水和智慧。正如张雷先生所描述的：中国工匠不仅用辛勤的汗水，克服了采石、运输、加工等难以想象的困难，全靠人拉肩扛从山下把石料运到山上，而且用超凡的智慧，全凭世代相传的工匠技艺和谙熟的乡土建筑风韵，惟妙惟肖地与西方近代建筑有机融合，并使之锦上添花。我很认同这样的论断：建筑艺术的最伟大的产品不是个人的创造，而是社会的创造；与其说是天才人物的作品，不如说是人民劳动的结晶。所以，我们在回顾研究这些近代建筑遗产时，也需要从这个视角去审视。

（二）对庐山近代建筑的多视角研究

除了有众多建筑专家对庐山近代建筑做了大量系统研究之外，我们还必须看到，庐山近代建筑所涉及的领域已大大超出了建筑的视角。罗时叙于2005年出版的《庐山别墅大观》[①]一书中，即以更加开阔的文化视野、广博的文史知识和翔实的资料把建筑学的评价标准、历史人文的背景考证，以及美学、文学的联想感悟融会贯通，对庐山上现存的634栋别墅进行了细致入微的介绍和评说，具有相当的资料价值和学术水准，堪称“庐山别墅的小百科全书”。2003年由贺伟撰文、张雷摄影的《会讲故事的庐山别墅》一书[②]，则通过作者自身在庐山长期的留意观察记录和潜心研究考据，把发生在庐山别墅的一桩桩引人入胜的故事，用文字和图像生动鲜活地展现在世人面前。金笠铭曾在为张雷所著《营造庐山别墅的故事》一书的前言中指出：“人们可以从不同视角去诠释这些近代建筑，去解读这些石构的史书。社会学者透过这些石筑的房子，很自然地与中国近现代暴风骤雨式的政治事件和风云人物联系起来；文化学者透过这些石筑的房子，看到了中国文化发展的三大趋势之一，即李德立（英国）与牯岭，代表了西方文化侵入中国的大趋势；宗教学者透过这些石筑的房子，看到了近代西方以基督教为主的不同宗教派系在庐山传播、兴旺、衰落、再生的历程；建筑师透过这些石筑的房子，看到了近代史中某些西方建筑要素的演绎和与中国乡土建筑要素的融合；旅游者透过这些石筑的房子，看到的是饱经沧桑的老房子，

---

① 罗时叙．庐山别墅大观 [M]. 北京：中国建筑工业出版社，2005：5-150.

② 贺伟．会讲故事的庐山别墅 [M]. 南昌：江西美术出版社，2003：3-120.

看到的是由此衍生出的庐山原住民的生活习俗和传统技艺；开发商们透过这些石筑的房子，看到的则是无限商机……可谓智者见智，仁者见仁。”[①]

因此，庐山牯岭近代建筑的确是内涵丰富的“石头史书”，对它的研究和评价也应该是全方位和全视角的。可以毫不夸张地说，它就是当时中国社会、经济、文化的缩影和微缩景观，由此也可以窥见国际风云变幻与建筑的丰富多样。

三、创建庐山东西谷别墅博物馆群的建议与设想

基于对此的多视角研究和所具有的极其丰富的文化内涵，为了更好地对其进行整体的保护和发挥其历史文化价值，创建庐山东西谷别墅博物馆群是比较可行和较佳的规划和运营目标。具体可以有如下对策。

（1）以 2011 年版庐山风景名胜区总体规划及核心景区保护规划为依据，编制东西谷别墅区的整体保护规划并将其纳入国家文物保护单位，其中应包括：近代建筑群的保护与整治、公共服务设施的保护与整治、市政设施的保护与整治、环境景观的保护与整治、标识系统的保护与整治、绿道（游览步道与自行车道）的规划、交通系统（动态与静态交通系统）的规划、文道与慢道规划（宜结合更大范围的文道与慢道）等，还应以智慧平安社区的创建进行整个地区的智能化规划（图 6）。

（2）选择在中国近现代史上有影响的 20～30 位名人，以他们曾经居住过的庐山东西谷别墅区的别墅进行分期分批重点保护性修复；宜尽量恢复其外部的原貌，并以此作为展示其历史史迹的名人博物馆；可为其竖立雕像或纪念碑；某些人物的博物馆可作为其纪念文道中的一处重要场所，供其仰慕者及游客观赏和考察。由此组成庐山近代名人别墅博物馆群，将成为庐山独有的最能吸引特定人群的最富文化魅力的展示场所，这也符合未来开展深度文化旅游的必然趋势（表 4）。

---

① 张雷．营造庐山别墅的故事 [M]. 南昌：江西美术出版社，2008：序。

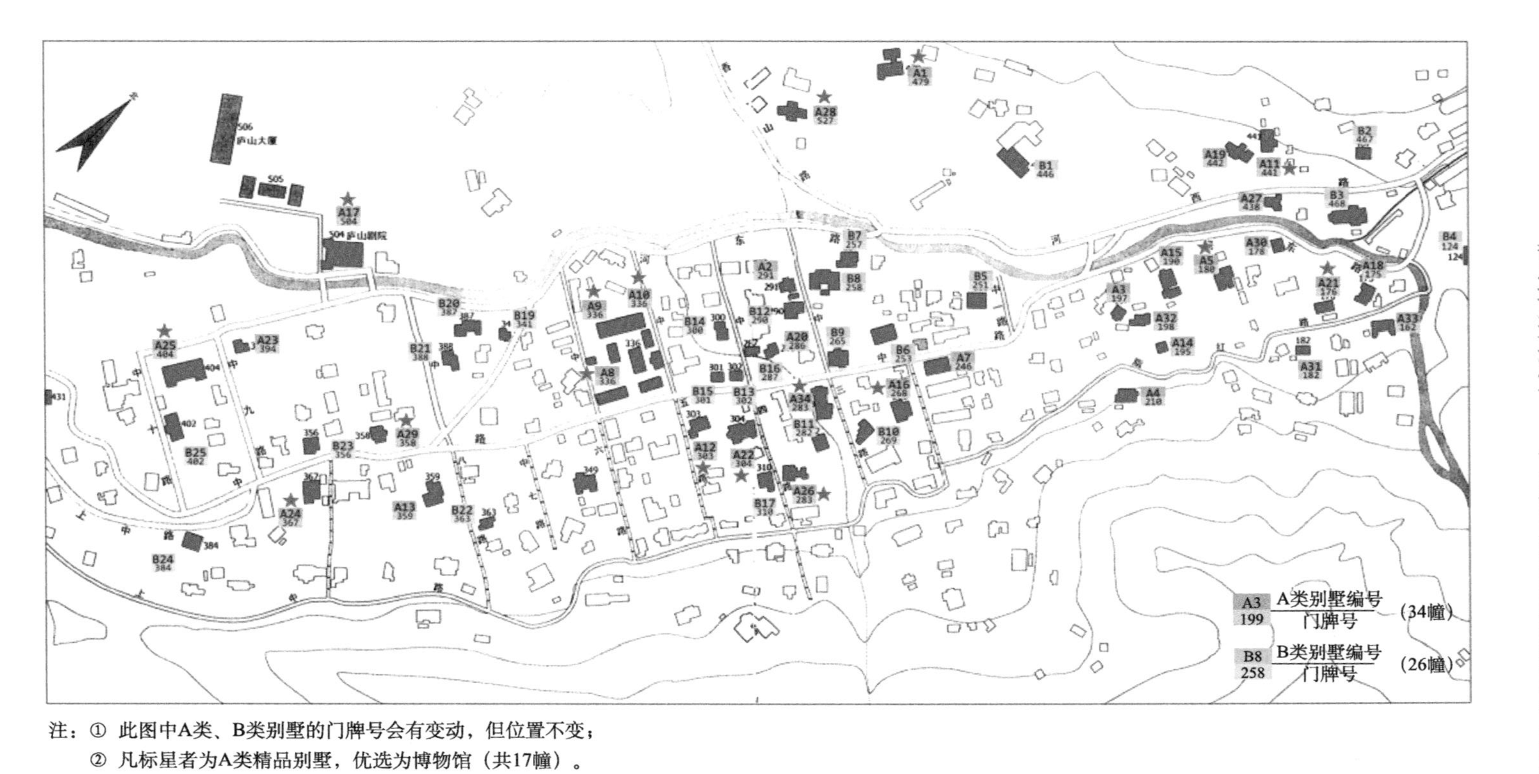

注：① 此图中A类、B类别墅的门牌号会有变动，但位置不变；

② 凡标星者为A类精品别墅，优选为博物馆（共17幢）。

图6 庐山东谷国际别墅博物馆群总平面图（策划：凤存荣，绘图：任胜飞）

表 4　庐山东谷别墅博物馆群

第一类：国际精品别墅选取7幢（从20个国家中选取）				
序号	原业主国籍	图上号	地址	简介
1-1	英国	A1	香山路 479 号	“玻璃屋”的主人李德立的别墅
1-2	英国	A5	河东路 180 号	美庐——蒋介石与宋美龄的家
1-3	英国	A11	河西路 441 号	冯玉祥别墅——不应被冷落的别墅
1-4	德国	A12	中五路 303 号	汪精卫别墅——与耻辱连在一起的别墅
1-5	美国	A16	中二路 268 号	陈诚礼敬周恩来的别墅
1-6	美国	A21	河东路 176 号	彭德怀、黄克诚住过的别墅
1-7	美国	A24	中九路 367 号	夏定川别墅——收容过难民的别墅
第二类：国内精品公共建筑及别墅选取7幢				
序号	原业主国籍	图上号	地址	简介
2-1	中国	A8	中五路 336 号	庐山图书馆——中国全面抗战的第一声从这里发出
2-2	中国	A9	中五路 336 号	庐山大厦是庐山当时最雄伟的建筑之一
2-3	中国	A10	中五路 336 号	鹿野山房别墅
2-4	中国	A17	河西路 504 号	庐山会议的会址
2-5	中国	A22	中五路 304 号	林彪别墅——静得出奇的别墅
2-6	中国	A29	中八路 358 号	密林中的神秘别墅
2-7	中国	A34	中三路 283 号	牯岭议事厅
第三类：其余公共建筑4幢				
序号	原业主国籍	图上号	地址	简介
3-1	美国	A25	中九路 404 号	牯岭美国学校
3-2	美国	A26	中三路 283 号	美国教堂——1959 年庐山会议的大舞厅
3-3	美国	A27	河西路 438 号	基督教堂——宋美龄做礼拜的地方
3-4	法国	A28	香山路 527 号	天主教堂——栖息心灵的天主教堂

至于名人博物馆的经营问题，则应纳入庐山整体经营范围进行统筹考虑，即最好实行一张门票游遍庐山的做法，而不宜分散经营，变相收费。我们主张建名人博物馆要突出其公益性和教育性。

（3）为实现以上目标，可开展对有选择的中外名人进行其史迹和文物的深度调查研究，研究应力求还原名人所处时代的真实史实和场景，并宜向海内外广泛征集相关资料，以此作为联谊友人扩大影响的好机会，有利于庐山向更加开放、更加美好的世界名山迈进。

（4）除了列入名人博物馆及已挂牌保护的老别墅外，其他老别墅经过相关权威专业机构严格鉴定后，可以有选择性地开展民宿旅游活动。开展前应制定相应的保护及使用规则：对其建筑外观应最大限度地保持原有特征，进行修旧如旧的必要修缮；对室内不适宜现代居住功能的设施和装修进行精细化、人性化的更新；确保结构的安全性，控制使用性质和容量，做好防火防震等安防措施；美化周边环境，加强智能化监管；使老别墅持续保持异域文化魅力，具有新的使用价值。

从“桃花源”到“慢乐园”

——关于庐山科学发展定位的思考之一

金笠铭　胡　洋*

庐山自古即是人文荟萃、山清水秀、仙居野趣之所，是陶渊明描绘的充满诗意和梦幻的“桃花源”。斗转星移，庐山饱经了岁月的磨砺，早已物是人非。然而，当人们经历了现代喧嚣而浮躁的工业化、城市化的折腾后，在享尽了各种荣华富贵的“快生活”方式后，又幡然醒悟：只有享受“慢生活”才是回归自然、返璞归真、抚慰灵魂的最佳生活方式。庐山就是“慢生活”和“慢文化”的策源地与产物。庐山恰好具备了现代人们所追求的“慢生活”的几乎一切物质与精神上的要素。倡导“慢生活”，创建“慢城”“慢乡”等已成为当代国际社会的潮流。庐山理应成为疾速前行的中国一处难得的“慢乐园”。

公元4世纪，诗人陶渊明独自徘徊在庐山的翠谷绿林之中，为这里如诗如画的自然景色所陶醉，留下了几篇田园诗的佳作。其中《归去来兮辞》《归园田居》《桃花源记》等，惟妙惟肖、栩栩如生地把一个远离闹市、山林幽静，让人与世无争、心境超然的“桃花源”呈现在世人面前。

陶渊明所描绘的桃花源，“林尽水源，便得一山。山有小口，仿佛若有光。

---

① 金笠铭，清华大学建筑学院城市规划系教授；胡洋，中国城市发展规划设计咨询有限公司总策划师。
本文成稿时间：2020年12月。

便舍船，从口入。初级狭，才通人，复行数十步，豁然开朗”。这里不仅有“芳草鲜美，落英缤纷”“阡陌交通，鸡犬相闻”“方宅十余亩，草屋八九间”“暧暧远人村，依依墟里烟”“采菊东篱下，悠然见南山。山气日夕佳，飞鸟相与还”的仙境般的田园风光，而且寄托了文人雅士不解凡尘、远离乱世、回归自然、�依乡里、乐享安宁的心理归宿和精神追求。这种世外桃源不仅是陶渊明时代的理想栖居，也一直为后代所推崇和向往。之后，众多有识之士寻觅着前人的足迹，相继走进了庐山。他们一方面悠然自得、津津有味地欣赏着大自然的美景，另一方面又气定神闲、安贫乐道地探索着人世间的奥秘，谱写了一篇篇感天动地的千古绝句，创造了流芳百世的文化传奇。这些绝句也好，传奇也好，既体现了庐山自然景观的奇绝和神秘，又体现了文人们的情怀与才华。还有一点往往为今人所忽略，那就是体现了一个“慢”字。可以说，没有“慢”，就没有庐山如此令人神往的“桃花源”，没有如此灿若繁星的庐山文化景观。换句话说，没有“慢”，就没有今日的庐山。

一、庐山人文景观就是“慢生活”与“慢文化”的产物

“诗仙”李白曾5次登临庐山，可谓流连忘返，依依不舍，他迷恋这里的美景，终于偕夫人在五老峰下屏风叠建了太白草堂长住。这里与世隔绝、山幽林静、风景秀丽，李白在草堂中修身养性，抚琴吟诗，谱写出一首首脍炙人口的传世诗句。很难想象，没有这种悠闲清静、杂念全无、凝神聚气的慢生活，李白如何能才思泉涌、灵感频闪、诗意大发呢?

大诗人白居易也为庐山所倾倒，他在庐山北香炉峰下建了草堂长住。他十分讲究草堂的选址，除了遵从风水原则——背山面水，藏风聚气，充分尊重自然天成的环境，还以本地朴实无华的乡土民居为样本，注重与山水融为一体。他如此描述道:“春有锦绣花谷，夏有石门涧云，秋有虎溪月，冬有炉峰雪。”白居易在简陋的茅草屋中平心静气地留意观察着大自然的春夏秋冬，心安理得地品味琢磨着人世间的喜怒哀乐，“安得不外适内和，体宁心恬哉”，好不悠哉!好不乐哉!这一切都是慢生活才能体验到的乐趣与意念。

东晋名僧慧远于公元381年云游到庐山，从此深居庐山达35年。这是他

一生中最德高望重的年龄段（47～82岁）。在此期间，他不仅潜心研究印度佛学，率众修行，广纳善缘，通读佛典，著书立说，创立了影响深远、广为流传的“净土宗”，而且不避艰险，游遍庐山奇峰异谷，并独具慧眼开辟了石门景区，写下了《庐山诸道人游石门诗》《庐山略记》等精妙描绘庐山山水的文章，率先提出了“畅神说”和“山水空间说”，使艺术审美达到了更高的学术境界，为中国古典园林理论的创立和发展做出了贡献。如果没有他长居庐山的“慢生活”深体验，这些成就的取得是很难想象的。

南宋著名理学家和教育家朱熹，曾在庐山白鹿洞书院修学3年。其间他心无旁骛，一心一意，推行以理学为基，培养门徒，并制定了在中国乃至世界教育史上有重要意义的《白鹿洞书院学规》，以此奠定了“庐山国学”，使白鹿洞书院跻身中国古代四大书院之首，被誉为世界上最早的高等学府雏形，声名远播，影响深远。朱熹执着与专一，乐享这里的清贫和慢生活，最终取得了卓越的教育成就。

纵观曾登临庐山的历史名人，大多有曾在庐山深居简出、安享清静的“慢生活”的经历。波及近代，仍旧如此。著名地质学家李四光于20世纪30年代初曾两次长达数月对庐山冰川遗迹进行精细考察，助力他提出了轰动国际地质界的“第四纪冰川学说”。中国近代植物学的奠基人胡先骕、秦仁昌等也是在20世纪30年代长时间（近两年）深入庐山考察，不仅基本摸清了庐山上的植物种类，而且创立了中国近代第一家具有科研价值的植物园。因描写中国题材的小说《大地》而荣获诺贝尔文学奖的美国作家赛珍珠，也曾在庐山随家人长住，并获得了良好的教育和熏陶。美国钢琴家弗朗西斯·哈顿夫人也正是由于在庐山牯岭度过了她欢乐而安宁的年轻时光，才激发她创作出钢琴双重奏《庐山组曲》……

古往今来这些名人大多受益于庐山的优美自然环境和轻松悠闲的“慢生活”，才激发和孕育了一个个文化传奇。可以说，因为“慢生活”，才有了陶渊明令后世神往的“桃花源”；因为“慢生活”，才有“诗仙”李白的“飞流直下三千尺，疑是银河落九天”的浪漫诗句；因为“慢生活”，才有了高僧慧远的佛教“净土宗”和“畅神说”；因为“慢生活”，才有了国学大师朱熹及后人所开创的“庐山国学”新天地；因为“慢生活”，才有了中国山水诗、山水画的诞生和弘扬；因为“慢生活”，才有了自古至今一大批文人雅士、科技精英为庐山也为中国留下了宝贵的精神财富和科学真理。人类的文化其实大多是“慢文化”。毫不夸张地说，庐山的人文景观就是“慢生活”的产物与结晶，庐山就是中国“慢文化”的主要策源地之一。

赋诗一首，颂庐山“慢文化”：

超凡脱俗“桃花源”，宁慢勿快出圣贤；
山高水长古往今，文博学渊渐大全。

二、寻觅“慢生活”已成为现代人的最佳生活方式

工业革命宣告了人类长达数千年的“慢生活”的终结与“快生活”方式的开始。地球自转速度未变，人类社会却由“慢”变“快”。一切人类活动都围绕着“快”：经济转型变得越来越快，交通工具变得越来越快，通信变得越来越快，科技创新知识积累要求更快，文化艺术的创造也要求更快，建造活动也越来越快，人们的生活节奏、消费习惯也要求更快……

改革开放之前，中国失去了发展的大好时光，目睹世界的大变，迫不及待要迎头赶上。一段时期，追求高速度经济增长成为主要目标。经过一代人的争分夺秒，硬是把一个一穷二白的国家变成了经济总量居世界第二，创造了世界经济奇迹。但是为此付出的代价也十分巨大。笔者在《寻觅心灵的家园》一文中指出：“为此也付出了巨大的资源成本、经济成本、环境成本、文化成本和社会成本。”“后两项成本是无法度量，也难以靠经济实力去弥补的。”同时，还潜伏着不少危机和隐患。显然，这种出奇的“快”是不可持续的。

国际社会在经历了近代产业革命、城市化的喧嚣和躁动之后，特别是进入信息时代之后，已经意识到这种快速发展是不可持续的。人们反思了快速发展所带来的种种弊端后幡然醒悟：原来绿色生活、简单生活、回归自然、善待自然、返璞归真、重新享受“慢生活”才是最好的精神抚慰和心灵归宿。于是，自 20 世纪 70 年代起，与当时风行的“绿色运动、绿色革命”同时，倡导“慢生活”、创建“慢城”的思潮和呼声日益高涨。20 世纪末，在意大利小城市布拉率先提出“慢餐运动”，进而推展为“慢城运动”。随后由意大利奥维多等城市

发起国际慢城协会，发布“慢生活宣言”，创建了“国际慢城”。①

“慢生活”的目标体系主要包括：①与自然共生；②与家人及朋友共享愉快时光；③可持续型、环保型生活方式；④鼓励户外及室内运动；⑤鼓励社交互动；⑥保护乡土文化，积极参与文化活动。

“慢生活”所涉及的“慢活动”很多，包括：慢都市化、慢居住、慢园艺、慢艺术、慢交通、慢时尚、慢科学、慢阅读、慢饮食、慢建筑、慢教堂、慢婚礼、慢旅游、慢设计、慢媒体等。可以说，“慢生活”渗透于我们日常生活的方方面面中。

“慢生活”不仅是一种生活方式，更是一种价值观与人生观。它让人们重新认识生命的意义和价值，重新定义人生的奋斗目标和途径。急功近利、急于求成往往违背大自然与人类成长的规律，带来的不是大自然的惩罚，就是社会文明的败坏和人们灵魂的缺失。我们再不能“像热锅上的蚂蚁”，为了一时的贪欲和快活，而忘了初心，忘了根本，忘了人活在世上的真正价值。

“慢生活”与“绿色生活”又是一对孪生兄弟。某种意义上，“慢”就等于“绿”。人们放弃或少开汽车，尽量采用步行或公共交通，这既是一种“慢交通”，又是一种“绿色交通”；人们选择生长缓慢的有机动植物食品，既是一种“慢饮食”，又是一种“绿色食品”；人们恢复传统的购物习惯，即享受逛街交友并尽情观赏城市百态的乐趣，这既是一种“慢购物”，又是一种绿色消费行为；人们重新回到图书馆、博物馆，在充满文化的氛围下平心静气地去阅读和学习，真正充实和净化自己的灵魂，而不是以浮躁的心态总是靠“快餐垃圾文化”去解闷，这难道不是一种更纯正理性的“绿色学习成长”吗？人们不妨放下手机，全身心去体验身边的亲朋好友近距离的真情流露，换来无法用手机带来的真实体验，难道不是更感性、更富人情味的“绿色人生”吗？凡此种种，人们用“慢生活”不仅换来了自身的健康和绿色生活，而且也换来了整个世界的理性回

① 1999年，意大利奥维多（Orvieto）等4座城市发出“慢城宣言”，提出建立一种新的城市模式，倡导“慢速生活”，奥维多成为第一座“国际慢城”。“国际慢城”标准：人口总数不超过5万人；为倡导“慢生活”理念，在所有公共设施和尽可能多的私人设施上张贴“蜗牛”标志；限制汽车使用，车速不能超过20千米/小时；有环保型城市污水生态处理系统；必须定期接受国际慢城协会的检查等。截至2019年7月，共有262个国际慢城分布在全球30个国家和地区。其中，中国已有12个（江苏省高淳县桠溪镇、广东省梅州市雁洋镇、山东省曲阜市石门山镇、广西壮族自治区富川瑶族自治县福利镇、浙江省温州市玉壶镇、安徽省宣城市旌阳镇等）。（以上说明由胡洋根据网络资料整理提供）

归与科学发展，何乐而不为?

三、庐山理应成为当下中国最理想的“慢乐园”

斗转星移，时光荏苒，庐山饱经岁月的雕琢和磨砺，早已物是人非了。然而，无论是令古人魂牵梦萦的“桃花源”还是令今人心驰神往的“人文圣山”，其实这里处处留存着“慢生活”所孕育的传奇和基因。应该说，庐山不仅在古代是中国最迷人的“慢生活”“慢文化”之源，而且理应是当下中国最理想的“慢乐园”。这才是符合科学发展的上乘之策。

（一）由“快旅游”向“慢旅游”转型已是趋势

在当代中国旅游大潮冲击下，几乎所有稍有名望的风景名胜区、旅游区、历史文化名城等，都变成了逢年过节人们蜂拥而至的旅游集市。乘兴而来的人们，一头扎入滚滚人流之中，来去匆匆，走马观花、浅尝辄止、过目就忘、劳心费神、苦不堪言，扫兴而归。这种以“观光游”为主的旅游方式是典型的“快旅游”。在这样的历史大背景之下，庐山的旅游业也不可避免地受到了影响。自20世纪80年代至21世纪初的30年间，庐山上以观光游为主的游客井喷式增长，不仅已大大突破规划所限定的旅游容量[①]，而且已对生态环境造成了不可逆的负面影响。当然，由此也使庐山的旅游收益迅猛增加，可以说，其中绝大部分是靠门票收益获得的，也就是靠观光游，或是“快旅游”获得的。游客在庐山上以观光旅游为主，停留时间一般控制在12小时内。这种主要依靠门票收入的“快旅游”还会持续一段时间。只不过随着国家逐步推出“带薪休假”制度后，所谓“黄金周”式的“短平快”旅游或演变成“马拉松”式旅游。即使如此，人们仍不能完全摆脱以“快旅游”为主的旅游方式。

当今中国的旅游消费需求已经由单纯的观光游向度假游等转化，也就是由“快旅游”向“慢旅游”转化。单靠门票收益的景区管理运营模式也在逐步淡出

① 根据《经济观察报》2014年5月5日刊登的文章《“公地”庐山》，2013年，庐山景区接待游客高达1003万人次，旅游总收入突破100亿元。而根据2012年8月国务院审查批准的2011版庐山风景名胜区总体规划限定，游客容量应控制在每年不超过200万人次。

市场。与此同时，国内旅游市场上一些创意新颖、花样繁多的旅游产品和业态正在悄然兴起，包括“旅游+农业”“旅游+生态”“旅游+养生”“旅游+养老”“旅游+文创”“旅游+医疗”“旅游+教育”“旅游+商业”“旅游+演艺”“旅游+科技”“旅游+工业”“旅游+互联网”等。这些附加的旅游资源使旅游的外延全方位扩展了，其中不少符合“慢旅游”的趋势和要求。当然，无论“+”什么，无非都是为了使旅游特色更突出，旅游服务更到位，旅游运营更专业，旅游价值更提升，也使旅游资源保护更有效，从而使旅游品质更好、更持续。

（二）庐山理应定位为“慢乐园”

在这种差异化市场竞争日趋激烈的新常态下，有必要重新思考庐山旅游的定位和模式。笔者认为，庐山理应定位为当下中国最理想的“慢乐园”，并引入一些“慢旅游”的概念，使“快旅游”模式尽快向“慢旅游”模式转型才是明智的选择。即使旅游的转型还不足以实现真正意义上的“慢生活”，但这是从现实出发、因势利导、顺势而为的举措。

历史上的“桃花源”终究是陶渊明时代的产物，而今天的“慢乐园”应该是“桃花源”顺理成章的现代升级版。两者既有相通之处，又有时代之别。相通的是：在精神意念上都向往回归自然、眤依乡里、远离闹市、寻求安宁，在人居环境上都追求充满梦幻与诗意的栖居，在空间意向上都迷恋柳暗花明、山清水秀、桃红柳绿、田园风光。时代之别在于：现代人已不可能再住进四面漏风的茅草屋中，重复勤耕苦读、粗茶淡饭，“两耳不闻窗外事，一心只读圣贤书”“躲进小楼成一统，管它春夏与秋冬”的与世隔绝的归隐生活了。现代化使人们对“慢生活”的需求更多元、更丰富了。同时，现代化提供的各种便利、快捷的设施和服务其实都是为人们赢得更多的空闲时间，这种“快”就是为了让人们“慢”下来。

因此，除了庐山已有的再现“桃花源”空间意向的康王谷之外，我们完全可以通过各种“慢旅游”的方式和概念去培育和打造更多既与“桃花源”相通又有别的新时代的“慢乐园”。

庐山所具备的物质和精神要素，即充盈着“慢生活”“慢文化”的自然与人文景观资源，恰好为一些体现“慢生活”“慢文化”的“慢旅游”产品和业态提供了施展的舞台。简述如下。

（1）旅游 + 文创。庐山是中国山水、田园诗画的发源地，王羲之、慧远、陶渊明、谢灵运、鲍照、李白、白居易、顾恺之、宗炳……自古至今的文化艺术巨匠都在庐山创造了文化传奇而闻名遐迩，这说明庐山十分能激发人们的创作欲望和灵感。每年成功举办的庐山水彩画写生和书法摄影创作均广受好评。因此，这里作为文化创意的场所是再理想不过了。但是要特别注意区分游客可进入的展示区和限制进入的创作区。

（2）旅游 + 博览。庐山既是中国古代人文精华的集中缩影，又是近代中国文化变迁的集中体现。这里可以展示的物质与非物质文化遗产都十分丰富，并有待进一步挖掘和整理。可以创建各类博物馆及文道，形成自古至今多视角全景式（实体 + 虚拟展示）博物馆和文道、慢道系列①，不必求全求大，只要有创意、有专题即可，既可供一般游客观赏，又可供专业人员研究之用。此项功能与文创功能相辅相成，相映成趣。这势必成为庐山文化旅游一大特色，也可促进“慢旅游”的发育。

（3）旅游 + 生态。庐山具有最典型的亚热带及温带的生态多样性，同时又是中国唯一濒大江大湖的生态名山，堪称生态保护与生态旅游的范例之一。特别要注意恪守《庐山风景名胜区核心景区专项保护规划》，提升庐山植物园、庐山自然保护区的生态保护水准，同时进行适度的旅游活动，并开放九江市庐山茶叶科学研究所有机茶园、食用菌养殖基地等，与园艺、种植业等相结合，开展限制容量的有控制的旅游活动。

（4）旅游 + 养生、养老。庐山优越的自然环境和人文环境为养生、养老提供了得天独厚的条件。人们既可以享受古代“桃花源”式的养生体验，又可以享受现代“慢生活”的良好品质，可谓两全其美、其乐无穷。如果能配合上精细周全又物有所值的服务，把医养结合起来，真可以把庐山变成现代“桃花源”式的养生天堂。

（三）宜提倡一些公益性活动

需要纠正的一种偏见是，并不是只有旅游才能实现庐山由“快”变“慢”的转型升级，某些很少或不带商业功利色彩的公益活动也应加以提倡和推动。

---

① 可参阅本书《牯岭洋房阅天下——庐山东西谷别墅区的规划评价与科学利用》《文道寻踪觅圣贤——庐山文化寻踪与文道规划》两文。

（1）教育（修学）活动。庐山自古就有儒学教育的传统，白鹿洞书院不仅是“庐山国学”的发源地，更重要的是创立了一种独树一帜的办学模式和规制，符合现代教育的规律。这对现代办学仍有示范和启迪价值。完全可以白鹿洞书院为基地，借鉴其办学模式，创办新时代的中国国学院。

（2）修行（宗教）活动。庐山一山多教，既是佛教“净土宗”发源地，吸引着海内外信徒纷至沓来，又是道教圣地之一，基督教、天主教、伊斯兰教等都有传教兴旺的历史。随着宗教信仰潮流在中国民间的兴起，这里也势必会成为广大信众日益向往和朝拜的重要目的地。

庐山要成为现代升级版的“桃花源”，即“慢乐园”，绝非以上举措而能一蹴而就的。需要庐山社会各界秉承科学发展理念，砥砺同心，立足现实，放眼未来，顺应当代人们对“慢生活”及回归自然、返璞归真、绿色生活的向往与追求，殚精竭虑、坚持不懈，必将“快”去“慢”来，修成正果。

（四）后疫情时代的思考

2019 年以来席卷全球的新型冠状病毒疫情，不仅严重冲击了人类的正常生产生活秩序，而且将对人类未来产生长期且深远的影响。人类终将战胜疫情，并汲取应对突发公共卫生灾难的教训。在后疫情时代，如何建构人类新的人居环境已经提上议程，这涉及人居环境从宏观到微观的方方面面，其中倡导更卫生、更健康、更绿色的生活方式则是必然趋势。人们的旅游休闲需求也会适应常态化疫情防控要求，从而呈现出更理性、更多样、更悠闲的特点。对于“慢生活”方式的追求将会是重要选项。届时，“慢生活”不仅将深入人心，而且将催生出各种各样的物质空间与精神生活方式。庐山已经具有的“慢乐园”“慢旅游”“慢生活”等将引领时代潮流，成为中国未来人居环境发展的导向性范例，造福当代，利在千秋。

文道寻踪觅圣贤

——庐山文化寻踪与文道规划

金笠铭　王　莹*

文化寻踪与文道规划已成为国际上日益升温的趋势，于20世纪80年代在欧洲国家开始兴起，并由欧盟大力推进。我国历史文化源远流长，是文化寻踪和文道规划取之不竭的源泉。庐山是中国首屈一指的人文圣山，是中国文化的缩影，集中了很多重大历史事件和著名人物，为文化寻踪和文道规划提供了难得的舞台。

一、国际文化寻踪与文道规划新趋势

（一）文化寻踪的兴起

随着文化遗产保护与利用日益成为全球热衷的价值追求，一股深度的文化寻踪与文化旅游热正在升温。参照重庆大学黄天其教授的研究成果，这股寻踪与文化旅游热的主要特点可概括为：①文化的差异性和专属性成为社会共识，并成为人们更热衷的旅游休闲与精神生活追求；②文化的形成演化路径成为文

① 金笠铭，清华大学建筑学院城市规划系教授；王莹，北京清华同衡规划设计研究院有限公司项目经理。本文成稿时间：2018年10月。

化构成不可或缺的要素，亦成为部分人群更加关注和寻觅的兴趣点；③文化旅游已由低层次文化消费转变为较高层次的文化养育与文化信仰；④是人居环境建设由物质空间升华至精神空间的高级境界。

20 世纪 80 年代，欧洲国家开始探索文化寻踪与文道规划，并于 1987 年由欧盟理事会正式推动文道计划[①]，使其方兴未艾发展起来。营造多主题、多线路的文道已成必然趋势。

（二）文道规划的要点

以影响后世社会、经济、文化、科技、军事等进程的重大事件、著名人物等为主题，以特定事件或人物的历史记载、人生轨迹为线索，将单个的文化单元有机串联，形成可体验的动态乐章和场所，为此进行的文化寻踪意义的空间路线规划，简称文道规划（cultural routes planning）[②]。

有些文道以重大历史事件为背景，把与发生此事件有关联的地点、路线、场景串接起来，进行事件描述和空间整合，最大程度上再现此事件发生演变的历史史实，但也预留出供寻踪者想象和探索的空间与疑似物。此类有代表性的文道包括：罗马帝国兴衰之路、欧洲罗马风建筑之道、跨越欧亚大陆的丝绸之路、北欧海盗航路、文艺复兴之路、哥特建筑发祥之路、欧洲犹太人足迹线路等。

有些文道则以著名人物的人生轨迹为脉络，将他们一生中所经历的主要地点、路径、场景串接起来，进行文化梳理和空间整治，最大程度上再现此人的人生历程和精彩瞬间，也要预留出供寻踪者想象和探索的空间与疑似物。此类文道很多，笔者设想有以下文道可供参考。例如，文学家文道：大、小仲马著作之路，雨果文学之路，狄更斯文创之路，列夫·托尔斯泰文创之路，安徒生童话世界等；音乐家文道：莫扎特毕生音乐之路、大卫·施特劳斯多瑙河之曲、肖邦的音乐之旅、贝多芬音乐人生等；画家文道有：毕加索艺术之路、米开朗琪罗艺术之路、塞尚印象派之路、达·芬奇艺术世界等；建筑大师文道：勒·柯布西埃建筑之路、鲍豪斯现代建筑之旅、高迪创作之路等；科学家文道：

---

① 欧盟理事会于 1987 年关于文道建设的扩充特别协定（Enlarged Partial Agreement on Cultural Routes），目标是通过时间与空间中的旅游展示不同国家和文化对共同的文化遗产所做出的贡献。

② 欧盟理事会对文道规划与实施确定的基本原则是：人权、文化民主、文化多样性和特色、对话、跨国界和跨世纪的交流与丰富。

达尔文探索之路、哥白尼真理之路、诺贝尔文道、马克思著作之路、居里夫人科学之路等；政治军事家文道：恺撒大道、斯巴达克征战之路、拿破仑征战之旅、戴高乐将军救国之路、撒切尔夫人从政之路等；宗教朝圣及其他文道：耶稣殉教之路、圣·保罗殉教之路、特蕾莎修女布道之路、马可·波罗游线等。[①]

虽然欧洲各国经历了多次战乱，但由于官方及民间一直重视、保护历史遗存和传统空间景观风貌，可以在较大程度上还原当时的历史瞬间，为文道规划提供了大量可考证的空间场景和疑似物。[②]

中国历史文化博大精深、源远流长，有价值和意义的历史事件和传世名人不胜枚举，这是文化寻踪与文道规划取之不尽、用之不竭的源泉。不利的是，由于历史上的战乱和近代的人为破坏，不少历史遗存已面目全非或碎片化，很难恢复原本的状态，这给文化寻踪和文道规划带来了相当大的难度与挑战。

二、庐山文化寻踪评析

庐山某种程度上是中国文化的缩影，是历史事件与著名人物高度集中的人文圣山，是联想性的“世界文化景观”遗产，其人文景观资源十分丰富，且可供寻踪的历史遗存尚大量存在，这就为文化寻踪与文道规划提供了可能。

（一）具有寻踪意义的重大事件

自古至今，在庐山上发生了很多影响中国乃至世界的重大事件。这些事件涉及的范畴很多。从文化寻踪角度看，有些事件是以庐山为策源地，而后波及其他地区；有些事件的策源地不在庐山，但庐山是这些事件延展的重要节点。同时，围绕这些事件还有不少名人，也是文化寻踪的重要对象。

1. 以庐山为策源地的重大事件

这类事件比较有代表性的有以下 6 种。

---

① 以上所列各类文道为笔者所意向推荐的，并非正在实施的。

② 欧盟理事会批准的欧洲文道名录包括：主要文道（宗教、朝圣、欧洲历史和欧洲人物寻访、寺院、维京和诺尔曼人遗址等），普通文道（乡村居民点、欧洲军用建筑、历史和神话人物、哥特式建筑观赏文道、欧洲工业遗产等），并颁发正式证书。

（1）佛教“净土宗”发源地。以庐山东林寺的慧远高僧为核心人物，他在长达35年间深居庐山东林寺，潜心研究印度佛教经典《阿弥陀经》《往生论》等，并与中国佛教教义相结合，提出观佛、念佛、修学不一定通达佛经、广研教乘，不一定静坐专修，只要一心称颂“南无阿弥陀佛”，并始终不怠，即可以往生净土。此教义不仅使佛教更具有中国乡土特色，而且更加社会化、大众化，更宜为广大民间信徒接受。故此，慧远法师被称为“净土宗”始祖。此教义广为流传、影响深远。据史料记载，唐高僧鉴真东渡扶桑时，就将“净土宗”教义传入日本。至今，庐山东林寺仍是亚洲各国佛教界推崇信奉的“净土宗”发祥地。

（2）宋明理学的发源地。以南宋著名理学家和教育家朱熹为首，在庐山五老峰南后屏山之阳的白鹿洞书院大兴儒家理学。他在此 3 年期间，重新整修校舍，制定《白鹿洞书院学规》。此学规以理学为基，把教学要求、学术研究、学习方法融为一体，不仅是中国教育史上的一大创举，也是对世界教育史的一大贡献。他不仅由此开创了“庐山国学”，大大丰富了中国国学宝库，引领中国思想界达 700 余年，而且远播海外，名闻天下。白鹿洞书院由此也无愧为中国古代四大书院之首，并堪称是世界上最早的高等学府。[①] 它形成了三个办学传统，一是以自学为主，二是启发式教学，三是在课堂上开展学术讨论。这成了中外高等教育的传家宝。美国著名汉学家费正清主编的《中国通史》中曾高度赞扬这一中国书院的传统。日本冈山县井原市兴让馆自 1852 年创办以来，一直把《白鹿洞书院学规》作为办学宗旨。白鹿洞书院“始于唐，盛于宋，沿于明清”，历时千余年，培养了数以千计的杰出人才，发扬光大了中华文明。

（3）山水、田园诗文画发源地。庐山是公认的中国山水、田园诗文画的发源地，其开创者作品均与庐山结缘，如东晋谢灵运的《登庐山绝顶望诸峤》，南朝鲍照的《登庐山》《登庐山望石门》均是中国最早的山水诗之一。唐朝大诗人李白曾 5 次登临庐山，且又偕妻在此长住，留下多首脍炙人口的诗句，其中的《望庐山瀑布二首》是中国山水诗中的极品，在全世界华人中广为传颂。庐山是李白人生中辉煌精彩的历程，有关李白的遗迹在庐山比比皆是。[②] 庐山东林寺高僧慧远写的《庐山诸道人游石门诗》则是开了中国山水散文的先河，意蕴深远。

---

① 白鹿洞书院创办于公元 940 年，埃及爱资哈尔大学创办于公元 982 年，英国牛津大学创办于 1168 年，法国巴黎大学创办于 1200 年。

② 为纪念李白，庐山上的一些景点以他的诗句命名，如黄云观、青莲寺、青莲谷、日照庵等。

东晋的陶渊明更与庐山交集甚密，他的《归去来兮辞》《桃花源记》开创了中国田园诗风，且一发而不可收。他隐居庐山康王谷达二十余年，并卒于庐山，留下不少可供后人寻踪的遗存和疑似物[①]。

东晋画家顾恺之绘制的《庐山图》是真正意义上的中国第一幅山水画。宗炳的《画山水序》则是第一篇真正意义上的中国山水画论，也是世界上最早的山水画论，他充分肯定了顾恺之在山水画上的杰出贡献。以庐山为题材的山水风景画成为中国历代名画家趋之若鹜的艺术探求。

（4）中国近代第一家植物研究基地。1934 年，以植物学家胡先骕、秦仁昌、陈封怀为首，在庐山五老峰西麓创立了庐山植物园，成为中国近代第一家植物研究基地，也是中国唯一的亚热带高山植物园。此后，庐山植物园成为不少地方兴办植物园效仿的样板。胡先骕等也成为中国近代植物研究的奠基者之一。

胡先骕早年在《庐山之植物社会》一文中对庐山上的植物有十分精妙的描述。[②]而庐山植物园除种植了庐山上各种珍稀植物品种外，还引进了国内外不少植物种类。其园内现有植物种类仍是国内植物园的翘首，仍旧具有很高的研究和观赏价值。庐山植物园据此可谓华夏植物第一园，为植物学人、爱好者提供了难得的课堂，也为旅游者提供了极好的观赏学习场所。

（5）“第四纪冰川说”的发源地。地质学家李四光曾于 1930 年、1932 年两次到庐山考察冰川遗迹，并于 1933 年发表《扬子江流域之第四纪冰期》。他在此基础上又于 1937 年正式出版学术专著《冰期之庐山》，正式提出“第四纪冰川学说”。

此学说当时轰动了国内外地质学界，且澄清了国外地质界认为中国第四纪无冰川之说，这是李四光先生的一大学术贡献。庐山现存不少第四纪冰川遗迹，甚为珍贵，已经联合国认可为世界地质公园。这不能不归功于李四光先生的学术成果。而除了庐山之外，形成第四纪冰川的地质面貌还有多处，这些均成为地质工作者、爱好者、探险者感兴趣的寻踪探秘的场所。

（6）中国近代工业文明生活方式的策源地之一。考察中国近代建筑史，由清华大学汪坦教授领衔、张复合教授、彭开福先生、欧阳怀龙先生等致力于庐

---

① 庐山康王谷与陶渊明《桃花源记》中所描述的景物极为吻合。有关专家考证，认定康王谷为《桃花源记》中所说的世外桃源的原型。

② 胡先骕在《庐山志》中的《庐山之植物社会》一文中评价庐山“卉木蓊郁，多琪花瑶草，春夏艳发，至为美观”。庐山植物园为高山植物园，占地 4000 余亩，植物 5500 余种，其中除庐山特有的多种植物外，其余多从世界各地采集。珍稀植物达 157 种。

山近代建筑研究，已有相当丰富的成果证明[①]：自19世纪末叶以来，庐山已经在中国率先引进了欧美发达国家的建筑和房地产开发、城市规划的理论与做法，具有相当大的示范效应。笔者认为，这是现代工业文明不可遏制的必然趋势。从某种意义上看，庐山近代建筑的兴起实际上是现代工业文明对落后的农耕文明的一大挑战和冲击。不能仅仅从建筑学角度去考察这一现象，而要从更大的社会经济背景下多角度地去审视。牯岭的开发宣示了工业时代的生活居住方式已经开始唤醒昏睡了多年的华夏大地，一个适应新的工业文明的城市模式、规划模式、开发模式等所产生的影响远远超过数百栋别墅建筑本身。从此，伴随着近代一系列社会、经济、文化的疾风暴雨般的革命，中国步履蹒跚地进入了一个全新的时代。

2. 以庐山为重要节点的重大事件

进入近代以来，中国社会风云变幻，一系列重大政治事件都与庐山紧密关联，影响这些政治事件的人也与庐山结下不解之缘。

（1）国共两党的重要政治舞台。1949年前，庐山曾作为国民政府的“夏都”。而当时作为国民党领袖的蒋介石曾多次在庐山为国共之间的事宜做出过重大决策，也曾为抵御日本侵略者的侵略发出全国动员令。这些都在一段时期内对中国的社会走向起到了决定性的作用。这方面的论述已很多，本文在此无须赘述。庐山上很多建筑就是这段历史的见证[②]，这就为人们考证重温中国近代史留下了“石头的史书”。

（2）中国共产党做出重大决策的重要场所。1949～1971年，庐山成为中国共产党几次重要会议的场所[③]，这几次会议曾经在很大程度上推动了新中国的发展进程。尽管这些重大决策中有些带有时代局限性，但它们作为必须深刻反思的历史教训，也使中国共产党更加成熟和坚强了。从中国共产党成长壮大的历史进程来看，这只不过是一个插曲而已。人们也能从中通过正反两方面比较，更加深刻地领悟到实现中华民族伟大复兴是多么艰难和曲折。

---

① 详见本书《牯岭洋房阅天下——庐山东西谷别墅群的规划评价与科学利用》一文。

② 20世纪30年代，民国政府在庐山修了三大建筑：传习学舍、图书馆、大礼堂，以及蒋介石、宋美龄曾居住过的美庐、其他中外名人居住过的故居等。

③ 20世纪50年代至70年代初，中国共产党在庐山大礼堂、芦林1号等处召开了3次重要会议，很大程度上决定了当时中国的政治走向。

（二）具有寻踪意义的传世名人

与庐山有各种关联的传世名人，是彰显庐山文化及至中华文化的主要载体。据民国时期吴宗慈编写的《庐山志》记载的有据可考的历代名人有1500余位。之后又经历民国和新中国时期，名人又增加不少。对于这些名人可以有若干种分类。

有按名人生活的年代进行分类的，有按名人的身份背景进行分类的，也有按某些重大历史事件对政治名人进行分类的等[①]。

从具有文化寻踪意义的角度考虑，则有必要从如下因素对名人进行研究考证（表1）：①其主要的或具有代表性的活动发生在庐山，并有相当多的历史遗迹可供后人考证和体验；②其有关于庐山的具有相当学术价值和史学价值的文献资料可供考证与研究；③其在庐山的活动与其在异地的活动有必然的联系，这些活动是构成某些重大历史事件或重要发现必不可少的；④其对庐山的发展做出过突出贡献，从某种意义上改变或书写了庐山的历史。

表1　登临庐山的历代中外名人简介（部分，共计35人）（公元前16世纪～公元20世纪末）

大禹	秦始皇	汉武帝
据司马迁《史记·河渠书》记载："余南登庐山，观禹疏九江。"这是有关大禹治水登临庐山的最早记录。现庐山仍有大禹来此治水的遗迹，如大汉阳峰上的禹王崖、鄱阳湖中的大孤山（鞋山）	秦始皇南巡，"浮江下"，曾登临庐山紫霄峰和上霄峰	据郦道元《水经注》："秦始皇、汉武帝及太史公司马迁，咸升其岩，望九江而眺钟、彭焉。"
司马迁	**慧远高僧**	**顾恺之**
在其所著《史记·河渠书》中最早记录了"庐山"地名，云："余南登庐山，观禹疏九江"	曾深居庐山东林寺长达35年，潜心研究印度佛教经典，创立中国佛教"净土宗"。曾著有《庐山集》（经、论、序、铭、赞、记、诗等共10卷），《庐山诸道人游石门诗》开创了中国山水散文先河	东晋著名画家，其所绘《庐山图》是真正意义上的中国第一幅山水画作品

① 熊炜，徐顺民，崔峰．庐山与名人[M]．北京：旅游教育出版社，1997：5-10.

续表

陶渊明	谢灵运	陆静修
其著《归园田居》《归去来兮辞》《桃花源记》均是田园诗的经典之作	为中国山水诗主要创始人。代表作有《登庐山绝顶望诸峤》《入彭蠡湖口》等	于461年来庐山，建太虚观，使庐山道场大发展；在此潜心编辑道藏，为中国早期《道藏》编辑者
鲍照	鉴真高僧	李白
南朝著名诗人。其诗作《登庐山》《登庐山望石门》等为中国最早的山水诗代表作	唐朝著名高僧。750年鉴真至东林寺，为智恩和尚受戒。753年，鉴真东渡日本，将东林教义传播到日本	唐代大诗人，为中国山水诗泰斗人物。一生5次游庐山，共有14篇歌咏庐山的诗篇，其中不乏传世精品。至今庐山还有青莲谷、青莲寺、日照庵、黄云观等以其名字或诗句命名的景点
杜甫	白居易	李璟
唐代大诗人，被称为“诗圣”，留下了多首歌颂庐山的诗作	唐代大诗人，为中国田园诗泰斗人物。曾在庐山香炉峰北、遗爱寺南兴建庐山草堂，亦称“遗爱草堂”，并有《庐山草堂记》《香炉峰下新卜山居、草堂初成，偶题东壁》诗篇	南唐元宗，其登基前曾斥资在庐山购地，营造读书台，就读其中，为庐山后续变为修学之地奠定了基础
范仲淹	欧阳修	苏轼
宋朝著名政治家、文学家，于1039年邀请梅尧臣同游庐山，并留有题咏	宋朝著名文人。曾于1053年游庐山会弃官隐居庐山好友刘凝之，题写《庐山高赠同年刘中允归南康》，为此曾建庐山高石坊	宋代文学家、书画家。与蔡襄、黄庭坚、米芾并称“宋四家”。早年曾在九江整治浔阳湖，而后以此为范本整治杭州西湖，形成“横绝天汉”的美景。写有《石钟山记》《题西林壁》《庐山二胜》等名篇。其中《题西林壁》中的“不识庐山真面目，只缘身在此山中”成千古绝句
岳飞	陆游	朱熹
南宋抗金名将。1136年岳母姚太夫人葬于庐山株岭“卧虎砥尾”处，岳妻李氏葬于株岭“飞燕投河”处。岳飞在庐山有题咏	宋朝著名诗人。曾于1170年、1178年两次游庐山，并有题咏	南宋理学大师。于1179年在庐山大力复兴白鹿洞书院，大兴宋明理学，并使白鹿洞书院成为中国古代四大书院之首

续表

朱元璋	唐寅	王阳明
明朝开国皇帝。曾在创业时与庐山有不解之缘，洪武年间，他下诏封庐山为岳，从此，庐山与“五岳”并列	曾多次游历庐山，题《登庐山》诗，作《庐山图》轴，为古代山水画之精品之一	明代思想家。曾来白鹿洞书院讲学。庐山天心台又名王阳明观象台，以纪念这位学者
徐霞客	康有为	詹天佑
明朝大旅行家、大探险家。著有《游庐山日记》，对庐山有详尽描述	清朝末年“戊戌变法”的主要发起人，后变法失败、流亡日本。曾于清末和民初（1918年）二上庐山，为普超书的“血经”题跋和“黄龙寺”匾额	“中国近代铁路之父”。曾于20世纪20年代上庐山休养度假
李德立	胡适	李四光
英国传教士、汉学家、商人。1886年来华传教。后于1895年到庐山，签《牯牛岭案十二条》租借牯岭长冲谷。又经10年经营，终将此处建成为英国自然式园林式的多国别墅区	1928年4月，他把庐山2000余年历史概括为“三大趋势”：慧远的东林，代表着中国佛教化与佛教中国化的大趋势；白鹿洞书院代表中国近七百年宋学即理学的大趋势；牯岭代表了西方文化侵入中国的大趋势。曾写有著名的《庐山游记》，住正街32号的胡金芳饭店	中国著名地质学家。他曾于1930年、1933年两次上庐山考察冰川遗迹。以此为基础，于1937年正式提出“第四纪冰川学说”。庐山住址于1972年被烧毁
徐悲鸿	林语堂	赛珍珠
中国近代著名画家和现代美术事业的奠基人之一。20世纪30年代常来庐山会友，与诗人陈三立深交并绘有多幅庐山风景画。常住松门别墅	中国近代著名文人。1934年游庐山并著有《吾国与吾民》	美国著名女作家。曾以描写中国农民生活的《大地》一书获1938年诺贝尔文学奖。年幼时曾跟随布道的父亲在庐山牯岭的美国学校就读，后多次上庐山写作。曾住牯岭中四路12号
刘海粟	徐志摩	
中国近代著名画家。曾于1956年游庐山，创作《庐山含鄱口泼墨图》。曾住东谷脂红路	曾于20世纪30年代登临庐山，并对建造牯岭别墅的庐山工匠给予了高度评价，创作《庐山石工歌》等诗，赞庐山石歌：“谱出我们汉族血赤的心声！”	

（三）庐山文道规划要点

1. 文道规划的初步设想

（1）文道规划的意义

第一，文道规划是提升和保护庐山人文景观价值的一项重要举措，既能进一步挖掘这些人文景观的历史脉络、文化内涵、核心要素，又能使这些人文景观通过梳理整合、提升，达到更好、更精、更有效保护的目的。

第二，文道规划是提升和发展庐山旅游的必然选择。庐山的旅游要尽快走出只走增量升值的老路，必须在提升和培育深度专项旅游与旅游品质上下功夫。其中伴随文道的开拓，必然会推动更高层次、更深体验、更具品位和价值的文化游、科考游、修学游、寻根游等的发展，完成庐山旅游的跨越和转型。

第三，文道规划有利于化解困扰庐山“一山多治”的“公地悲剧”。由于文道规划以历史事件和杰出人物的行为轨迹为脉络，不受地域的局限，可以在很大程度上摆脱现行管理体制画地为牢的束缚（不仅局限在江西省及庐山），恢复其历史的真实场景和路径。由此牵一线而动全局，能自然而然进行更大区域的人文景源的整合和互动，从而使各方参与，多方联动，共享受益。

第四，文道规划可更充分彰显中华文化精华。庐山集中了历代杰出文人数以万计的华美诗篇，可谓名副其实的“人文圣山”和“中华诗山”，可以把庐山作为“中华诗词览胜”中的重要节点之一，与国内其他诗词胜地相串联，以更好地弘扬中华诗词文化。

（2）文道规划的组织

第一，文道规划的论证与策划。可优选有代表性、示范性的重大历史事件和杰出人物，由专业团队先进行专题调研和研究，提出策划案，再组织相关专家进行充分论证，确定文道规划的概念和规划意向方案（表2、图1、图2、图3）。

表2　庐山文道规划一览表

类别	序	文道名称	历史时期	备注
历史事件	1	佛教“净土宗”	东晋	策源地
	2	宋明理学	南宋	策源地
	3	山水、田园诗文画	东晋	策源地

续表

类别	序	文道名称	历史时期	备注
历史事件	4	中国植物园	民国	策源地
	5	第四纪冰川学说	民国	策源地
	6	中国近代工业文明	晚清、民国	策源地之一
	7	国共两党发展史	民国	策源地之一
	8	中共发展史	中华人民共和国成立后	策源地之一
传世名人	1	“诗仙”李白	唐	重要节点
	2	大诗人白居易	唐	重要节点
	3	陶渊明田园	南北朝	主要场所
	4	苏轼（苏东坡）	北宋	重要节点
	5	徐霞客游道	明朝	重要节点
	6	毛泽东	中华人民共和国成立后	重要节点
	7	胡适修学	民国	重要节点

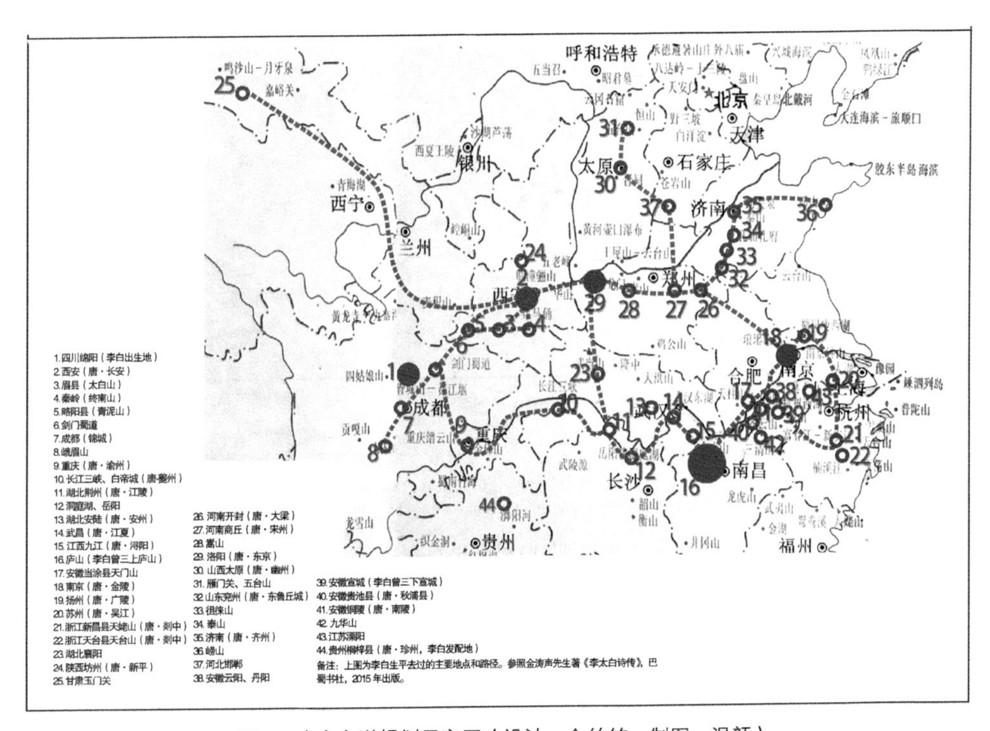

图1　李白文道规划示意图（设计：金笠铭，制图：温颜）

图注

1.姑塘码头 2.李白草堂 3.海会寺 4.观音桥 5.香炉峰等 6.青莲寺等

7.南康镇 8.金阙 9.太乙峰 10.莲花峰 11.东林寺

注：1、7为李白登岸码头（待考）；2.李白草堂位于五老峰东北屏风叠；8.金阙位置待考。

图2 李白庐山文道规划意向图（设计：金笠铭，制图：温颜）

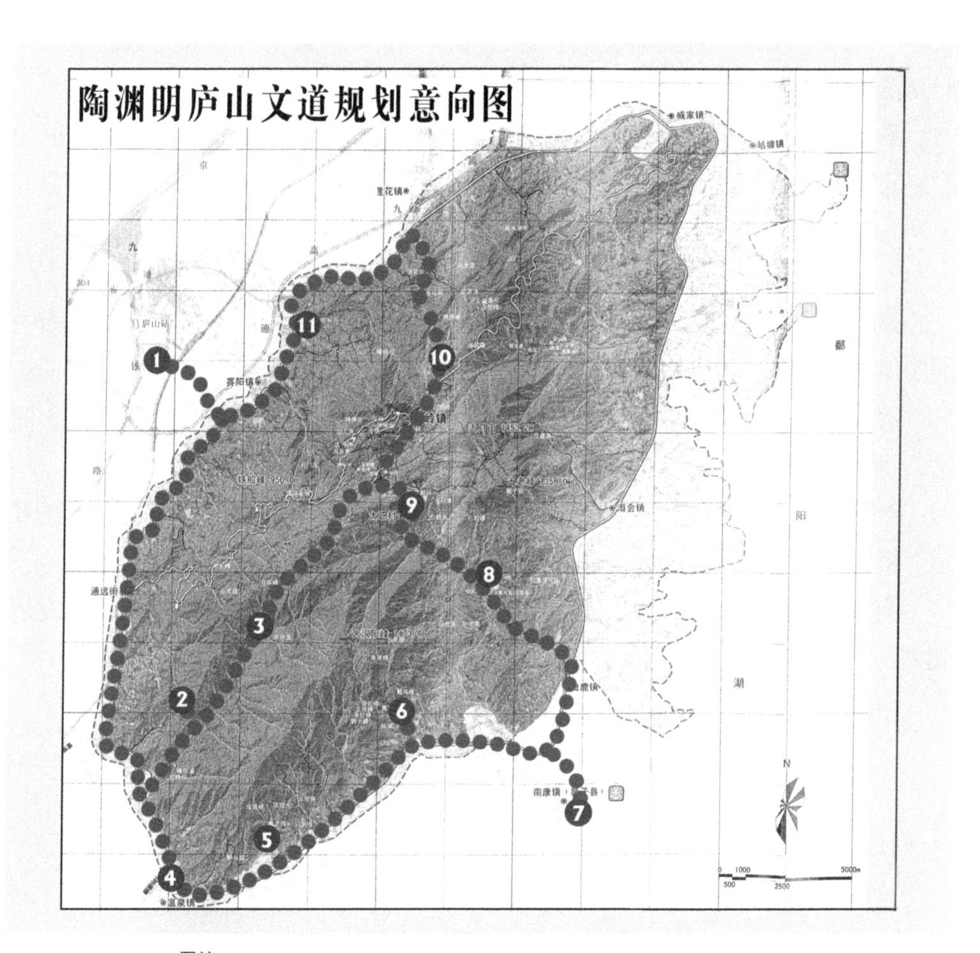

图注

1.陶渊明纪念馆　2.陶渊明墓　3.康王谷　4.温泉镇　5.玉帘泉　6.秀峰

7.南康镇　8.观音桥　9.含鄱口　10.好汉峰　11.东林寺

图3　陶渊明庐山文道规划意向图（设计：金笠铭，制图：温颜）

第二，必须由各方人士参与文道规划的编制和审查过程。其中除专家团队（涉及风景旅游规划人员、文史专家、旅游专家、考古专家、宗教专家、环保专家、地理专家、画家、诗人、作家等）外，还必须有开发经营者、各辖区主管领导、当地原住民、各类游客代表等。只有形成各利益相关方的充分互动，才能真正拿出高水平、高质量的文道规划。

第三，因很多重大历史事件和人物的活动轨迹遍及多地，因此必须有更大时空的考虑，打破区域界限，从更大区域（甚至全国范围）进行庐山文道规划。

2. 文道规划的实施要点

第一，应以实体空间为主进行文道规划，并最大限度地保护和恢复其相关的实体空间要素和历史文化碎片。

第二，可以用虚拟影像及影视手段，突出其文道主题事件和主要人物。同时，可修建小型专题博物馆，汇聚其相关历史信息和文道路线图等。

第三，文道规划宜结合绿道、慢道规划，并打造精品绿道、慢道，赋予绿道、慢道规划更多的文化含义和观赏价值。

第四，将文道规划与建设经营纳入庐山旅游发展规划和经济、社会发展规划。

旅游综合体设想

——旅游综合体研究进展及大庐山旅游发展构想

钱　云*

旅游业作为近年来中国发展最快的朝阳行业之一，已经实现了两次飞跃，即以观光旅游为主到休闲度假为主，再到综合体验为主。旅游综合体建设作为新的发展观念，提倡将传统旅游景区与新兴休闲产业相结合的综合发展模式，获得了国家政策和市场需求的巨大认可。当前学界对旅游综合体建设的发展演变、类型、开发模式、成功案例的综述，以及中国旅游综合体发展的条件和特征等均已取得较为丰富的研究成果。庐山作为历史悠久、发展曲折、声名显赫的传统旅游景区，尽管一度旅游发展徘徊不前，但随着内外条件的转变，已经迎来了建设旅游综合体的良好机遇。本文基于相关理论、经验的总结和庐山自身条件的剖析，提出了建设“大庐山旅游综合体”的一系列策略构想，以期为庐山未来的旅游发展提供有价值的思路。

一、旅游综合体的发展、内涵和特征

（一）旅游综合体的发展背景

旅游业的发展已成为中国国家战略体系的重要内容。2014 年 8 月，国务院

---

* 钱云，北京林业大学园林学院副教授。本文成稿时间：2014 年 2 月。

发布《国务院关于促进旅游业改革发展的若干意见》，提出将发展旅游业这种典型的第三产业作为调整经济产业结构、实现各产业协调发展的重要途径，并强调了旅游产业的升级对于扩就业、增收入、提高人民精神生活质量以及提高生态环境质量的重要作用。对于普通民众而言，“世界那么大，我想去看看”式的情怀日益普遍，旅游活动作为丰富精神生活的重要内容，已逐渐成为生活的常态。

进入 21 世纪，走马观花式观光旅游的增长速度下降，度假休闲旅游的增长速度大幅上升并逐步占据市场主流，这实现了中国旅游业的第一次飞跃转型。随后旅游活动与其他消费行为进一步结合，不断出现各种新型旅游业态。2008 年，杭州首次提出建设一批“旅游综合体”，这是国内首次提出这一概念。至此中国旅游业实现了两次飞跃：观光—度假—旅游综合体，实现了从以粗放型、数量扩张型、基本需求满足型为特征的传统模式向集约化、质量提升型、多样化服务型的综合体式全面转型。

（二）旅游综合体的内涵

“旅游综合体”的概念可追溯至欧美国家早期的“度假综合体”（resort complex）。一般认为，度假综合体指在一定地域内，依托一定的旅游资源，以休闲度假为主要功能，利用土地综合开发，协同发展游乐活动、商业会展、住宿接待、餐饮购物等功能，以提供高品质服务为宗旨的旅游休闲集聚地。欧洲最早的度假综合体以英国的 Butlins 为代表，通常以自然郊野风光为特色，又称为自然度假公园。美国的度假综合体主要从第二次世界大战后兴起，最具代表性的是佛罗里达州和加利福尼亚州迪士尼乐园，一般认为是主题公园模式度假综合体先驱。从游客对象来看，逐渐从贵族专享过渡到面对各阶层、多元化的普通民众，其建设风格从强调贵族文化到实现标准化和多元化，功能越发齐全，规模也越来越大。

上述发展理念传入中国后得以迅速推广。在实践中，中国旅游综合体的发展高度强调其作为产业集群的作用，即利用一定的土地资源，以具有比较优势的旅游资源与区位条件为发展基础，以景区、酒店、高尔夫球等产品为主体和引擎，集观光、休闲、会展、美食、演艺、运动等于一体，多种功能和设施协同发展，以满足游客多种消费需求，提供全方位、高品质服务的旅游综合发展区域。

与传统景区相比，旅游综合体绝不是各类旅游产品的简单叠加，也不是简单的品质提升，而是强调产品之间的协同效应以及附加价值的打造，其竞争力不是简单依赖旅游资源，而是以满足“食、住、行、游、购、娱”等需求的一站式服务为核心，并可提供康体养生、会议展览、休闲居住等多领域的服务。

与曾经火爆一时的旅游地产项目相比，旅游综合体不仅包含的功能更为丰富，而且并不是以独特的自然景观或旅游资源作为卖点，以实现房地产销售为核心目的，而是通过营建丰富的广义旅游活动，满足游客不仅是游憩而且是日常生活甚至包括工作在内的更为多元的需求。

（三）旅游综合体的特征

1. 旅游功能的核心性

在旅游综合体中，旅游功能的核心性通过其作为产业的纽带作用来体现，即大多数旅游综合体仍以传统的景点观光为带动，以集聚人气，并作为多种功能产品叠加的基础，促进各产业相互支撑，形成集群优势。纵观国内如杭州西湖等分期、分区滚动建设的成功案例，这一路径相当普遍。一般在综合体建设前期，以传统景区完善为主，对资金和土地的压力较小；而经过一段时间的经营，获得资金回流，积聚了一定的人气，土地价值上升，能有效引入资金和人才，旅游综合体便可继续扩建，其功能不断丰富完善，最终将其核心竞争力从资源稀缺型转化为高品质服务。

2. 功能业态的复合性

通过旅游活动的纽带作用，旅游综合体在一定的空间尺度里通过高效利用土地，综合利用资源，达到功能多元复合、产业延伸集聚的作用。这些产业项目在空间上是连续的，在功能上是互补的，既能满足传统旅游活动需求，如自然风景游赏、民俗文化体验，也能满足深层次的参与性活动需求，如休闲度假、运动、养生、科普教育等。各功能板块的有机组合，建立协同、互补、高效的服务体系，是为游客提供多样化、高品质旅游体验的关键。

3. 与城乡空间发展的关联性

在空间上，旅游综合体大多与传统的景区远离城镇生产与生活空间的特点截然不同，而是与城镇、乡村发展高度互动、关联发展。一方面，因为旅游综合体一般规模较大、内容复杂，能提供丰富的就业岗位，也需要完善的基础设施支撑，因此与城乡建设发展同步推进可实现良好的资源共享；另一方面，旅游综合体也需要相对稳定的客源市场，并可成为城市休闲活动的重要补充，因此两者的结合也高度符合市场的动力。从国内外经验来看，一般较大型的旅游综合体均位于距离中心城市（或城市群）2～3 小时的行程范围内。合适的区位条件以及相对丰富的土地资源也是旅游综合体建设的重要基础要求。

二、中国旅游综合体发展的现状与趋势

（一）中国旅游综合体发展概况

20 世纪 70 年代以后，“度假 + 休闲”的综合旅游模式开始从欧美国家向亚洲等地传播，随后进入中国。80 年代末，深圳华侨城第一个主题乐园“锦绣中华”建成，可认为是境内旅游综合体的雏形。由于改革开放初期国人可支配收入较低，尚无法大规模消费度假产品，因而相当部分的功能业态被削弱，观光旅游的痕迹还较重。90 年代末以来，“*X* 综合体”的概念开始慢慢进入旅游业。直至 2008 年，杭州市委提出修建 30 个以旅游为核心的综合体的战略规划，旅游综合体终于正式登上历史舞台。

旅游综合体在中国尽管历史较短，但很快就得以飞速发展。这除了大众消费方式的转变导致旅游需求的拓展外，还与中国房地产行业的快速扩张密切相关。近年来，国家和各地方政府多次出台政策，对房地产商在城乡建设中“跑马圈地”进行了层层限制，迫使市场资金流向其他领域，同时积极鼓励和引导旅游、休闲等新兴第三产业发展。两方面政策叠加，史无前例地激发了旅游综合体建设的投资力度，在政府、企业、消费者方面都获得了较高的认可。综上，中国旅游综合体建设的迅速升温是特殊历史条件下，旅游消费模式升级、国家产业结构调整和地产开发模式转型共同作用的结果。这也是中国旅游综合体建设形成自身特色的根本原因。

（二）中国旅游综合体发展的现存问题

总体而言，中国的旅游综合体建设是在投资大举涌入和市场迅速膨胀的特殊时代和政策背景下成长起来的。整个发展过程中，相关专业运作和管理人员极度缺乏，研究和探讨很不充分，因此从长远来看留下了较多隐患。其中诸多不足，与同样快速膨胀的城乡建设活动颇为相似，具体包括如下几方面。

1. 缺少规划，开发无序，注重短期利益

传统的旅游景区建设规模较小、内容单一，且一般远离城乡建设区，因此建设原则一般是“因形就势，减少干预”，也不甚重视经济效益。而以资本驱动的旅游综合体建设初期，一方面缺少相关技术和经验，另一方面片面地追求短期经济效益，因此极少能做到预先总体筹划，更是很少将功能业态、空间布局、品牌营造以及与城乡建设融合等各方面的问题综合统筹。在相当程度上，旅游及相关产品的培育具有不可复制性和不可逆性，这种无序建设的伤害是十分巨大的，极大地制约了旅游综合体的长期发展。

2. 形式为上，内容单薄，内在特色不足

相当数量的旅游综合体建设由于受到房地产开发模式的影响，往往高度注重形式，而忽视其内涵的挖掘，导致无法有效地塑造核心吸引力。在城市快速扩张地区常见的大轴线、大广场、大水系、宽道路、奇奇怪怪的建筑等也被“移植”到旅游综合体建设中，“模仿、抄袭”成为规划设计的主要内容，高度同质化的产品不断出现，而地域环境特色、历史文化内涵、场所精神特点等却常被忽视，甚至被有意破坏和消除，极少被提炼融入旅游产品培育中。

3. 品牌缺乏，持续性差，供给需求错位

部分旅游综合体建设尽管在功能业态和空间结构上合理布局，但在“软件”建设上还相对滞后。尤其是普遍尚未建立品牌意识，不注重品牌形象的打造，以致很难在更大范围的市场上形成带动效应。

由于市场需求调研缺失，供给跟不上需求的步伐，总的来说，现阶段旅游综合体的建设一味讲求“高端大气上档次”，以面向高端消费群体为主，但因为高端消费群体市场空间有限，极易导致供给过剩；而另一端庞大的大众消费市

场却得不到有效满足。

（三）中国旅游综合体发展的趋势与要求

1. 功能模式进一步综合化

近年来，中国旅游综合体发展的首要趋势是，迅速摆脱由于早期市场发育不成熟造成“综合性不高”的先天缺陷。最直接的证据就是门票等传统收入的比例日益降低，同时在人气集聚的基础上，不断完善业态类别，持续延伸消费链条。具体而言，传统旅游活动越来越多地与面向中老年银发游客的康养健身主题消费、面向核心家庭的亲子农事活动体验与文化科教探索消费、面向年轻白领的民俗创意消费等紧密结合，不断形成新的消费热点。在运营上，逐步总结出以“1+7+*N*”模式为代表的综合收益模式。其中，“1”表示“1次进入”；“7”表示“7类收入”，即“餐饮收入＋住宿收入＋日常售卖＋活动收入＋场地收入＋体验收入＋地产收入”7种不同类型产品所形成的延伸收入；“*N*”则代表多方面的综合效益，不仅是经济收益，也包括随之形成的就业岗位、品牌效应、社会影响、区域示范等。

2. 特色化、本土化发展成为重要主题

随着旅游综合体的快速发展，激烈的市场竞争越来越要求对特色的把握。从当前的实践来看，大多由传统旅游景区发展而来的旅游综合体，比较依赖和重视对自然资源的开发利用，对文化资源的解读相对不够深入。然而地域场所精神显然应该来源于自然与人文资源的结合。事实已清晰证明，越是民族的、本土的，就越是世界的、大众的，越具有竞争力。弘扬地方原生乡土、人文色彩，对打造综合体品牌形象、提高档次尤为重要。此外在许多情况下，文化资源特别是非物质文化资源的挖掘注入，还可以摆脱自然条件的限制，在旅游淡季增加独特的旅游产品，规避季节性低潮。

3. 与城镇、乡村发展高度融合，实现支撑设施一体化

旅游综合体与城镇、乡村建设发展的融合不仅是空间上的交叠，还体现在产业融合、基础设施共享和就业岗位提供上。“娱乐式购物”“花园式办公”等工作生活方式的兴起已成为日益增长的业态需求，而旅游综合体正是提供上述

活动的理想载体，大中城市的发展则提供了稳定的客流来源。此外，广大乡村地区长期以来发展滞后的最大困扰是水平低下的基础设施水准和较少的就业机会，而旅游综合体的建设投资持续且收益稳定，对周边基础设施提升和就业机会的增长不言而喻。

4. 全域统筹，建立科学规划方法框架

此外，旅游综合体的发展也呈现规模和内容越发庞大的趋势，所需投入的资金和建设周期也急剧增加。这就要求从项目筹划伊始，就进行全局统筹的考虑。这样的全局考虑不仅包括市场把握、综合定位、业态功能、空间结构以及运营策略等各个方面，而且要做到每个方面的决策过程的科学全面，并高度重视各方面策略的相互关联。

具体而言，旅游综合体规划至少应考虑 4 个层次：基础层、核心层、辅助层和目标层。各层次间相互依赖和制约。

（1）基础层。主要是通过自然、人文资源的研究确定旅游景区的核心旅游资源，确定核心吸引力；通过对区域环境（经济、交通等）和客源市场的研究，确定项目内容和项目主题。基础层次决定核心层次的开发。

（2）核心层。规划工作的中心任务，从市场、资源和政策等出发，设计独一无二的、有创新价值的旅游及相关产品和项目，并严谨、科学地论证其落地可行性和空间布局。

（3）辅助层。主要包括与旅游综合体建设相关的互联网、通信、交通、环卫、能源、供水、排水等配套设施。

（4）目标层。旅游规划目标层是对景区主题形象的策划。目标的确立和达成都受各层制约；反过来，目标的确立对产业集聚、项目确立、项目建设、基础设施建设等具有宏观调控作用。

因此，旅游综合体规划应包含如下几方面内容：①可行性论证——经济、政策背景研究；②项目策划——主题形象定位、开发模式、项目选择；③空间规划——总体规划、分区设计；④实施规划——政府、企业责权利分配、分期分区计划、品牌打造策略等。

三、大庐山旅游综合体发展的必要性与可行性

（一）庐山旅游转型发展的迫切性

庐山在整个20世纪中一直是中国最著名、游客最多的旅游景区之一，在1996年还被联合国教科文组织评为中国首个“世界文化景观”遗产。但进入21世纪以来，当观光旅游逐步从主流旅游方式中淡出，庐山旅游也逐渐陷入了低迷，诸多历史遗留问题不断显现，总体来看包括如下方面。

首先，以传统走游为主的旅游方式多年不变，增长主要依赖扩张式发展，而非通过营造更为丰富舒适的旅游体验，使其在旅游市场尤其是中高端市场的吸引力快速下滑，旅游业态和收入难以提升。而传统旅游方式对资源的依赖和消耗显著，极大地受到庐山特殊的生态、历史环境的承载力限制，新的发展已举步维艰。

其次，由于传统观念的影响，各景区与城镇建设矛盾重重。在大庐山范围内，景区较为分散，牯岭东谷、含鄱口、三叠泉、秀峰、白鹿洞、五老峰、东林寺等著名景点长期分属山上庐山管理局（驻牯岭镇）、山下庐山区、星子县等。上述区、县、乡、镇的发展定位、经济结构和区位条件各不相同，旅游发展理念也有显著差异，在建设实施上长期各自为政，即只追求在自身行政范围内构成一个社会生产生活“体系完善”的格局，导致“大庐山”旅游在空间布局上缺乏连续性，在资源利用和设施配置上缺少统筹，因而各城镇发展与景区建设争夺空间、产业雷同恶性竞争的情况屡有发生。

最后，庐山旅游受到气候、季节的限制也十分明显。山上牯岭镇曾长期作为长江中下游沿线罕见的夏季避暑度假地，建设中对淡季旅游的需求缺少考虑。而山间以自然景观为主的各景区，则容易受到雨雾等气候影响，观光效果差异较大，从而造成了庐山旅游“靠天吃饭”的状况，这也在相当程度上制约了庐山旅游的稳定与持续发展。

显而易见，上述庐山旅游发展积习已久的“顽症”，本质上是其滞后的旅游发展观念、混乱的管理机制与其固有的资源特征之间的矛盾，必须从旅游发展定位上进行结构性调整，才有望迎来庐山旅游新的转机。

（二）大庐山旅游综合体发展的机遇

随着新的时代机遇的到来，旅游综合体这一新概念不仅在中国沿海经济发达地区大量付诸实践，也为庐山旅游的转型发展提供了借鉴。从诸多方面大局来看，庐山从传统景区转向建设大庐山旅游综合体的时机已经较为成熟，其中既有来自外部的机遇，也来自内部资源条件的深入挖掘。具体体现在如下方面。

首先，庐山所在的中部地区经济崛起是旅游市场快速推动的大背景。中部地区人口稠密，且近年来向大中城市集聚的趋势显著，再加上从沿海大城市回流人口涌入，中部地区城市生活品质提升幅度显著，新的体验型旅游经济市场潜力惊人。合肥、南昌万达主题乐园旅游综合体的开业，就是这一市场需求的直接体现。庐山地处中部四省交界，近年来对外交通条件的快速提升，使庐山与武汉、南昌、长沙、合肥、南京五大都市圈的车程均在2～3小时，极有望形成“众星捧月”式、稳定的区域市场格局。

其次，随着中国国际影响和“软实力”的提升，以传统文化或人文历史体验为主题的旅游需求，既成为国家文化振兴战略的组成部分，也得到了广泛的市场认可。庐山在古代曾作为文人墨客“山水旅游”的代表性目的地之一，近代以来又成为中国度假旅游最早的发源地、对外交流的重要窗口和诸多重大历史事件发生地，还是中国最早的文化景观类世界遗产，其资源类型特别丰富，是罕见的体现历史人文与自然山水完美结合的旅游资源密集区，在中部都市区更是独一无二，理应成为区域层面文化旅游极核。

再次，与大多数传统旅游景区相比，大庐山地区空间资源条件良好。不仅山体本身面积就接近300平方千米，且北麓与长江，东麓与鄱阳湖，西南隅与富饶平坦的乡村田园相接，“山—江—湖—城—村”的格局独特且极为完整，原有各高水平景点并非集中分布而是较为均匀地散布在整个范围内，景点之间的地带建设量有限且均有旅游公路连接，具备了承载诸多旅游相关服务产业的潜力空间。此外，由于庐山旅游历史较长，周边城镇村人口旅游服务意识较好，相关专业人才储备也有一定的基础。

最后，长期困扰庐山总体发展的“一山五治”体制矛盾，历经周折，终于在2016年得以理顺。新的庐山市管理机构的成立，为庐山在面临旅游综合体建设良好机遇之际能够得以统一筹划、全面协调、分步实施提供了制度保障。

四、大庐山旅游综合体建设策略构想

（一）融入区域，明确定位

从国家战略来看，庐山所处的长江经济带是新一轮改革开放转型实施最活跃的前沿阵地，沿线大中城市众多，产业经济增长强劲，人流物流来往频密。庐山位于长江中游城市群与下游城市群两个极核之间的过渡段，在空间布局中生产性较弱，十分适合错位发展，培育为生活性与生态性相融合的绿色休闲产业空间。事实上，大庐山旅游综合体由于其占地规模大、环境质量高、资源类别丰富、旅游吸引力独特，必将成为长江中下游沿线的“休闲绿核”，实现产业提升和生态文明的双丰收。

同时，庐山所处的华中－东南地区，是历史上中华山水田园文化发源与繁盛地区。随着区域交通设施的提升，庐山有望与江西省内外诸多著名景区共同构建“中华山水文化旅游带”，并成为最重要的特色节点。与这一旅游带上以自然风光旅游为主的洞庭湖、黄山等相比，庐山的山水格局更大、更完整；与武汉三镇、景德镇等城镇景观相比，庐山拥有得天独厚的生态环境基底；而与婺源（田园）、三清山（宗教）等文化景观相比，庐山的文化内涵更多元且影响力更胜一筹。

（二）深挖特色，强化核心

深挖自身特色是大庐山旅游综合体建设的关键环节。通过区域对比，庐山现有最值得强化的核心特色旅游资源主要是如下三个方面。

首先是古代山水诗画景观。作为中国古代文人旅游的重要目的地，庐山在诗词、山水画中出现频率之高堪称第一，而“横看成岭侧成峰”“飞流直下三千尺”“山寺桃花始盛开”等所描绘的场景，大多能与现有景区准确对应，达到“完美再现历史场景”的效果，但上述无法复制的资源目前还亟待精心包装。

其次是近代度假城镇及历史大事件景观。牯岭东谷作为中国近代消暑度假区的鼻祖，尽管只是一个山间小镇，但在国内革命战争、抗日战争、中华人民共和国成立以后都是诸多历史性大事件的发生地，因此其不应仅定位为旅游服务基地，而理应包装为“影响近代中国历史第一镇”，其价值仍需要进一步发掘。

最后是各类山地特色自然景观。尽管分布在庐山各山麓的岭谷山峦风光均已作为传统景点开发，且较为成熟，然而仍有诸多潜力资源未被充分发掘：庐山是长江中下游唯一存在第四纪冰川遗迹的全球首批“世界地质公园”；庐山也是国内亚热带植被垂直分布特征最为理想的观测点；庐山植物园是中国第一所现代化的开展农、林、园艺科学研究的植物园。在未来发展中，上述资源完全可以对发展科普、探奇主题旅游形成极佳的支撑。

（三）丰富产业，完善体验

依托三大特色资源，大庐山有望发展成为中部地区首屈一指的“山水－人文－田园”旅游综合体，实现旅游活动的全景化、全域化、全季化。旅游功能板块的完善丰富成为这一过程的关键。结合原有景区功能，最具潜力的特色体验式旅游功能板块包括冬季赏雪度假、山地休闲穿越、文化寻根探访、田园乡野养生、自然科普教育、主题会议展览等。

加强体验感的方法至少可来自两个方面：一是依托特有文化场所策划各类主题性文化活动，包括山水诗词诵读、名人故事宣讲、重大历史事件实景演出等，以艺术化的真实再现方式创造独一无二的本土体验；二是旅游交通方式更强调慢节奏、丰富化，譬如恢复昔日好汉坡上山滑竿路线、开辟远眺庐山的鄱阳湖水上游览路线、策划山下田园踏青或骑行路线等，将大庐山景区景点分散的劣势变为优势，促进旅游活动中其他体验项目的培育。

（四）完善格局，调整结构

在空间格局调整上，应以包含长江、鄱阳湖、田园乡村在内的“山—江—湖—城—村”大格局为支撑，首先打破原有山上过度集中、山下各自为战的局面，将高端、较大体量的旅游服务设施向山下转移，并与环山各镇村建设相衔接。同时，将主要游览路线从沿北山、南山公路南北向乘车游览，转变为以山地游步道、索道、游船等多种途径、东西向穿越为主的方式。

牯岭镇周边及东西山麓区，在实现常住人口下迁后，以“城景合一”为形象特色，重点恢复并提升消暑度假功能，强化近代史迹寻访和自然科普主题，并培育冬季赏雪度假以及小规模会展功能区；东麓毗邻鄱阳湖地区，以“大山大水之间”为形象特色，主要依托海会镇和姑塘镇，构建水上休闲、山地运动功能区；西南麓以郊野田园为特色形象，依托东林寺、温泉、秀峰、康王谷等景区，构建诗情画境体验、养生度假、宗教朝圣交流等功能区；东南麓的南康镇（原星子县、现庐山市管理机构驻地）和东北侧威家镇为主要旅游服务设施聚集地，也应成为大中型会展活动、休闲商务办公、文创企业孵化等高端业态聚集区。

五、结语

庐山历史悠久，因旅游而兴，因旅游而盛，也因旅游发展而带来了一系列矛盾。毫无疑问，寻求庐山旅游的思路突破，是整个大庐山地区未来可持续发展的核心问题。在新的历史时期，旅游综合体概念的兴起及快速推广，既代表了未来中国旅游发展的新趋势，也为大庐山旅游的转型发展提供了极为适合的方向。由于庐山身处长江中下游经济快速发展地带，也是历史上山水田园文化繁盛核心地区，其建设由生态、文化、休闲等主题共同支撑的超大型旅游综合体的时机已经成熟。本文尝试从未来旅游综合体发展的需求侧和供给侧综合分析，提出了相应的定位和发展策略，为形成未来大庐山旅游发展的宏观构想提供了有意义的参考。

共创多赢促人和

——庐山社会调控规划主导理念与做法

金笠铭　郦大方*

庐山风景名胜区不仅因“山中城”牯岭镇而驰名中外，且风景区影响波及16个乡镇，涉及人口约16.8万人；其规划范围内就涉及11个乡镇，包括74个村委会，涵盖人口达6.4万余人，庐山管理局管辖范围内有人口2.3万余人。如此众多的城镇社区和农村社区，构成了庐山比国内其他风景名山更加复杂和多样化的社会结构及人口组成，这既是庐山社会调控面临的挑战，又是实现与时俱进谋求共创共享更加美好和谐庐山的良好机遇。为此，规划团队秉持着三个主导理念，即五位一体多方赢、突出重点保全局、城乡协调渐整合，同时采取了一系列可行且有效的社会调控做法。

庐山风景名胜区的规划范围加上外围保护地带共覆盖面积达434平方千米（如加上外围5个景区，则总面积可达500余平方千米）。在如此广阔的范围内分布着16个乡镇，涉及人口约16.8万人；规划范围内则涉及11个乡镇，74个村委会，涉及人口6.4万余人；庐山管理局管辖范围内有人口2.3万余人，仅牯岭镇即有常住人口1.25万人，其流动人口会随旅游淡旺季波动，但多时也有约1万人（2006年统计数字）。如此多的人口构成的庐山城镇与农村社区，形成了远比国内其他风景名山更加复杂和多样化的社会结构与人口组成，其面临的社

---

* 金笠铭，清华大学建筑学院城市规划系教授；郦大方，北京林业大学园林学院副教授。本文成稿时间：2014年7月。

会调控的复杂性、艰巨性可想而知。可以毫不夸张地说，庐山风景名胜区总体规划的成败，不仅取决于对其景区的规划，也取决于对其社区的规划。

《孟子·公孙丑下》中说："天时不如地利，地利不如人和。"这是一条历经沧桑而证明不败的真理，同样适用于当下的世界和现实的中国。其实风景名胜区规划的成败关键也在于是否体现了上面这条真理。正在推行的中国新型城镇化主张以人为核心，而人和就是以人为核心的内涵和精髓。以人为核心不是以少数当权者和既得利益者为核心，更不能把规划变成为少数人升官谋利的工具。如法炮制的规划不仅违背了人和的宗旨，也必然是不可持续的。同时，仅仅由规划师加上少数先知先觉的管理者和专家炮制的规划，尽管完全符合现行的各种官方的规范和评判标准，却终因不为广大人群所认可和支持，只能变成华而不实、虚张声势的海市蜃楼。正如加拿大女学者简·雅各布斯在《美国大城市的死与生》(*The Death and Life of Great American Cities*)一书中所指出的："判断城市规划的成败主要取决于普通市民是否真正喜欢它还是厌弃它。"她基于大量的实证分析后指出："一些普通的、有兴趣的市民……会比规划者们拥有更强的优势……那些受过专门训练的规划者……真是'好得不能再好了'"。正因为如此"好"的训练，才使得规划者常常不如普通市民，"更能理解具体的事情，更有分析具体问题的眼光"[①]。正是基于这种认识，本轮规划团队清楚地意识到，我们不能自视高明、越俎代庖、包打天下。我们的责任就是充当广大人群的代言人。只有真正代表他们的诉求和利益，并激发他们一起投身创建更加美好和谐的庐山和共享科学发展所带来的红利，才能实现真正的人和共赢。故此，我们不仅把这个规划看作单纯的技术过程，更看作难得的社会改革尝试，这既是一种挑战，更是一种机遇。

为实现以上规划愿景，我们确立并秉持了以下三个主导理念。

一、"五位一体多方赢"的理念

（一）五位一体与分类诉求

1. 五位一体的界定

五位一体系指介入庐山总体规划并共创庐山美好未来而不可或缺的五大相

① 简·雅各布斯.美国大城市的死与生[M].金衡山译.南京：译林出版社，2006：441.

关方。

（1）管理者：系指江西省、九江市、庐山管理局及相邻各县、区政府主管领导和相关职能机构的行政与技术管理者，住房和城乡建设部、江西省住房和城乡建设厅主管领导及主管风景区规划的管理者等。

（2）专家：包括规划编制组各学科专家，省、市、管理局有关规划建设、文化宗教、旅游、交通、生态、植物、社会学等专家，国内风景名胜区规划及文化遗产保护方面的专家学者等。

（3）经营者：包括庐山本地、九江市、外来的国企开发者及民营企业开发者。

（4）居民：在庐山山上常住的原住民（包括农民）及暂住的流动人口。

（5）游客：以不同方式进行庐山旅游观光、休闲度假的旅游者。

此外，还应包括庐山上各类宗教的代表人物等。

2. 分类诉求

对于上述五类人，分别拟定有针对性的专题调研座谈会及调查问卷，或分别进行特定人群专访，以获得各类人群的真实诉求和对规划的建议。

为此，规划编制组与庐山管理局共同举行了有以上各类人群参加的大型专题座谈会共8场次（表1）

表1 庐山规划有关各界人士专题座谈会

序号	时间	专题座谈会（人员）	参会人数/人	主要议题
1	2003年8月14日	庐山管理局离退休老干部、驻山单位负责人	约50	分析现状问题及对总体规划提出建议
2	2003年8月19日	庐山周边县（区）、九江市直机关（单位）、庐山垦殖场、庐山自然保护区等代表	约120	广泛征求对总体规划的建议
3	2003年9月12日	庐山及江西省文化界、宗教界知名人士	45	广泛征求对总体规划的建议
4	2003年10月9日	江西省住房和城乡建设厅关于庐山总体规划阶段性成果论证会	30	听取对总体规划初步设想的意见
5	2003年10月10日	庐山总体规划阶段性成果汇报论证会	约150	听取对总体规划初步设想的意见

续表

序号	时间	专题座谈会（人员）	参会人数/人	主要议题
6	2003年12月4日	庐山总体规划工作汇报会（北京）	35	听取对总体规划初步设想的意见
7	2004年4月8～9日	庐山总体规划大纲专家评审论证会	专家：16 庐山管理局：12	对总体规划大纲的评价与改进意见
8	2007年1月17日	庐山总体规划大纲修改稿汇报会	约65	对总体规划大纲修改稿提出意见

注：以上未包括规划编制组与规划管理局建设处走访省相关机构及庐山相关机构的小型座谈会。规划编制组分别走访了省文化厅、科技厅、旅游局、建设厅、交通厅及省人大、政协等有关领导同志十余人

为了更深入地了解山上原住民和游客的意见，扩大访谈对象，在庐山管理局建设处配合下，我们共散发了1000余份调查问卷（回收率达83%，其中有效问卷达90%，达到调查要求合格率）。以上座谈会、访谈和问卷均获得了各界人士从不同角度对庐山总体规划修编的建议和问题（包括一些合理诉求和问题线索），为规划编制组后续规划提供了大量有价值的信息，这也成为庐山社会调控规划的重要依据和规划目标。

（二）多方共赢与达成共识

经过各界人士多次反复地论证与磋商，在事关庐山总体规划的一些重大前提与依据问题上达成了如下共识。

（1）关于“山—江—湖”一体化及“大庐山”规划理念在论证《庐山总体规划大纲》时得到了各与会专家学者和江西省，以及住房和城乡建设部相关机构负责人的一致认同和支持，并对这一理念的完善与必要性提供了充分依据。

（2）以科学发展观作为本规划的核心理念，并体现如下规划指导原则：①保护为先的原则；②利用优化的原则；③协调整合的原则；④以人为本的原则；⑤现实可行的原则；⑥依法治山的原则。

（3）关于庐山风景名胜区的规划边界划定问题。这是本轮总体规划必须界定的前提条件之一，关系重大。由于风景区相邻各区、县、市基于历史与现状原因，对风景区规划边界的划定存在争议或异议，这在庐山现存体制下也是正常的。规划编制组与庐山管理局规划局在江西省住房和城乡建设厅主持下，为

此进行了长达两年多的不懈努力，以统筹协调、务实互利的精神，既考虑庐山科学保护与发展的战略大局，又尊重各地方原已形成的历史边界，谋求各方可接受的最大公约数，终于在边界问题上达成了共识，为后续庐山管理体制改革及庐山总体规划的全面实施铺平了道路。

（4）关于庐山风景名胜区保护与发展上存在的若干问题。经过各界人士的充分论证和规划编制组的专题调研，对庐山风景名胜区关乎规划方面的成绩与不足都进行了恰如其分的评估。

第一，涉及规划及管理成绩方面的主要有：①上轮总体规划目标已基本实现（系指1982年版总体规划）；②规划管理机制初步形成；③景观旅游环境得以整治；④科学申报工作成绩突出（系指对庐山历史、人文、地质学、近代建筑、植物学等方面的科研工作，并成功申报通过了"世界文化景观"遗产、"世界地质公园"及国内5A级旅游区、文明旅游区等）。

第二，涉及规划及管理不足方面的主要有：①资源保护上管理措施尚不到位，特别是牯岭镇作为庐山中心旅游城镇，在保护工作上力度不够、旅游档次不高、负荷过重，城镇各种用地功能混杂、互相干扰，居住人口密度高、建筑质量差、居住环境安全隐患多，并有人多、车多及"三化"（城市化、商业化、人工化）现象无序趋势加重倾向等，庐山周边地区过度开发现象日益加剧等。②资源利用上存在水平低、不均衡现象。③管理体制上"一山五治"成为制约庐山科学保护与发展的关键因素。

这些问题显然与庐山作为"世界文化景观"遗产的地位及要求是不相符的，成为新一轮总体规划必须要解决的问题，并最大限度地遏制其不良倾向。同时，也为本轮总体规划的社会调控规划提出了缘由和挑战。

（5）庐山"一山多教"是人和典范。中国众多风景名山基本上均是以某一家（至多两三家）宗教为主的所在地。像庐山这样自古就是"儒、释、道"的名家胜境，而近代又汇聚了几乎所有流行宗教（天主教、基督教、伊斯兰教）的"一山多教"集大成格局（表2），不仅在中国风景名山中，而且在世界风景地中都是罕见的。这无疑与庐山形成的历史有关，同时也充分体现了庐山自古以来包容各种文化的博大胸怀，以及自信达观、人和为上的庐山文化传统和价值观。

表 2　庐山“一山六教”建筑分布一览表

序	宗教类别	建筑名称	建造年代	地点与备注
1	佛教（释）	以东林寺、西林寺、大林寺为三大名寺，另有天池寺及“山南五大丛林”	3 世纪至 19 世纪先后建成	详见释观行主编的《庐山寺庙知多少》
2	道教（道）	以太平宫、太虚观（简寂观）、玄妙观、老君殿等为代表	3 世纪至 19 世纪先后建成	道观多分布在庐山山南一带，详见叶志明主编的《庐山道教初编》
3	天主教（基督旧教）	莲花谷天主教遗址、东谷医生洼法国天主教堂	1863 年、1894 年建成	庐山山北莲花洞、牯岭香山路 527 号
4	基督教（基督新教）	美国基督教堂（耶稣升天教堂）、挪威路德教堂、英国基督教堂（医学会堂）、协和教堂等	1910 年、1916 年等	东谷中四路 283 号，中六路 326 号、河西路 438 号
5	东正教	俄国东正教堂	1914 年	庐山芦林（星洲），现已不复存
6	伊斯兰教	庐山清真寺	1922 年始建，后迁址	原址在牯岭正街 5 号，1953 年迁至慧远路 760 号

注：此表中各宗教建筑仅列出最具代表性的，其余可参考有关文献

如何保护好这些宗教场所，关系到为各类宗教信徒提供他们心仪向往的宗教场所，也关系到庐山社会调控达到真正人和的大问题。

二、突出重点保全局的理念

（一）牯岭是庐山社会调整的重中之重

牯岭是庐山风景名胜区的山中城镇（图 1、图 2），以其独特的人文景观著称于世，现代意义的庐山就是由于牯岭的形成与演变。这种独特的山中城在国内风景区中并不多见，但与国外不少风景区的小城镇有异曲同工之妙，如美国约瑟米国家公园中的小城、加拿大尼亚加拉大瀑布旁的瀑布城、马来西亚的云顶城、奥地利位于阿尔卑斯山哈尔施塔特城湖边的哈尔施塔特城、捷克的克鲁姆洛夫城、西班牙的托莱多古城（图 3）、捷克的克鲁姆洛夫城（图 4）、摩洛哥的舍夫沙万蓝色山城（图 5）。牯岭自 20 世纪初即成为国内外知名避暑胜地，民

图 1 庐山牯岭东谷别墅区鸟瞰图（摄影：张雷）

国时期形成的四大避暑地中，唯有牯岭被誉为“夏都”，可见其地位之重要。自1926年牯岭成立管理局以来，90年间牯岭在庐山的地位，乃至在全中国的地位从未改变。改革开放至今，牯岭一直成为庐山风景名胜区的旅游及管理的中心城镇，发挥着不可替代的作用。本轮总体规划中对牯岭的发展定位为牯岭仍旧是整个风景名胜区的旅游服务中心。因此，牯岭也成为庐山社会调控规划的重中之重。可以说，对牯岭社会调控规划的成败关系到整个庐山社会调控规划的成败。

为了巩固和提升牯岭在庐山未来发展的中心地位，除了要加强其硬件设施的规划建设外，其软件方面的规划建设的重大举措就是社会调控规划与实施。

图2　庐山西谷窑洼鸟瞰图（摄影：张雷）

图3　西班牙的托莱多古城（摄影：金笠铭）

图 4　捷克的克鲁姆洛夫城（摄影：黄汉民）

图 5　摩洛哥的舍夫沙万蓝色山城（摄影：金笠铭）

（二）牯岭镇居民概况与利弊分析

1. 牯岭镇居民概况

（1）人口概况

据2006年统计资料，牯岭镇有常住人口1.25万人，流动人口在旅游旺季有约1万人（流动人口在旅游淡季人数减少60%左右）。这些常住人口及流动人口的约85%居住在西谷地区，其余的分布于东谷等其他地区。常住人口中基本上多为中华人民共和国成立后陆续上山的。其中含国有企业下岗员工1600人（涉及1100户家庭，尚未包括垦殖场的下岗员工），无业居民约3000人，占比较高（含胜利村居民）。

（2）生活状况

第一，大量居民主要从事旅游服务业及相关业态的工作，只有少量居民在庐山管理局及相关企事业单位工作。旅游服务业收益随旅游淡旺季波动较大。

第二，牯岭镇市政设施较齐全，水、电、路等可基本维持旅游旺季旅游业与居民生活需求，但经常处于满负荷状态，且设施陈旧，亟须更新增容升级。污水处理及垃圾处理正在整治规划。

第三，镇内各类公共服务设施（学校、医院、文体娱乐、商业服务、金融电信等）规模较小，可保障本地居民使用，但难以确保旅游旺季时的游客需求。

第四，居民住房条件，除胜利村住房多为20世纪80年代后所建外，其余西谷大量住房寿命长达50年以上，质量较差、居住拥挤、设施陈旧、环境恶劣，严重影响牯岭景观风貌，甚至在窑洼有20世纪30年代建的危房，存在诸多安全隐患，亟待进行改造与更新。

2. 牯岭镇现状的利弊分析

基于庐山未来发展的规划愿景，为了把牯岭真正变成独具特色又和谐文明、旅游上乘的云中之城，我们确定了八大关系方面，权衡分析了牯岭镇现状（包括东、西谷地区）的利弊（表3），以便为牯岭镇的更新整治升级确定思路，也为牯岭镇的社会调控对症下药寻找药方。

表 3　牯岭镇现状的利弊分析表

	利	弊
生态环境	—	破坏自然生态环境，干扰动植物生境，破坏原有山体地貌；消耗大量水（每日约8000吨水）和其他生活物资，产生大量废水、垃圾
经济	大量居民生活于此，依赖旅游，能较好地生活，较之山下周边地区生活水平较高	庐山旅游季节性明显，淡季大量从事服务行业的人员无事可做。同时旅游行业较脆弱，遇特殊情况，游客减少，收入下降；就业机会有限；少数无业居民从事“黑车”驾驶、“黑店”经营、“黑导游”等活动，影响庐山正常的经营活动，此现象已基本治理杜绝
社会	长期发展形成较稳定的社会结构	交往空间较小，改善生活机会少，历史形成的社会行为模式难以改变
历史文化	特殊地理区位与自然环境造就特殊的文化	仅是一个时期的历史现象，给人过于强烈的印象，冲淡了庐山的真实景象和文化内涵
旅游服务	居民的存在，使山上拥有较完善的商业服务系统，方便游客。高峰时期，家庭旅馆可缓和床位紧张的局面	居民生活必需服务设施与旅游服务设施混杂，造成彼此干扰，降低了服务品质
旅游对象的价值	—	大量近代建筑一度被居民作为居住处使用，一方面由于维护不当造成损坏，另一方面造成其价值的下降
独特景观	独特的山中城镇	居民生活条件参差不齐，素质高低不一，导致对原有景观的破坏，造成混乱景观
居民生活	酷热长江下游地区的清凉世界，生活已经习惯	冬季潮湿寒冷，服务设施不完善、档次偏低

注：以上利弊分析依据的是截至2006年的调研资料

（三）牯岭镇社会调控规划的主要对策

1. 疏解非旅游功能与部分人口

为解决困扰牯岭镇多年的功能混杂、人口密集、设施陈旧、安全堪忧、环境景观不佳、服务档次较低等问题，在社会调控规划中采取疏解非旅游的城镇功能及部分人口，已成为主要对策的选项之一。

对此项对策的可行性进行论证时，我们在广泛征求牯岭镇各界人士的意见基础上，同样从八大关系方面归纳了两种意见（赞成与反对）进行比较（表4）。

表 4　对牯岭镇搬迁的部分意见

	赞成意见	反对意见
生态环境	有利于减轻生态压力，逐步恢复被破坏的生态系统	搬迁到新地区，对原有基础、市政设施造成浪费，对搬迁目的地造成新的破坏
经济	旅游方式与旅游目的地的改变，山下有更多的就业机会，带来新的收益	旅游活动需要服务与管理人员，全部居民搬迁后依然需要吸收新的工作人员。山下居住、山上工作增加交通与时间上的消耗，加大成本，对某些行业、某些低收入阶层居民不利。山下经济状况不佳，搬迁带来收入下降。旅游业提供的就业机会在山下将失去，搬迁本身成本问题（对居民的补偿问题）
社会	山下拥有更大的社会交往空间与工作机会	长期发展形成的较稳定的社会结构将被打破，易形成社会不稳定因素。原有社会支持格局的打破，对部分居民生活带来较大影响。由于历史原因，居民对于动迁的态度比较消极，如果动迁方式不妥易引发居民不满。搬迁目的地政府、居民的可接受程度说不准
历史文化	历史上的庐山文化是外来文化结合本地环境创造的，而非本地居民的创造。居民的低收入生活状况与较低的文化素养有关，无法创造新的文化，同时对历史建筑遗迹造成破坏	在资金无法保证的情况下，无人居住使用的历史建筑极易被破坏
旅游服务	没有居民的干扰，旅游活动更纯粹、更正规	旅游淡季配套服务设施闲置、关闭，形成空城，造成荒废的氛围，并会使游客感到不便
独特景观	景观较易管理与改造	独特的云中城镇的消失
居民生活	搬迁后的生活舒适度、方便度提高	夏季酷热，不如山上
居民意向	访谈与问卷中大部分人表示从个人角度不愿搬迁，对政府决策持观望态度，多数在国有单位工作的职工则表示会服从上级安排	

2. 牯岭镇居民意向调查与搬迁方案设想

（1）牯岭镇居民社会调查

对牯岭镇居民社会调查问卷中的统计结果表明，被调查居民中支持和反对搬迁的居民数量相近。对于搬迁下山，有 37.5% 的居民表示支持，有 34.1% 的居民表示反对，有 5.5% 的居民根据给出的搬迁条件确定是否搬迁，还有 8% 的居民表示无所谓。部分居民对搬迁有助于保护庐山表示理解，并对下山后的就业生活表示担忧。

综合以上调查分析，基于保护风景名胜区自然生态和自然与人文景观，考虑将牯岭镇部分居民逐步下迁。

（2）功能疏解与部分居民搬迁的分期与对象

第一，分期。①近期可在下迁目的地选址、建设同时，对下迁居民的政策制度广泛征询意见；同时配合南北山入口的交通转乘中心的建设及旅游相关业态的转移下山，为下迁居民提供下山就业定居的机会和可能，如山上宾馆、餐饮服务业的餐具、卧具清洗工作，旅游商品的加工等。此期为 2～3 年。②中期随着庐山新城的建成，可分期组织山上部分非旅游部门及部分居民下迁。由于管理体制改革的逐步到位，非旅游管理功能将加速下迁，也会带动相关人员下迁。此期为 5 年左右。③远期将实现牯岭镇约 1/3 非旅游管理部门人员及其家属下迁，加上带动其他人员下迁，可下迁常住人口约 3500 人；至规划期末，牯岭常住人口可保持在 9000 人左右；暂住人口随着旅游布局的均衡和减员增效，也会有大幅减少。此期为 15 年左右。

第二，对象。除了牯岭非旅游管理机构相关人员及可下山从事旅游服务相关业态人员与家属外，还应动员以下人员作为首要下迁对象：水源保护地住户、核心景区住户、老别墅住户、西谷窑洼居住困难户、牯岭正街住户、易发山洪及地质灾害区域内住户、无固定生活来源的住户等。

对下山后担忧就业与生活的意向，规划团队表示充分理解。我们也从相关媒体上看到了有关这种担忧的各种评论，其用意都是对此举的善意提醒与建议。这就对如何稳妥地做好搬迁下山工作提出了更高的要求。

（3）下迁目的地选择

下迁目的地的选择将直接影响居民下迁的可行性和积极性。首要考虑的因素应是以上的担忧，即迁居目的地是否能提供足够的工作机会和适宜的生活条件（包括教育、医疗条件、环境舒适方便、文化娱乐活动、商业服务设施等），本规划由此对山下周边几处候选城镇的优、劣势进行比较分析（表 5）。

表 5　下迁目的地分析表

	优势	劣势
妙智社区	莲花镇政府所在地，是步行上山的重要通道	目前规模较小，基础设施不完善。没有直接上山的机动车道路，与山上联系不便
十里铺	庐山区政府所在地，基础设施较完善。庐山山北景区土地几乎全归其管辖	离山体较远，与九江市关系不易协调

续表

	优势	劣势
九江市区	九江市区生活方便。九江市和庐山管理局已在庐山大道边的庐山新城开发新住宅区，作为庐山居民下迁地	成本较高。与庐山联系较弱，目前在该住区中没有考虑管理办公用地
威家镇	庐山大道与北山公路连接点，规划中新旅游服务次中心的建设点，交通转乘站，既便于上山又方便通达九江。对居民有较大吸引力	目前规模较小，威家没有景区
通远镇	南山公路与环山公路交会点，规划中新旅游服务次中心的建设点，交通转乘站。通远为山下几个景区游览的旅游出发点	目前规模较小，通远没有景区
沙河街道	九江县政府所在地，基础设施较完善，拥有机场、火车站	目前所辖土地与庐山关系不大。没有直接上山的机动车道路，与山上联系不便
海会镇	海会镇政府所在地，拥有较好的景观和交通条件	目前规模较小，基础设施不完善。位于山湖之间，位置敏感，开发建设必须慎重
南康镇	—	星子县与庐山两地合并暂时有困难。星子相对九江各类设施较差，对牯岭居民吸引力较小。此地没有火车站与机场，距沙河与九江较远
温泉镇	—	现状条件较差

注：以上为2006年现状分析，以总体规划编制时的市、乡、镇为准

根据九江市总体规划，威家组团，庐山北麓，为休闲度假基地，接纳来自庐山的行政、居住及旅游部分职能及人口下迁，面积约338.3公顷。同时，将威家作为庐山居民调控的目的地。有关方面已在九江市庐山大道中段规划建设庐山文明新城（图6、图7），可作为近中期牯岭居民下迁首选地。

3. 搬迁工作政策建议

（1）管理体制改革是首要保障

庐山牯岭非旅游功能及少部分人口下迁，已超出了庐山管理局的权能所及。必须破除“一山五治”的管理障碍，与九江市相关区、县统筹协调、共同努力，从构建大庐山未来发展的大规划出发，才能统一意识，顺利高效地推进下迁目的地的规划建设，也能确保下迁工作各项政策的真正落实。政府主导、企业参与、各尽其责、分期实施、公平执法。

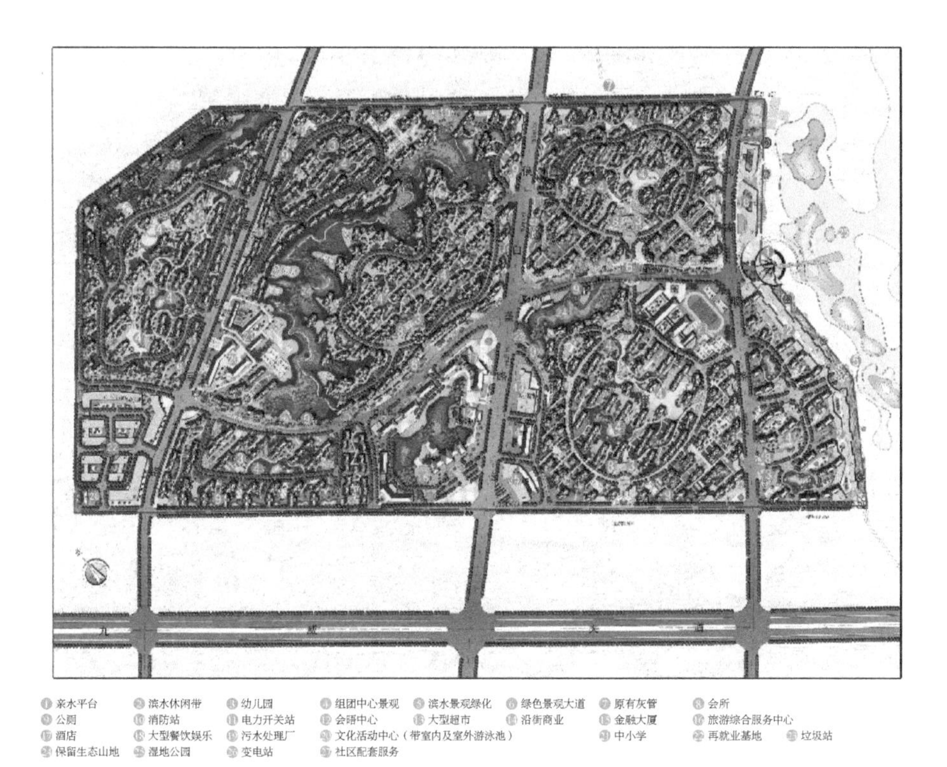

图 6　庐山文明新城总平面图（江西省建筑设计研究总院 2006 年设计，一、二期 2012 年建成）

图 7　庐山文明新城鸟瞰图（江西省建筑设计研究总院设计）

（2）拟定全方位解决下迁居民后顾之忧的政策

针对下迁居民各种人群面临的共性和个性问题，摸清民意，依照国家相关法规，拟定全方位、公平、稳妥又有区别的下迁居民安置政策，全面解决他们的住房补偿、就业安置、入学就医、出行上山及社区管理、生活适应等一系列问题，大力鼓励居民自主及微企业创业，同时也应解决留在山上的部门及居民的住房、环境改善等问题。做到下迁与留守居民同步改善、相辅相成、双管齐下，一视同仁，只有这样，才会上下呼应、顺乎民意、相得益彰。

（3）资金筹措的政策

设立专项建设基金，通过多种合规合法的方式筹措，并实行公开透明的财务管理及监督机制，确保资金的利用效率，真正惠及符合政策规定的所有人群。

三、“城乡协调渐整合”的理念

庐山山体内外分布了众多乡镇和村落，这些聚居地与庐山自古以来就形成了唇齿相依、相互依存的关系。但由于历史、体制及资源等原因，造成发展的不均衡，一度存在“山上吃着山珍宴，山下喝着南瓜粥”的生活落差。一些村庄仍未脱贫或变成“空心村”。针对这种现状，本轮社会调控在“城乡协调渐整合”的理念导引下，既要从有利于实现大庐山社会、经济、环境整体协调，科学发展大局出发，又要充分兼顾发展地方经济的强烈愿望，因地制宜、因势利导、各取所长，不搞“一刀切”，寻求山上山下均衡发展的最大公约数，与时俱进、同心协力、各尽所能，以实现真正的人和与共赢。

（一）调控乡镇和村落的现状评估与规划定位

1. 乡镇的现状评估与规划定位

涉及庐山山体内外周边共11个主要乡镇，对其的主要职能与规划定位加以界定（表6）。

表 6 庐山内外周边乡镇现状评估表

序号	城镇名称	城镇区位 位于庐山内比例	城镇主要职能	城镇规划定位
1	牯岭镇	位于庐山中心；100%	庐山管理局所在地，旅游山上主要目的地	庐山旅游管理服务中心
2	威家镇	位于庐山东北山脚下，北山公路入口处；约 50%	威家镇政府所在地	庐山旅游服务次中心、北山入口交通转乘站、直升机机场
3	莲花镇	位于庐山西北山脚处，有好汉坡上山路；约 50%	莲花镇政府所在地	庐山旅游服务站之一，自好汉坡步行上山的主要通道
4	海会镇	位于庐山东部山脚下，可直通三叠泉景区；约 30%	海会镇政府所在地	庐山旅游服务站之一，庐山东部上山的主要入口之一
5	赛阳镇	位于庐山西北山脚下，与九江市联系方便；约 70%	赛阳镇政府所在地	庐山旅游去东林寺的必经之处，东林寺为庐山旅游服务站之一
6	十里乡	位于庐山西北山外，与九江市紧邻；约 10%	九江市庐山区政府所在地	为庐山火车站所在地，是游客乘火车上山的重要站点
7	温泉镇	位于庐山西北山脚下，濒临鄱阳湖；约 80%	镇政府所在地 温泉度假区	庐山旅游服务站之一
8	白鹿镇	位于庐山东南山脚下，有白鹿洞书院；约 60%	白鹿镇政府所在地	庐山旅游服务站之一，白鹿洞书院为庐山核心景区之一
9	虞家河乡	位于庐山西南山外；约 20%	—	—
10	高垄乡	位于庐山山体东北山脚下；约 60%	有庐山茶场，原垦殖场居委会	庐山茶叶科学研究所
11	姑塘镇	位于庐山风景区外围保护地带内；濒临鄱阳湖	姑塘镇政府所在地	未来可望成为大庐山扩展至滨湖的旅游潜在方向

注：①除牯岭外，其余 10 个乡镇都或多或少涉及庐山风景名胜区规划范围内或外围保护地带，有些会成为未来庐山发展潜在方向。

②表中的百分数，系指该乡镇位于庐山风景名胜区范围内的人口占该乡镇总人口的比例，均为高估值，仅作为庐山基础设施参考指标。

③以总体规划编制时的市、县、乡、镇为准。

（二）南康镇的地位与作用

南康镇为星子县县城所在地，紧邻庐山风景名胜区东南侧，且濒临鄱阳湖，有通达长江及鄱阳湖周边城镇的客货运码头。其城内有周瑜点将台、紫阳堤等众多文物古迹，位于庐山东南麓的观音桥、秀峰等特级景点归星子县管辖，是庐山整合景观资源，创建大庐山全域旅游市场及实现长江中游、赣北旅游圈中不可或缺的重要节点。尽管由于体制上的原因，本轮总体规划中暂未把南康镇纳入庐山风景名胜区范围之内，但实际上其无论在以上旅游发展中还是在“山—江—湖”生态保护安全格局中的地位和作用均不应低估。在本轮社会调控中，亦给予了南康镇应有的定位和原则，即南康镇应以旅游服务业作为城镇的主导产业之一，并作为庐山的旅游服务次中心之一。随着庐山管理体制改革的逐步落实，谋求与庐山风景名胜区共赢发展，使南康镇成为大庐山社会、经济、环境科学发展的重要支撑平台之一。

（三）庐山内外村落等现状评估

1. 村落现状

沿庐山山谷并深入山体内分布的主要有三个村落群。①威家镇－高垄乡村落群：沿环山公路展开，在高垄乡顺山谷延伸至碧龙潭景区，计有大小自然村20余处；②莲花洞村落群：由莲花镇外村落至林场工人居民点伸展至莲花洞景区大门，计有大小自然村10余处；③康王古村落群：沿康王谷内分布，尽管村落数不多，但保留了较好的田园风光。

除此之外，沿庐山山脚及环山公路两侧分布了40余处自然村及零星居民点。

2. 林场及垦殖区工人聚居点

这些聚居点多位于庐山山体内和紧邻环山公路，多为历史原因形成（包括水电站、庐山茶叶科学研究所、九江市林业科学研究所等单位），共有1万余人（2006年统计数字）。总的特点是：分布零散、规模不大、居住标准不高、经济比较窘迫且年龄趋于老化，亟待进行重新安置。

（四）庐山居民点社会调控分区与规划对策

1. 调控分区

历史形成的自然村落和居民点，基本上是一种无序状态，其大部分村民还停留在“靠山吃山”的较初级生产、生活方式，对庐山的生态环境和景观形象也造成了不利影响；同时，他们自身的经济收入和生活质量、抵御自然灾害的能力均亟待改善提升。为此，本轮社会调控将对庐山山体内的居民点，以做减法为主，对位于山体外的居民点则择优以做加法为主，拟分4个区。

（1）无居民区。将以庐山生态保护区、史迹保护区、自然景观保护区为主的核心景区，以及自然景观恢复区定为无居民区，其生态敏感性、风景资源价值较高，或自然与地质灾害风险高，不宜有人类的各种活动。仅允许数量有限的游客、科研人员、管理人员、安全救险人员进入。

（2）居民控制区。位于庐山山体中海拔 150 米以下范围内，聚集了较多村庄，并形成了山地田园风光。本规划规定，那些对于生态环境影响较小的区域中（如康王谷）可选择性地保留一些自然村落和田园风光，增加景观类型和特色村寨，但要严格控制其居住人数。

（3）居民衰减区。将山体范围内无居民区和居民控制区之间划定为居民衰减区，在规划期内保留部分村落和居民点，但要逐步减少常住人口。

（4）居民聚居区。沿环山公路以外，利用现有城镇和旅游服务基地（包括在建的庐山文明新城）建立新的居民聚居区，将从无居民区、居民衰减区，以及从鄱阳湖边洪涝区等不宜居住地区逐步迁入人口。

2. 规划对策

（1）居民点分类。根据以上调控分区，拟将庐山山体内外的居民点分为 4 类（表 7、表 8）：①搬迁型居民点：位于无居民区中的居民点；②缩小型居民点：位于居民衰减区中的居民点；③控制型居民点：位于居民控制区内的居民点；④聚居型居民点：位于居民聚居区内的居民点。

表 7　庐山风景名胜区 4 类居民点一览表

居民点类型	名称
搬迁型	牯岭东谷、白鹤、玉京、万杉、潘湾、化纤厂
缩小型	牯岭西谷、东林、西林、五里、交通、凤凰、河东、星德、大桥、秀峰、温泉村
控制型	谭坂、龙门、积余、莲花林场、庐山茶场、太平、双塔、赛阳垦殖场、南城、汤桥、东牯山林场、观口、庐山垄村、东城、蔡岭、沿湖、广桥、香积、谷山、五星、彭山、五洲、长岭、梅溪、大岭、莲花
聚居型	威家、姑塘、高垄、海会、白鹿、南康、温泉、隘口、妙智、通远、赛阳、庐山新城

表 8　本规划范围内各城镇常住人口控制预测表（2025 年）

居民点名称	牯岭	威家	海会	赛阳	温泉	隘口	归宗	五里	姑塘	莲花	通远	南康	合计
人数 / 人	9 000	6 000	5 400	2 000	5 500	4 500	3 600	1 800	2 700	2 700	1 800	42 000	87 000

注：以上常住人口控制预测数仅作为估算各项配套的基础设施人口指标

（2）居民点社会调控政策建议

第一，科学而公正的政策导向。分别对四类居民点进行科学评估，评估内容包括其生态、安全风险、环境影响等；公示评估结果，并召开政府相关部门、专家、居民参与的听证会。再根据听证会达成的共识，依据国家、省相关法规、政策，颁布有区别且公平的撤村并点、搬迁补偿等政策。

第二，政府推动与市场导向的政策互动。政府根据以上拟定的政策，拟定政策实施细则，并推动其实施，同时必须遵循市场规律，特别是在产业导向上，既要顺应大庐山全域旅游发展趋势，又要尊重各镇各村各具特色的旅游业态，鼓励倡导各镇各村的自主创新，但需对庐山周边的各类新区进行评估和整治，结合特色小镇和村镇建设，进行与庐山总体规划的良性互动（图 8）。

第三，分期而联动的政策协同。在对四类居民点进行分期调控的同时，还应有“一盘棋”思想，进行四类居民点的有机联动。特别是在搬迁时序、方式及基础设施、公共服务配套上，要按相关规划和开发时序协调一致，以达到良好的系统效应。

第四，“多规合一”与政策执行的统一性。实行城乡规划中土地、建筑、环境生态、园林景观、市政、防灾等规划的“多规合一”，避免“规出多门”“政出多门”的互耗低效局面，实现规划与政策的统一性，从而既维护了政府的公信力，又确保了社会的全面整合与和谐共赢。

四、结语

以上社会调控规划是一项复杂长期的社会系统工程，量大面广，任重而道远，不可能一蹴而就。应以咬定青山不放松的意志，万众一心，砥砺同行，坚持不懈，渐进整合，必然会迎来一座更加美好和谐、永葆魅力的庐山，正所谓：

一枝独秀非愿景，满园春色方可亲；
定山神器乃人和，众创致远达胜境。

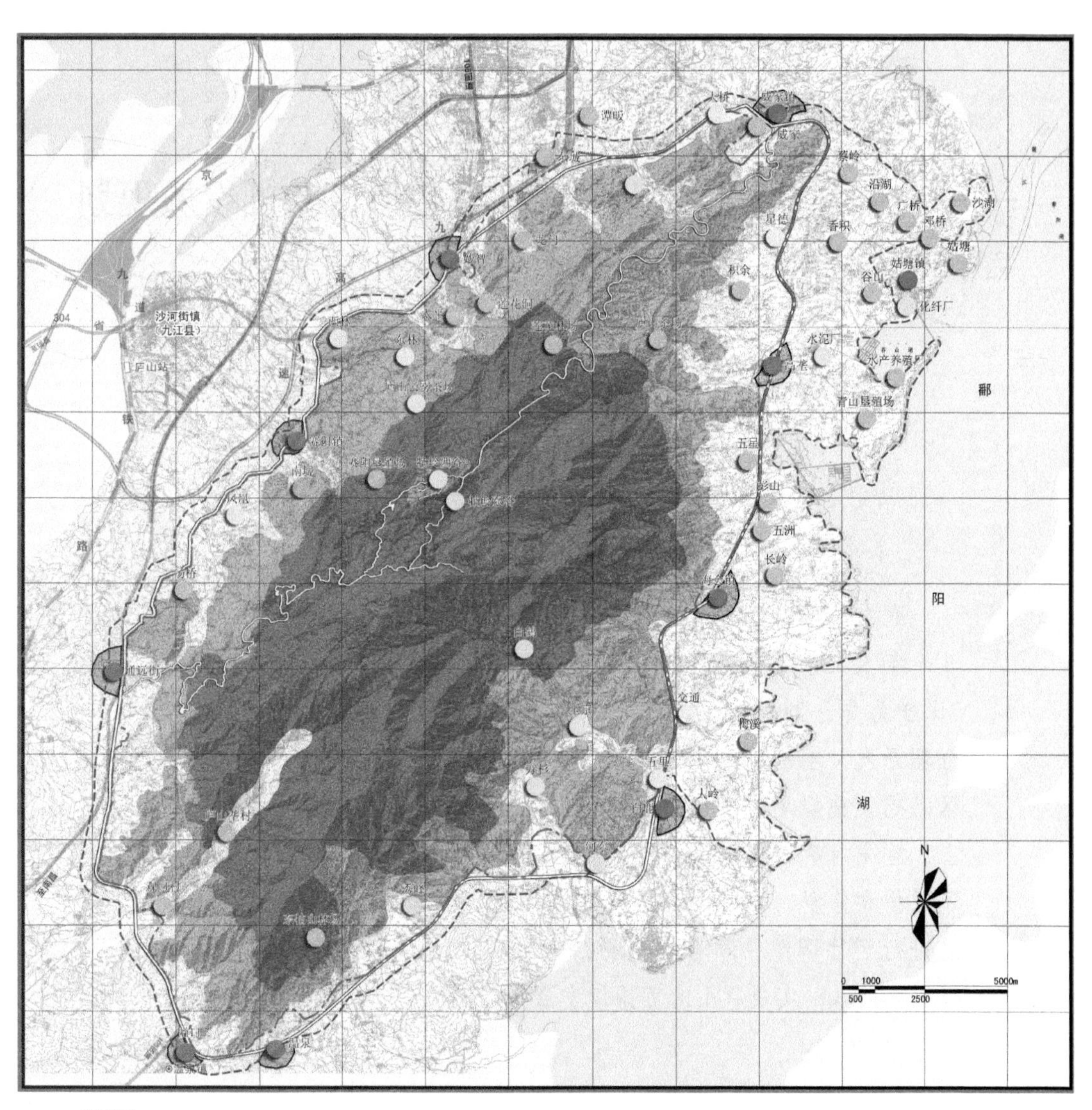

图例

无居民区	搬迁型居民点	衰减区	缩小型居民点	控制区
控制型居民点	聚居区	聚居型居民点	风景名胜区边界	外围保护地带边界

图8　居民社会调控规划图

强基固本可持续
——“山中城”牯岭及庐山风景名胜区基础设施规划

吴春旭　张鸿涛*

庐山是国内风景名胜区中为数不多的山上有城的风景区，积淀了中华几千年人文景观精华，又是“山—江—湖”大生态系统的重要节点。根据“保护为先，利用优化，统筹协调，渐进整合”规划总方针，“保护第一，合理开发，永续利用，现实可行”的本专项规划原则，本次庐山风景名胜区基础设施规划中，在对现状庐山环境质量与基础设施承载力分析的基础上，首先对庐山风景区，特别是对“山中城”牯岭镇的自然生态环境进行了保护和修复，同时结合居民安置计划和旅游设施配置，对各专项基础设施进行了协调统一和合理布局，努力实现环境、经济、社会效益的统一，以强基固本，实现庐山的可持续发展。

一、引言

庐山是国内风景名胜区中为数不多的山上有城的风景区，是荣膺“世界文化景观”遗产、“世界地质公园”、“国家自然保护区”、“国家森林公园”、“国家

---

*吴春旭，清华大学环境学院高级工程师；张鸿涛，清华大学环境学院教授。本文成稿时间：2015年8月。

5A 级旅游区”、“全国文明风景旅游区（十佳）”等称号最集中的风景区，积淀了中华几千年人文景观精华，又是“山—江—湖”大生态系统中的重要节点。本次规划中将庐山风景名胜区定位为具有三大价值（自然科学价值、自然美学价值和历史文化价值）的六大名山（风景名山、文化名山、地质名山、生态名山、宗教名山和政治名山），以“保护为先，利用优化，统筹协调，渐进整合”的规划总方针以及“保护第一，合理开发，永续利用，现实可行”为本专项规划的原则。因此，本次庐山风景名胜区基础设施规划中，在科学保护庐山自然和人文景观的前提下，强调合理布局，各专项规划有机协调，充分利用现有设施，避让生态走廊与景观视廊，积极配合社会调控规划和旅游规划、生态保育规划等，尽可能满足居民及游客生活与游览的需求，努力实现环境、经济和社会效益的统一。

本次基础设施规划范围与总体规划范围一致，规划面积 453 平方千米，包括庐山山体、外围保护地带和外围景区三个部分。[①] 规划内容包括：电力供应规划、给水工程规划、排水工程规划、环境卫生设施规划、邮政通信规划、环境保护规划和防灾减灾规划 7 个专项，专项规划主要是根据庐山风景名胜区“山—江—湖”一体化及“山上有城，山城交融”的特点，围绕“生态保护”与“协同发展”两大主题进行规划布局。

二、环境质量与基础设施承载力分析

（一）环境质量与污染物排放量分析

1. 空气质量与污染物排放量

庐山属山区温和湿润气候，山地自然条件复杂，多种植物得以存活，置身其中，令人心旷神怡，以“天然大氧吧”誉之实不为过。参照《环境空气质量标准》（GB3095—1996）第 4 条要求，庐山是国家重点风景名胜区，属于环境空气质量一类控制区，全山大气环境均应执行国家一级标准。

---

① 庐山风景名胜区范围（基本上以环山公路内侧的庐山山体）总占地为 330.42 平方千米；其外围保护地带总占地为 103.94 平方千米；外围景区（浔阳景区、龙宫洞景区、石钟山景区、鞋山 – 湖口景区、沙河景区）约为 20 平方千米。

根据九江市环境保护监测站于1996年12月和2002年3月对庐山大气进行的抽样监测，庐山大气质量基本上是好的，符合《大气环境质量标准》（GB3095—82）中的一级标准。同时1997～1999年庐山环境保护监测站对全山单位进行了监测，经监测，80%的单位已达标排放，符合《大气环境质量标准》（GB3095—82）中的一级标准。庐山旅游风景区环境空气质量优良。

环境质量的优良来源于以油、气等清洁能源代替燃煤的相关政策。在庐山实行以油、气等清洁能源代替燃煤后，85%的单位已进行了烟尘治理，居民冬季燃煤方式取暖产生的大气污染正在加以遏制。[①]庐山年废气排放总量约240万标立方米，其中燃煤排放的废气量为210万标立方米，燃油排放的废气量为30万标立方米。[②]

此外，庐山管理局辖区现有机动车辆690辆，其中客车535辆、货车132辆、特种车23辆，全山公路总长31.7千米，每年外地进山车辆约12万辆，也为庐山带来较严重的机动车尾气污染。

九江市环境保护监测站于2000年“五一”期间的监测表明，机动车通过庐山植物园，带来了一定的机动车尾气污染（表1、表2），若对进山车辆不加限制，必将导致庐山环境空气质量下降。机动车尾气对庐山的空气污染问题，应引起高度的重视。

表1　通过植物园区机动车车流量（往返车辆数）一览表（单位：辆）

日期	大巴车	中巴车	小车	合计
2000年4月30日	356	108	770	1234
2000年5月1日	610	182	1210	2002
2000年5月2日	754	274	1924	2952

表2　庐山植物园机动车尾气污染监测结果（日均值）一览表（单位：毫克/标立方米）

点位	日期	一氧化碳	氮氧化物	铅
国家标准	—	4	0.1	1.5
1号清洁点	2000年4月30日	0.116	0.007	0.358

① 庐山牯岭镇自2005年全面实施“煤改电”以来，居民冬季取暖产生的大气污染已有根本改变。
② 本文中引用的各项现状数据，除注明年代外，大部分为2006年的统计数据。

续表

点位	日期	一氧化碳	氮氧化物	铅
1号清洁点	2000年5月1日	0.376	0.007	0.427
	2000年5月2日	0.116	0.005	0.481
2号票房	2000年4月30日	0.851	0.028	0.966
	2000年5月1日	2.958	0.048	0.982
	2000年5月2日	2.890	0.036	1.152
3号大门	2000年4月30日	0.636	0.037	1.014
	2000年5月1日	6.703	0.072	0.938
	2000年5月2日	7.791	0.080	1.270

综上所述，截至2000年，庐山旅游风景区环境空气质量优良，但随着私家车出行旅游的人数逐步增加，旅游旺季庐山风景区山上的机动车数量将会猛增，汽车尾气污染问题成为影响庐山空气质量的主要因素。因此，加强机动车污染的控制，限制大量私家车上山以及继续落实“无烟山”环保工程要求，加大电力替代，“煤改电”，是确保庐山空气质量保持在一级标准的重要措施。

2. 水域环境质量与污水排放量

庐山是一座生态名山。庐山独特的地理环境与得天独厚的气候条件，使其拥有生长茂密的森林及植物，众多的古树名木，特别是形态各异、千变万化的水系、湖泊、瀑布，层峦叠嶂的青山翠谷，为鄱阳湖、长江大生态圈中的有机组成部分，形成了长江中游的清凉世界，成为驰名中外的避暑胜地。

庐山110个自然景点中与水有关的有39个。长江从庐山以北流过，全国最大的淡水湖鄱阳湖也位于其东南部，是赣江的连河湖。这个面积达5500平方千米的连河湖，在冬季湖水面积仅500平方千米左右，形成了全国最大的湿地，每年冬季有236种40多万只候鸟到湿地过冬，全世界最为珍稀的白鹤98%来此地过冬。所以，鄱阳湖在夏季是理想的水上游乐园，冬季是观赏候鸟的旅游胜地。庐山顶的如琴湖和芦林湖是两个较大的人工湖，也成为重要的旅游景点。

但庐山的污水排放情况不容乐观。全山山上年污水排放总量为210万吨，主要为生活污水。目前仅17家宾馆采用无动力污水处理设备，其他宾馆及居民生活污水经化粪池后即进入排水系统。加之山上的特殊地形，且排水设施不完善，多为道路明暗沟，雨污混流，因此，对“两湖、四沟”等地表水污染较严重。[①]

以如琴湖为例，该湖汇水区域内的宾馆、招待所已达70余个，总床位4000余张，居民约为1094户，这些宾馆、招待所以及居民的生活污水全部排放到如琴湖水体中。根据以往监测结果，该湖水体已遭严重污染。但随着2005年建成的如琴湖污水处理站（3000立方米/天处理规模）的投入使用、对如琴湖的全面清淤工程，以及牯岭镇雨污分流系统的完善，这种状况会有根本改变。

芦林湖于1955年建成，水域面积为2.6平方千米，集饮用水源与旅游观赏两大功能为一体。排放源主要为生活区、宾馆的低浓度有机污染物，主要污染源有芦林饭店、中国科学院庐山疗养院、林场招待所、太极宾馆等。1997年，庐山管理局投专款对芦林湖周边进行了治理，采用清污分流，使湖水水质得到了显著改善，但是还需要进一步完善治理，以实现标本兼治的效果。

2002年的监测结果表明，如琴湖水质较差，化学需氧量、总磷（TP）等污染物浓度较高，这主要是由于该湖受西谷生活污水的影响较大，水质低于Ⅲ类水质标准，不能满足水域功能区划要求；芦林湖为饮用水源地，受到轻微污染，除总磷略高外，基本能满足Ⅰ类水质标准及水系功能区划要求；电站大坝水库水质虽略受生活污水影响，但目前水质尚可，能满足水系功能规划Ⅲ类水质要求；三叠泉、秀峰水质良好，基本未受污染，水质完全符合Ⅰ类水质标准要求；剪刀峡为西谷生活污水及屠宰污水排放溪流，因此受水污染物影响较大，水质较差，不能满足水系功能区划Ⅳ类水质要求。

综上所述，水是庐山的自然景观要素，但目前生活污水排放仍应加强监管，并应执行最严的水质监测标准。监控的重点应始终放在芦林湖、如琴湖、东西

① 本文中引用的庐山各项现状数据多为2006年前的调查统计数据。

谷、六座水库及核心景区。

3. 固体废弃物排放

庐山风景名胜区现有常住人口 1.2 万，外来人口 0.8 万人，每年约 150 万人次的旅游人口，高峰期每月可达 30 万人次。根据庐山管理局环保环卫局的统计结果，每年生活垃圾产生量为 1.2 万吨。庐山风景名胜区的垃圾成分随季节变化较大。在夏、秋旅游旺季，垃圾主要来源于游客，以塑料制品、纸张、厨余废物等有机物为主，其所占比例在 70% 以上；在冬、春等旅游淡季，垃圾主要来源于庐山常住居民、外来人口和游客，煤灰等无机物含量显著增加，但落叶、木竹等有机物亦占相当比例，有机物所占比例在 50% 左右。

此外，由于庐山缺乏平地，基础建设过程中场地开挖平整产生大量基建废弃物，一般每年 2 万吨左右，平均每天 60 吨。

目前，庐山风景名胜区只有一个距离牯岭镇 5 千米的大寨垃圾堆放场，该堆放场依地形而建，处于山坳当中。风景名胜区内产生的生活、建筑、旅游垃圾经过收集，由环卫部门集中运到该垃圾场堆放，该堆放场已是山上的第二座垃圾堆放场，它旁边不远的前一座垃圾堆放场已经被完全堆满。垃圾未经任何无害化处理，仅仅将其掩埋后压实，因此会对周围环境造成二次污染，同时，也会对山下的九江市水体造成污染。因此，对这两座垃圾堆场均应搬迁山下。

本轮总体规划编制期间，庐山已在山下九江市进行了新的垃圾处理场的选址，大部分垃圾已定时转送至山下九江垃圾处理场，从而使垃圾处理问题得到疏解。

（二）基础设施承载力分析

1. 供水设施承载力分析

庐山有给水处理厂 1 座，生产能力 1.5 万吨 / 日，厂址位于庐山东谷空军疗养院西侧。其东西长约 70 米，南北宽约 30 米，占地 3.15 亩，海拔高度 1978～1070 米，厂内高差较大。

水厂水源为芦林湖，周围现有 6 座水库：芦林水库、仰天坪水库、汉口峡水库、植物园水库、莲花谷水库和莲花台水库。6 座水库的多年平均供水量为 510 万立方米，最枯年供水量为 384 万立方米。莲花台水库建成后，通过对这 6

座水库联合调度，可使庐山供水保证率达到95%的水平（465万立方米）（表3）。

表3　牯岭水源各水库基本情况

水库名称	集雨面积/平方千米	总库容/万立方米	调节库容/万立方米
芦林	2.02	112.0	53.6
仰天坪	0.3	20.0	16
汉口峡	0.66	6.0	5.8
植物园	0.9	3.2	3.0
莲花谷	0.2	0.8	0.6
莲花台	2.08	91.1	82.0
合计	6.16	233.1	161.0

庐山另有部分地区采用自备水源，供水能力约0.2万吨/日。

山上城区供水管网基本呈环状，其给水管道总长80.1千米，其中DN300长2.45千米，DN200长6.7千米，DN1500长5.89千米，DN100长6.47千米。

目前庐山水厂基本能满足庐山风景区的供水需求，但庐山风景区其他区域的供水设施能力需要根据需求重新校核。

2. 供电设施承载力分析

庐山风景名胜区及周边的电网覆盖总体情况较好。九江至南昌的220千伏高压电缆沿庐山山体西侧通过，在规划区内形成高压线廊道。庐山周边的次级电网（110千伏以下）均由该主干电网引出。

目前为庐山风景区供电的共有4座110千伏变电站（星子变电站、庐山变电站、十里变电站、周岭变电站），5座35千伏变电站（赛阳变电站、秀峰变电站、温泉变电站、小天池变电站、高峰变电站）。根据1992～2001年的统计数据，庐山风景区的供电可靠率较高，负荷能力基本能满足现状需求。

庐山风景区的供电系统也存在如下问题。①缺少220千伏变电站，以海会为代表的东部区域缺少变电站。②10千伏线路多采用裸铝线架设的方式，一方面安全程度不高，大风、大雪易造成线路接地、短路、断线等故障；另一方面，景观效果较差。

3. 电信设施承载力分析

（1）通信

庐山邮电始于1919年的牯岭邮政局。目前庐山程控交换机房设在香山路的电信局内，由电信局向外辐射7条通信电缆，共连接了13个架空电话交接箱。这些电缆根据地形情况和当时的建设条件分别采用了管道电缆、地槽沟电缆、埋式电缆、套硬聚氯乙烯（PVC）管电缆等各种形式。目前，庐山通信工程基本能跟上庐山建设和旅游的发展，但随着手机的普及和无线网络时代的需求，以及加速推进5G的智慧化景区建设，有必要以大数据、大通信的理念，尽快进行智慧化庐山的专项规划，并与国家及江西省相关规划相衔接。

（2）邮政

庐山邮政也开办于1919年，经肩挑手扛的初级阶段，逐步发展为今天现代化、多元化的邮政业务。庐山邮政局设于连接东、西谷地区的正街步行街，并在正街开办了报刊门市部和邮亭各一处，在大林路、正街、中国科学院庐山疗养院、庐山大厦设置了4个邮票代售点，在正街、河南路、大林路、云中宾馆、大林沟等处设置了10个信箱信筒。

（三）小结

庐山风景名胜区是一座依托庐山发展起来的景区，其中牯岭镇（庐山山上部分）更是一座位于山中的城市。庐山风景区良好的自然风光是庐山发展的基本条件，但随着近年来旅游的开发和生活水平的提升，机动车尾气排放、紧邻庐山的九江化纤厂废弃物排放、居民燃煤的排放、污水排放以及固体废弃物的随意堆放都为庐山风景区的水、气以及景观环境带来了巨大威胁。以如琴湖为代表的部分河湖水环境质量已不能满足水功能区划要求，而缺少垃圾转运和填埋设施，也造成固体废弃物在庐山的无规则堆放，加强生态环境保护已成为庐山风景区的首要工作。

同时，随着庐山未来旅游的进一步开发，对供水、供电、电信等市政基础的要求也将进一步增加，与国家战略及区域规划协同，提高市政基础设施的承载力也是庐山发展面临的另一个课题。

三、基于生态环境保护的基础设施规划

庐山风景名胜区的环境质量控制，不应仅局限于风景名胜区范围，而应在更大范围内，包括九江市、星子县及九江县域内统一规划、控制。为了恢复和保持庐山风景名胜区自然环境所具有的“空气新鲜、水质优良、植被丰富、环境幽雅”的特色，近期应加大环境治理力度，控制规划区域内的大气、水体、固体废弃物环境污染。

（一）大气污染控制与电力供应规划

参照《环境空气质量标准》（GB3095—1996）第4条要求，庐山是国家重点风景名胜区，属于环境空气质量一类控制区，全山大气环境均应执行国家一级标准。考虑到庐山的实际情况，对庐山的空气质量进行了分区，并确定了相应的控制标准（表4）。

表4 空气质量功能区划分表

功能区名称	区域范围	空气质量	
		近期	中远期
交通稠密区	公路线两侧50米内	三级	三级
缓冲区	环山公路内侧500米至外侧500米，公路线两侧50米内除外	二级	二级，接近一级
二级控制区	上下山公路沿线牯岭中心区、庐山区、星子县城及其他乡镇居民聚集区	二级，接近一级	一级
一级控制区	二级控制区与缓冲区之外的广大地区	一级	一级

为保证庐山风景区空气质量达到功能区要求，规划近期在牯岭镇中心区全面实施“无烟山”环保工程，削减二氧化硫等大气污染物排放量。严禁本规划范围内和周边地区的工业企业扩大规模，现有工业污染源必须全部达标排放。严格执行机动车污染物排放标准，近期未达标车严禁上山，尽早在山下南北山口规划建设两处交通换乘站（图1、图2），换乘电动车等环保清洁能源游览车上山，会大大疏解对庐山山体的污染。中远期牯岭镇要巩固“无烟山”“煤改电”成果，建立对庐山各景区的负氧离子及$PM_{2.5}$的大气监测实时预报，并在庐山风

景名胜区波及的453平方千米范围内推广，所有工矿企业实现转产或搬至风景名胜区影响范围之外。

图1 威家交通换乘中心实景（中国城市规划设计研究院，2008年设计，2009年建成。摄影：张雷）

图2 庐山山南入口——通远交通换乘中心实景
（庐山规划建筑设计院，2007年设计，2009年建成。摄影：张雷）

为“无烟山”“煤改电”环保工程创造条件，同时为满足庐山风景名胜区的电力需求、改善庐山风景区的景观效果，本次规划在九江市电力规划的基础上，规划海会镇增设110千伏变电站（31.5×2兆伏安机组），规划扩建星子变电站为220千伏变电站（90×2兆伏安机组），同时环山公路周边各旅游服务中心规划结合电缆更新或改扩建工程将110千伏以上干线架空线路改为埋地敷设，新设线路均应采用埋地敷设（图3）。

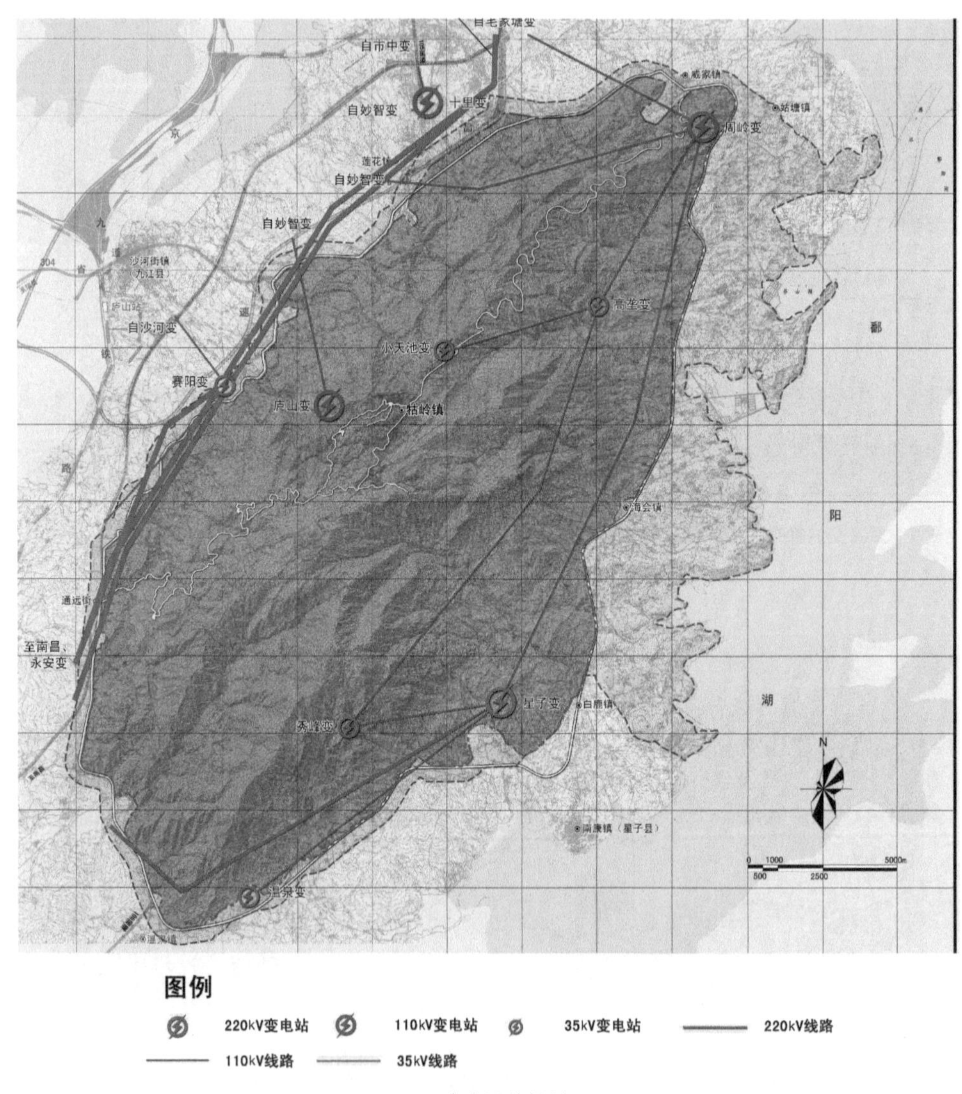

图3 电力设施规划图

（二）水环境保护与排水工程规划

水环境质量的优劣直接影响生物生态和水景观以及当地的饮用水源，本次规划通过污水收集和处理系统的建设，争取有效控制集中排放的污水对水体的污染，从根本上改善庐山水环境。

参照《地表水环境质量标准》(GB3838—2002)，考虑到牯岭镇位于庐山风景名胜区内的现状和其实际地位，并参考当地政府部门的水环境功能区划分原则和本规划中生态保护功能区划分结果，本次规划将区域的水系分为三个功能区（表5）。

表5　水环境质量功能区划分表

功能区名称	水域范围	水环境质量	
		近期	中远期
严格控制区	生态保护专项规划一级控制区，牯岭镇排水受纳水系除外	Ⅰ类水域标准	Ⅰ类水域标准
游览娱乐水区	二级控制区及牯岭镇排水受纳水系	Ⅲ类水域标准	Ⅱ类水域标准
景观用水区	三级控制区	Ⅳ类水域标准	Ⅲ类水域标准

其中，严格控制区还包括牯岭镇芦林湖水库片区、汉口峡水库片区、仰天坪水库片区；游览娱乐水区还包括如琴湖、东谷小溪区、西谷小溪区、电站大坝、石门涧小溪；景观用水区还包括剪刀峡谷地。

为保证各功能区达到规划水环境控制目标，本次规划新建区均采用雨污分流的排水体制，老城区已建的合流制排水系统按具体条件加以改造和完善为截流式合流制系统。

除保留牯岭镇已经建成的剪刀峡污水处理站和如琴湖污水处理站外，庐山风景区还规划建设6座集中污水处理站（表6）。对规模较小且比较分散的旅游服务设施，规划建设分散的污水生化处理设施。污水处理设施建设应与新设旅游服务中心同时建设、同时施工、同时使用。污水处理站出水水质均应达到《城镇污水处理厂污染物排放标准》(GB18918—2002）要求。同时，牯岭、南康、海会、温泉等旅游服务中心区还可结合污水处理设施建设中水回用系统（图4），中水可用作冲厕、绿化浇灌等，水质应满足《城市污水再生利用 城市杂用水水质》(GB/T18920—2002)、《城市污水再生利用景观环境用水水质》(GB/T18921—2002）标准。

表 6　庐山风景名胜区其余地区污水设施规划表

旅游服务中心名称	处理能力/（立方米/日）	建设规划期限
威家	3 000	近期
通远	1 000	近期
海会	3 000	近期
温泉	3 500	近期
姑塘	3 500	近期
莲花	6 500	近期
南康	25 000～40 000	近 / 中、远期

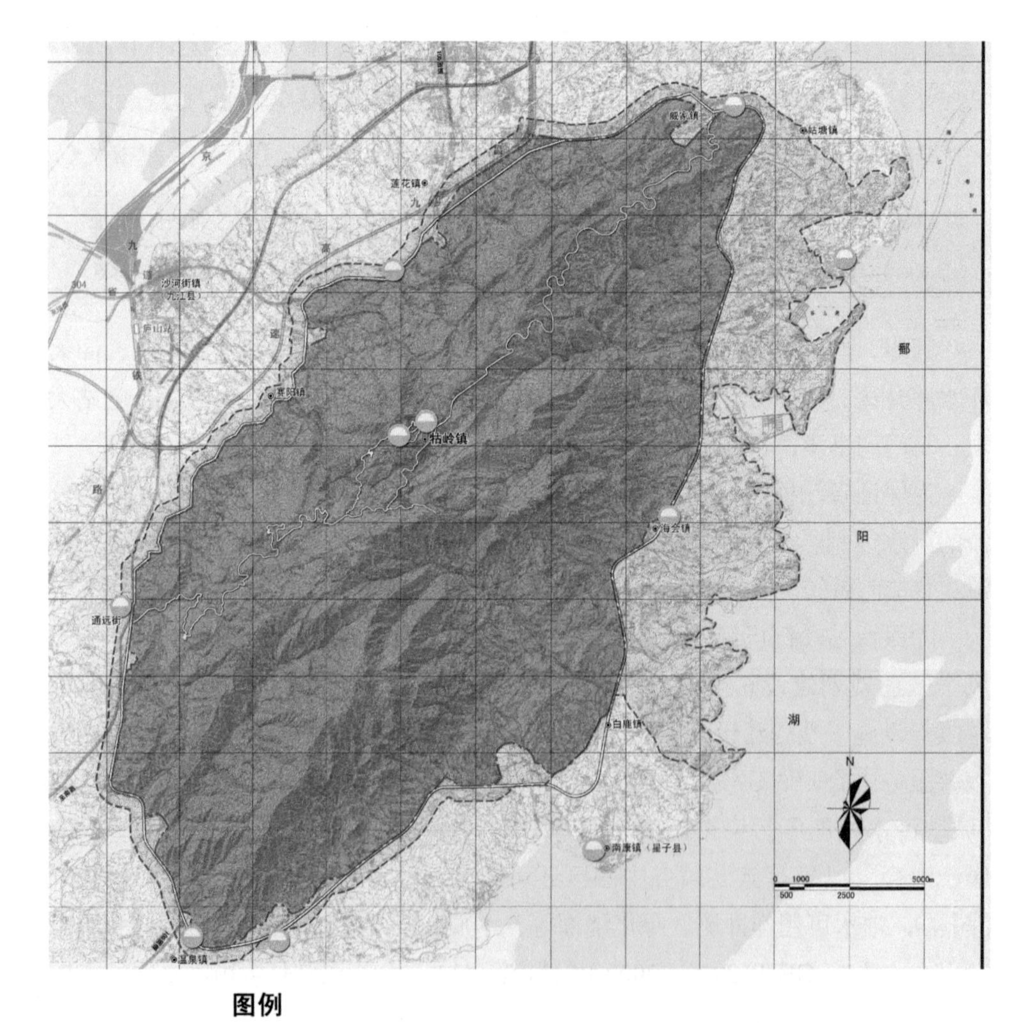

图例

污水处理厂　风景名胜区边界　外围保护地带边界

图 4　排水设施规划图

如琴湖已经成为庐山的标志性旅游景点之一，同时长久以来受纳污水未进行处理，加上入湖径流携带的泥沙杂质，致使湖底淤泥积聚量高达约8万立方米。湖底淤泥污染物的不断释放对如琴湖的水质污染现状造成了严重影响，尽管如琴湖污水处理站已经建成，但仍应严控湖边酒店的污水排放，并定期清淤，如琴湖水质才能持续保证达到标准要求。

为专门应对如琴湖的水环境问题，本次规划在尽快彻底完成如琴湖清淤工程，并将湖底淤泥清运至九江垃圾填埋场处置后，应建立实时监测如琴湖水质的长效措施。

（三）环卫工程规划

根据垃圾产量预测，庐山风景名胜区未来垃圾产生量将达到170～220吨/日。由于大寨垃圾堆放场对庐山风景区生态环境和景观效果影响极大，本次规划立即停止使用大寨垃圾堆放场，并应对现存垃圾进行环境影响评价，实施无害化处置。近期牯岭镇产生垃圾通过预处理后运至山下，同九江市垃圾一同填埋处理。山上景点产生的垃圾应及时转运，不得再就近随意堆放，并应对已经堆放的垃圾进行无害化处置。

为保证垃圾的处理、处置和运输得到保障，规划在星子县域以内至庐山风景名胜区以外，规划新建一座日处理能力为220吨的垃圾填埋场，负责填埋星子县、牯岭镇及海会镇产生的生活垃圾及普通工业垃圾。填埋场选址、建设应符合《生活垃圾填埋污染控制标准》（GB16889—1997）、《生活垃圾卫生填埋技术规范》（CJJ17—2004），并作环境影响评价。

规划在牯岭镇、海会镇、温泉镇、南康镇各建设大型综合垃圾中转台1处，进行分选、脱水和压实的预处理工艺，使垃圾脱水减容。其余服务基地各建设中型转运性垃圾中转台1处，小型服务中心产生的垃圾由垃圾运输设备向转运站输送（图5）。

（四）小结

为保证庐山风景名胜区大气环境、水环境和景观环境得到保护，本次规划重新划分了环境功能分区，针对不同分区，分别规划了相应的电力、排水和环卫设施。同时，针对如琴湖等重点需要治理的区域，提出了规划对策，以保证未来庐山风景名胜区的环境能够继续保持良好的状态。

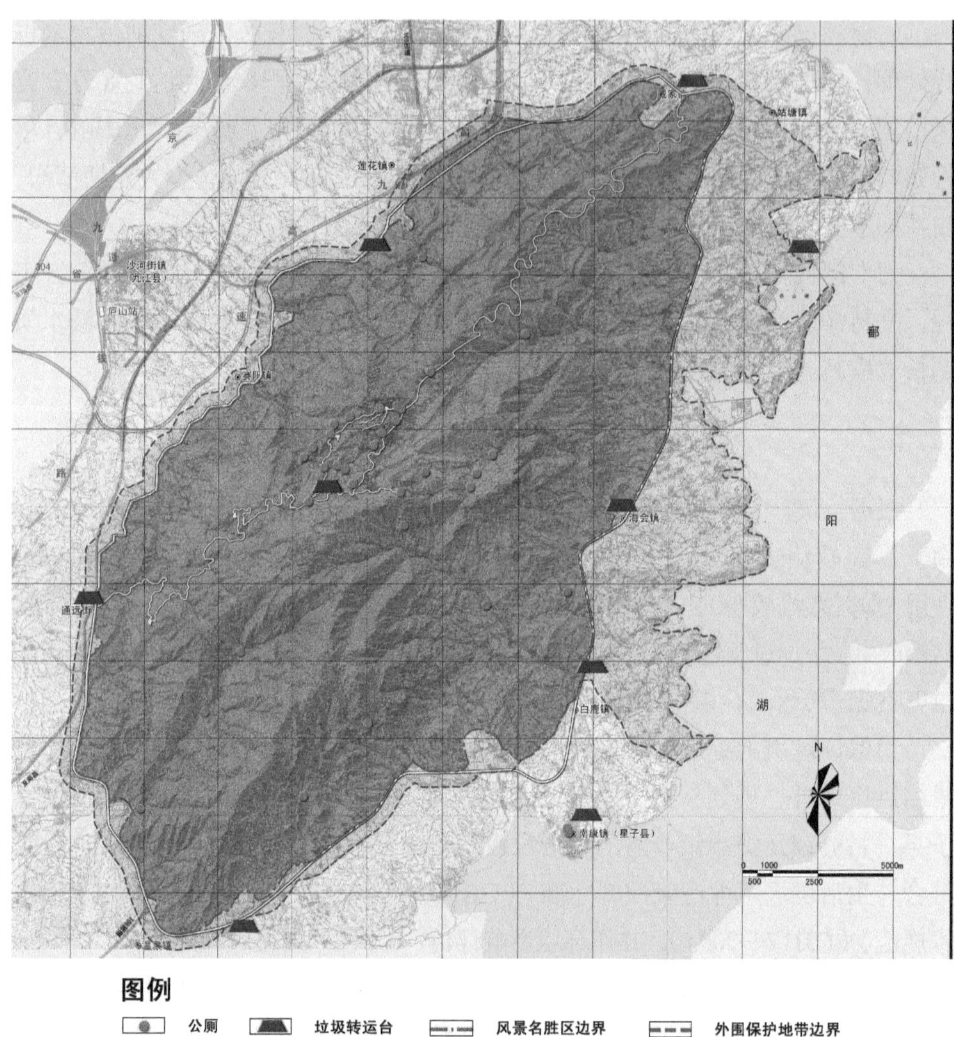

图 5　环卫设施规划图

四、基于协同发展的基础设施规划

（一）水源与给水工程规划

为保证庐山风景区供水安全，规划牯岭镇、南康镇和姑塘镇不增加新的水源，并划定芦林湖、汉口峡、仰天坪水库、植物园水库、莲花台水库、女儿城水库为牯岭镇饮用水源保护地。垃圾堆场选址须远离鄱阳湖岸，并禁止污水未经处理直接排放。加强对鄱阳湖的水体保护，并在南康镇和姑塘镇的取水口附近采取必要的保护措施。海会镇及温泉镇均应扩建原水蓄水池，并采取保护措施减少污染。

根据庐山风景名胜区各旅游服务中心的人口和游客规模，预测各旅游服务中心估算用水量如表 7 所示。

表 7　庐山风景名胜区用水量估算表

旅游服务中心名称	近期用水量/（吨/日）	中、远期用水量/（吨/日）
牯岭	12 100	10 900
威家	2 400	4 000
海会	5 200	3 600
通远	900	1 700
赛阳	1 400	1 200
温泉	5 100	4 200
隘口	800	2 900
归宗	900	2 300
五里	1 000	1 200
姑塘	17 500	4 200
莲花	6 300	8 000
南康	29 200	47 000
太乙	180	200
观口	180	200
合计	83 160	91 600

为满足庐山风景名胜区的用水需求，规划扩建南康镇、海会镇、温泉镇自来水厂，南康镇供水能力达到 3 万吨 / 日，海会镇供水能力达到 0.8 万吨 / 日，温泉镇供水能力达到 0.4 万吨 / 日。提高南康镇、海会镇和温泉镇供水管网的规格，增加管道、扩大管径，逐步形成环状管网，并随镇区的扩大逐步增加管网覆盖面积。其余镇区逐步完善现有管网，提高供水安全和重复利用率。

（二）邮政通信规划

根据庐山风景名胜区总体规划的要求，以高起点、高效率的标准建立庐山的邮政、通信网络，除发展传统的邮政、通信业务外，通信网将向多类数据业务、智能业务、可视图文业务发展，为游客及居民提供全方位、多层次、覆盖面广的邮政、通信服务系统，以满足庐山信息化的要求。

规划2025年，庐山风景名胜区内及周边村镇约有居民共8.7万人，固定电话普及率按80门/百人计；日游客量为3万人，固定电话普及率按60门/百人计，则预测本区固定电话容量约为8.74万门（表8）。

表8 装机容量预测表

旅游服务中心名称	固定电话容量/门
牯岭	15 600
威家	5 600
海会	4 700
通远	2 800
赛阳	1 600
温泉	5 600
隘口	3 600
归宗	2 900
五里	1 400
姑塘	3 400
莲花	2 600
南康	37 000
太乙	300
观口	300
合计	87 400

规划保留庐山风景名胜区现状的通信光缆，各旅游服务中心通信线路直接从临近电信模块局或交换箱接入，旅游接待设施及全山交通、防灾、报警、解说系统均采用光纤宽带接入。移动、联通等以移动业务为主导的基站设置，在符合本区用地规划的前提下，可根据自身行业发展情况安排。环山公路周围的电信线路宜全部采用埋地敷设方式，牯岭地区已建架空线路应结合改扩建工程，逐步改造为地下管道或直埋电缆等埋地敷设方式。中期实现5G无线网络全覆盖。

在牯岭、海会、温泉、威家、莲花、姑塘、通远、白鹿及南康设邮政代办处，兼发行邮票、纪念封等旅游纪念品。

（三）防灾减灾规划

庐山风景名胜区管理部门应采取有效措施，消除灾害隐患，搞好防火、防洪、防地质灾害和防生物灾害等多项防灾工程的专项规划与建设，并纳入智慧平安庐山规划重要内容，建立一套庐山风景名胜区及更大区域的综合防灾体系，发挥减灾防灾效益，保护人民生命财产安全和风景名胜区资源，最大限度地减轻灾害对重点景区景点的影响。随着国家及省市应急部门的建立和建设，以及相关法规的完善，庐山应加强相应应急部门队伍与设备的建设。

1. 防火规划

防火规划遵照“预防为主、防消结合”的方针，坚持专门机关与群众相结合的原则，实行防火安全责任制。

加强防火意识，加强《中华人民共和国消防法》《森林防火条例》《江西省消防条例》等相关法律法规的宣传和学习，增强当地居民和游客的防火意识和消防知识。

庐山风景名胜区管理部门应针对本风景区内的森林防火特点和牯岭镇等旅游城镇防火两部分分别进行防火专项规划，做到两部分各有侧重，互相衔接，不留死角。

2. 防洪规划

建立本区的防洪工程专项规划，结合“山—江—湖”地区的实际特点，建立一整套适应庐山风景名胜区发展要求的以防山洪和泥石流为主的防洪体系。

3. 地质灾害防治规划

以现有的本区《地质灾害调查与区划报告》为基础，查明区内的地质灾害隐患，对本区内的地质灾害点的危害性进行分析与评估，建立地质灾害防治分区。

在对地质灾害调查与区划的基础上，编制《防地质灾害专项规划》，建立地质灾害隐患处的群测群防网络。

根据《防地质灾害专项规划》，制定庐山风景名胜区的防地质灾害预案，由各级国土资源行政主管部门实行防治地质灾害的统一管理，保证防地质灾害规划的落实。

4. 生物灾害防治规划

庐山风景名胜区管理部门应组织进行庐山风景名胜区防止生物灾害的专项规划。原则上禁止携入和引进外来生物物种，对确需引进的外来生物物种须进行环境影响评价。提倡以生物防治技术为主的森林病虫害防治方法。

5. 非常规灾害与突发事件预案

针对网络犯罪、恐怖袭击、食品安全、流行病毒、工业污染、生态灾害等制定各类应急预案，并与省、市相关预案衔接。

（四）智慧庐山的规划设想

1. 建立全风景区的信息控制中心

对全风景区主要监控点的实时电视监测集中进行管控，逐步实现对各景区的交通、安防、游客流量、环境容量、灾害防治、解说系统等的网络化、智能化管控。

2. 建立全风景区的数据库

除了涉及风景区规划相关资料外，还应包括风景区各相关部门的相关资料，并能与国家、省的相关网站进行链接。

3. 倡导积极采用最新科技成果

如北斗卫星导航系统、无人机技术、机器人技术、5G 及大数据云计算等，有效推进智慧庐山的建设。

（五）小结

保护是为了更好地发展。实施庐山整体的市政基础设施规划，可以为庐山风景名胜区提供必要的市政基础支撑，有利于庐山风景名胜区的统一管理、合理开发、永续利用，既可以为山上及周边居民创造更加良好的生活条件，又可以为游客提供更方便、更多样化、更高质量的服务。

五、结语：立足于科学保护的发展才是可持续的

立足于科学保护的发展是风景名胜区永恒的主题，特别是对于庐山这样一座具有“三大价值”和“六大名山”称号的驰名中外的名山，必须以“严格保护、统一管理、合理开发、永续利用”为原则，保护好庐山风景名胜区珍贵的自然遗产与文化遗产，整合庐山风景名胜区的旅游资源，建立科学的风景区管理机制。

市政基础设施规划既是保护当中最重要的一环，又是为庐山合理开发提供支撑的一环。针对庐山风景名胜区的水环境恶化、大气受到机动车影响、固体废弃物随意堆放、电力高压线严重影响景观等生态环境问题和威胁，本规划贯彻“保护第一”的原则，分别提出了规划策略和管控方案，确保现状问题得到解决、生态环境得到修复、生态威胁得到遏制。同时，面对风景名胜区可持续发展和居民生活水平逐步提高的需求，本规划还编制了给水、供电、通信、防灾减灾等专项规划，以环境承载力为基础，在保护的基础上，为庐山的发展提供了更好的支撑。

市政基础设施规划在庐山这样一座具有“山中城”特色、立足于保护的发展的风景名胜区中，已大大超出了城市基础设施规划的范畴，需要兼顾城乡协调发展、生态环境保护、区域协同发展。相信市政基础设施的完善，将会对未来庐山的科学保护与发展起到强基固本的重要作用，这样的发展才是惠及子孙后代的可持续的发展。

科学发展必由之路

——整合是新时代庐山可持续发展之路

张　敏*

本文在回顾了庐山的光辉历史和杰出地位后，指出了庐山当时面临的主要问题[①]，即生态环境与历史文化保护面临严峻挑战、旅游发展停滞不前，并分析了产生这些问题的核心因素——“一山五治”。为从根本上解决这些问题，作者提出了整合是必须采取的正确对策（包括整合自然资源，形成集团优势；整合社会资源，理顺管理体制），并提出了构筑“三大基地、四大片区、五个保护区的大庐山”空间规划设想。最后提出了为实现整合而应采取的相关举措。

一、庐山：光辉的历史与杰出的地位

庐山是“世界文化景观”遗产、国家级风景名胜区、世界地质公园，它的历史从一个侧面反映了中华民族文化的发展史。由于庐山地处江湖相汇、

---

* 张敏，清华大学城市规划系副教授。本文成稿时间：2008 年 10 月。

① 本文所指的庐山面临的问题均为 2003 年前在编制新一轮总体规划时所调查分析的一些问题。

交通便利之处，周边农业经济发达，古往今来，名人雅士纷至沓来，留下了灿若星河的著名篇章。其中赞咏庐山的诗词歌赋可谓汗牛充栋，不少已成千古绝唱，如李白的《望庐山瀑布》、白居易的《大林寺桃花》、苏轼的《题西林壁》等。

尽管人类开发的历史久远，但庐山仍保持着良好且独特的自然生态。从地质上看，平地隆地的地垒式断块山四周断崖、峡谷发育，形成湍急的溪流和垂挂如帘的瀑布。由于地处亚热带季风区，且濒江临湖、山高谷深，形成典型的山地气候特征，有“清凉世界”的美誉。庐山素有“绿色宝库”之称，植物品种达5500种以上，且不少是珍稀保护物种。自20世纪30年代以来，著名地质学家李四光曾多次来山考察，发表了《扬子江流域之第四纪冰期》等多篇论著，使庐山成为中国“第四纪冰川学说”的诞生地。

胡适先生曾说，庐山的三处史迹分别代表了中国文化发展进程的三大趋势；分别是：慧远创办的东林寺代表了中国佛教化与佛教中国化的大趋势，朱熹讲学的白鹿洞书院代表了中国近世七百年宋学即理学发展的大趋势，李德立开辟的牯岭度假地代表了近代西方文化侵入中国的大趋势。当然这还不包括庐山在中国近现代政治生活中所扮演的重要角色。庐山的珍贵史迹遍布沟壑岗岭，它们与优美的山林植被共同构成了自然、人文交相辉映的世界文化景观。正如1996年联合国教科文组织所评述的：庐山的历史遗迹以其独特的方式，融会在具有突出价值的自然美中，形成了具有极高美学价值、与中华民族精神和文化生活紧密相连的文化景观。

二、庐山目前面临的问题

中华人民共和国成立以来，在江西省人民政府的领导下、在江西省建设厅的指导下，按照“严格保护、统一管理、合理开发、永续利用”的总体原则，庐山管理局与周边区县一道，为庐山的保护、开发与管理做出了卓越的贡献。

进入21世纪，饱经岁月沧桑的庐山在拥有骄人的历史传统与当代成就的同时，也面临众多问题，如牯岭过度城市化、旅游经济徘徊不前、挖山采石现象屡禁不止、景区建设四面开花、森林护育存在隐患、管理体制尚待理顺等。

（一）生态环境与历史文化保护面临严峻挑战

1. 名噪一时的莲花洞事件

2005 年 1 月 17 日，新华社“新华视点”栏目以“江西：干部抢建私家别墅　选址锁定庐山景区”为题揭露了个别干部在莲花洞景区违规建设私家别墅的问题，后经中央电视台等多家媒体转载后引起中央领导和社会各界的广泛关注。随后，中央、省、市组织了联合调查组，对相关事宜进行彻底调查。据了解，1993～2002 年，莲花林场浔庐村、庐山垦殖场和庐山房地产管理局等部门违背《江西省风景名胜区管理办法》中有关“任何单位和个人在省级以上风景名胜区建楼堂馆所，必须符合风景名胜区总体规划，并报省政府有关部门批准”的规定，擅自在莲花洞风景区内出让土地 85 宗，共计 140 亩。至事发为止，已建、在建的私家别墅已有 60 余幢，造成了很坏的社会影响。

2. 屡禁不止的挖山采石现象

长期以来，庐山周边区县乡镇企业“靠山吃山”，大肆采挖山体石材，尤其是山南归宗一带，形成了完整的石材采挖、加工产业群，环山公路两侧是连绵的生产石雕、墓碑、墙地板的石材加工企业，视野所及的山体很多都被破坏得千疮百孔，令人触目惊心。除此之外，山南地区还有温泉长石矿、康家坡石矿，东麓地区有海会花岗石矿、大排岭高岭土矿（一个以露天开采为主的古老矿山，地面已千疮百孔，水土流失严重），北麓有威家砂岩采石场等。这些采石场（矿）均对庐山山体或周边地区的地形地貌、植物植被等造成了严重的破坏。

3. 横空穿行的海会轨道式登山缆车方案

自 1993 年始，九江市教育科技开发总公司与香港海粤旅游服务公司合资成立了九江市海粤五老峰开发有限公司，打算在庐山东麓海会师范旧址开发建设庐山海会游览区，分期分批推出接待服务区、休闲娱乐区、温泉疗养区等，打算在山上、山下之间建设长达 3669 米、高程相差 400 余米的轨道式登山缆车。

登山缆车的起点设在东麓海会师范，终点接三叠泉上游青莲寺经济作物站附近。令人瞠目的是，要在五老峰的第四峰和第五峰之间的沟壑间开凿隧洞穿越自然山体，遭到了不少专家的强烈反对。1998 年 2 月，23 位专家联名发出了制止在五老峰修建缆车的呼吁书，并分别呈递建设部和国务院，引起了中央领导的极大关注，才使该项工程暂时搁置下来。

4. 洋洋大观的东林大佛景区

东林寺“寺当庐山之阴，南面庐山，北倚东林山……中有大溪，自东而西……入门为虎溪桥，规模甚大”，它始建于东晋太元十一年（公元 386 年）。据称规模最大时曾占地数千亩，但目前仅剩 300 余亩。东林寺的建筑也几存几废，目前的殿宇大多为改革开放后重建，不少专家对其规模和形式已有争议，认为不符合庐山地区传统的“舍宅为寺”、朴素淡雅的寺庙建筑风格，过于华丽和高大。庙内华表、动物、雕饰等小品设施也欠周密考虑。受全国快速发展大环境的影响，特别是受江苏无锡灵山大佛景区建设的启示，东林寺有关管理部门也开始大力筹措资金，准备投资 3 亿元人民币，建设东林大佛景区，包括佛像景观区、东林修学－弘法区、综合服务区三大部分。其中，佛像景观区内将竖立总高 60 余米（含基座）的阿弥陀佛铜像，综合服务区内有东林宾馆、素菜馆、超市、停车场、雁门市（佛教文化用品街）等各类旅游服务设施。整个景区占地 1000 余亩，以东林寺新建广场为核心，沿环山公路展开，并一直蜿蜒突入庐山山体剪刀峡峡谷内。目前规划已编制完成，正处于审查报批阶段。

5. 星罗棋布的山上开发项目

按照 1996 年 4 月 18 日江西省第八届人民代表大会常务委员会第 21 次会议通过的《江西省庐山风景名胜区管理条例》，庐山风景名胜区包括庐山山体和石钟山、长江－鄱阳湖水上景区以及龙宫洞、浔阳景区、东林寺等外围景区。其中庐山山体（约 282 平方千米，若以环山公路为界，则为 302 平方千米）的保护、规划、建设和管理由庐山管理局负责，外围景区由所在区、县政府负责，但接受庐山管理局的指导、监督。

实际上，由于复杂的行政区划问题，庐山管理局的实际有效管理面积仅仅是山上以牯岭为中心的 46 平方千米。当然必须承认，这部分地区是整个庐山风景区中风景资源最集中、环境管理最有水平、旅游开发最充分的部分。近些年来，为了丰富和完善山上部分的旅游内容，改善职工的生活条件，并整治景观环境，庐山管理局不遗余力地在自己的管辖范围内做了大量设想，如在牯岭北女儿城规划新的职工住宅区，在牯岭南扩建玄妙观，在牯岭西建仰天坪度假村和国际会议中心，在三叠泉上开发青莲谷接待设施，在花径景区内重建大林寺等。但这些规划项目由于大多涉及敏感的生态和文化保护问题而搁置下来。

（二）旅游发展停滞不前

庐山是江西省最重要的旅游资源，是江西省旅游发展的龙头。从广义的旅游业概念上讲，庐山旅游起步很早，自汉代始，文人雅士就接踵而来，使庐山成为享誉海内的文化名山和风景名山。改革开放后，经过20多年的发展，庐山现代旅游业已经发展得相当成熟，无论是旅游经济综合实力还是旅游基础设施的建设，庐山在国内各风景名胜区中均处于领先地位，并成为首批国家4A级旅游区。

然而，作为我国最早的传统旅游目的地之一，在国际国内旅游形势飞速发展变化的大环境下，庐山的旅游也明显存在诸多不足，其中不少问题和危机已经迫在眉睫，总体形势不容乐观。

20世纪80年代电影《庐山恋》的放映，使庐山迅速成为中国最具大众知名度的旅游区之一，形成了改革开放以后庐山旅游的第一次高潮。然而近些年来，从到访的旅客数和客源市场分析，庐山的知名度、影响力已大不如从前。在我国旅游事业全面发展的今天，庐山旅游却进入了一个增长的停滞期。据《江西省旅游业发展总体规划》（2001—2020）分析，1988～1999年，庐山年游客量一直在60万～90万人次之间徘徊，始终未能有所突破，年均增长率仅为1.27%，而同期黄山的增长率却为9.58%。从游客来源构成分析，其吸引力的辐射范围也有所缩小，特别是对海外游客的吸引下降得非常严重。例如，1979年到庐山旅游的海外游客是到黄山旅游的10倍，而到1999年，海外游客数仅为8359人次，为黄山同期8 7902人次的10.5%。

此外，庐山游客分布的时空特征非常明显。首先季节性很强，上山游客主要集中于6～8月，另外在每年的“五一”和“十一”形成高峰。据多年统计，每年5～10月，游客数达到全年的80%。空间分布上也极不均匀，山上各景点经常人满为患，仙人洞几乎形同闹市，看三叠泉先要看“人叠人”，牯岭完全成了车水马龙的“小县城”，经常发生交通拥堵，高峰时竟绵延5000米。但山下各景点却常常门可罗雀，一些风景很好、开发条件也不错的景区景点，如碧龙潭、石门涧、姑塘海关、星子县城等，少有人光顾。

三、问题的核心——“一山五治”

从表面上看，庐山的问题纷繁复杂，有保护的问题，有发展的问题，难有头绪，但实际上仔细一分析，都与管理体制有关。

由于历史遗留的问题，庐山形成了“一山五治”的局面。直接参与庐山风景名胜区管理的有庐山管理局、九江市庐山区、九江县、星子县、庐山自然保护区、庐山垦殖场（垦殖场已于2006年划归庐山管理局管辖）等多家单位。立场不同、利益之争，导致庐山的保护和开发问题丛丛。

例如闹得沸沸扬扬的莲花洞别墅事件，据当事人莲花洞林场场长申辩，他们卖地给他人实在是不得已而为之。因为从1995年开始，当地村民和垦殖场职工先后被禁止挖山采石和砍伐林木，村民的基本生存问题日显突出，所以他们只好挑选一些“原有的荒地”卖给一些有兴趣和有经济实力的单位、个人，以解决燃眉之急。据介绍，卖地所得款项除支付土地原使用者的经济补偿之外，主要用来照顾残疾人和五保户。另据庐山垦殖场报告，它们负责了占全山60%以上的林地养护任务，而庐山风景名胜区每年数以亿计的门票和营业收入他们几乎难能分到一杯之羹，这严重挫伤了他们养林护林的积极性。

山下各区县、各乡镇也面临类似情况。由于片面的宣传以及缺乏全面有组织的游客引导，旅游旺季山上各景点人满为患的时候，山下各景点游客却稀稀落落。而实际上山下许多景点都具有极高的观赏价值，不必说著名的白鹿洞书院、东林寺、秀峰瀑布，即使是星子县城内的点将台、紫阳堤、姑塘镇的姑塘海关、鄱阳湖滨等知名度较低的景点其景观也是令人叹为观止，绝不逊于山上诸景点。但由于缺乏资金、人才、影响力，这些景点并未得到很好的开发。山下各乡镇未能从旅游开发中得到好处，只能采取最原始的方式“靠山吃山”，以伐木、采石、卖地为生。

由于有效管理范围的束缚，山上管理局管辖部分同样也面临难处。由于时代的发展和兄弟景区的竞争，庐山管理局不得不在自己实际管辖的46平方千米之内绞尽脑汁，想尽一切办法探讨改善和扩大旅游环境的可能性。例如，他们在青莲谷、仰天坪、女儿城、金竹坪、朝阳沟等地均做过各种各样的规划设想，如建会议中心、建度假村、盖家属宿舍等。但大多被有关专家和主管部门否定，因为这些地段不是地处景观水源上游，就是气候环境不佳，或者场地狭小，根本不适宜开发建设。这种情况使得庐山管理局纵有万般设想，也难有施展空间。且不提改善和提升旅游接待条件，就是本局职工的住宿问题也面临很大困难。

由于缺乏整合，一方面，很多很好的景区景点未得到充分利用，如近年开发的石门涧、碧龙潭等难有游客；另一方面，仍有不少单位各自为战、大兴土木，如东林寺扩建、简寂观重修、星子“山南百里长廊”等，颇有点硝烟四起、四面楚歌之势。但这些景点建设重复性严重，缺乏对客源市场的论证，很多规划还有悖于自然生态与历史文化保护。

因此，不及时从空间规划、管理体制上对整个庐山风景名胜区进行整合，庐山风景名胜区的保护和发展必将面临严重的问题。

四、整合——新时代庐山的可持续发展之路

从庐山现存的以上问题可以看出，要从根本上解决庐山生态和文化保护的问题，从根本上解决旅游发展滞后的问题，整合是不得不采取的必由之路。整合包括两方面的任务：一是物质空间上的整合，二是社会资源和管理体制的整合。

（一）整合自然资源，形成集团优势

庐山景观资源的特点是种类与数量众多、空间分布极为广泛，具有价值和知名度的景点不少，但没有哪个景点能独立代表庐山景观资源的全部特色。另外，庐山东侧即是中国最大淡水湖——鄱阳湖，北侧是中国第一大江——长江，附近九江市区、湖口县境内也有不少好景点，如能将它们整合起来，发挥

各自优势，形成系统的旅游资源，实现“山—江—湖—城”一体化，将会使庐山成为全国乃至全世界独一无二的集自然风貌与人文景观于一身的山岳湖泊型风景名胜区。这是庐山在日趋激烈的旅游市场竞争中的最大优势。同时，通过这种整合，厘清保护与开发的界限，对庐山的自然生态和历史人文保护也大有益处。

（二）整合社会资源，理顺管理体制

当然，解决任何问题，首先要解决人的问题。由于历史遗留的问题，形成了目前“一山五治”的状况，造成了区域、单位之间在责任上的不同、收益上的不同和观念上的不同。立场的不同，导致整合的难度很大，每个方面、每家单位都想在整合的过程中寻求自身利益的最大化。

必须明确庐山是江西人民的庐山，是全国人民的庐山，是世界的文化景观遗产，每个单位或个人都有责任为庐山的长远保护和发展做出必要的让步与牺牲。而实际上，只要庐山做到了整合，保护好了生态和文化资源，充分挖掘了旅游潜力，就一定会实现各方面共赢的局面。

当然，在当今建设和谐社会的大背景下，我们又不得不充分体谅和理解各有关单位、个人的难处，充分理解他们的生产生活和庐山唇齿相依的关系，应采取合适的方式，如土地、资源入股，参与经营和建设以至现金补偿等来尽可能地降低整合给他们带来的损失。

但无论如何，管理体制一定要理顺，无论采取何种形式，都要保证新的庐山管理机构能真正在国务院批准的庐山风景名胜区全境内履行有效的保护、规划、开发、管理的职能。

五、大庐山——三大基地、四大片区、五个保护区

根据整合的总体思想，庐山在物质空间上将形成“三大基地、四大片区、五个保护区”的保护与发展的整体格局。

（一）三大基地

1. 牯岭高品位传统旅游观光基地

牯岭是目前庐山风景名胜区的核心，以它为中心分布有庐山风景名胜区的许多著名景点，如剪刀峡、仙人洞、大天池、小天池、三宝树等。特别是自19世纪末李德立在牯岭长冲建造别墅以来，牯岭逐渐成为一个有1万左右人口的“空中”集市，有“人间天堂”之美誉。民国时期，这里是国民党政府的“夏都”。中华人民共和国成立后，我党又先后在此召开了3次重要的会议。因此，无论从近代别墅的物质形态还是现代史中的许多人物事件都可以看出，牯岭具有极其重要的历史文化价值。但目前的牯岭集庐山旅游、度假、管理、交通等多功能中心于一身，处处人满为患，房屋数量与日俱增，每逢节假日，更是交通拥堵，完全变成了一个普通的繁华集镇。

在庐山管理局下迁、海会温泉两基地兴起之后，牯岭的功能将得到分解，管理、交通中心地位将不复存在，旅游、度假中心地位也仅为“三者之一”。经过整理、优化，拆除质量不好、风貌不佳的建筑，内外装饰具有特色的别墅之后，牯岭将成为庐山高品位旅游度假基地。其接待设施不见得大、不见得豪华，但与普通享受型度假基地相比，它拥有更良好的自然与生态环境，拥有更深厚的历史文化底蕴。当然凭借这两点，它的接待价位也应是较高的。这样有利于对山上滞留游人的控制，也有利于山上的环境保护。

2. 海会高档次新兴运动度假基地

海会依山濒湖，西侧背后即是庐山代表性景观之一五老峰。五老峰为庐山第二高峰，上横苍穹，下压彭蠡，断崖绝壁，直立千仞。李白曾作诗曰“庐山东南五老峰，青天削出金芙蓉。九江秀色可揽结，吾将此地巢云松”，并赞叹道：“予行天下，所览山水甚富，然俊伟诡特，鲜有能过之者，真天下之壮观也。”区内还有海会寺、海会师范等历史古迹，周边更有三叠泉、白鹿洞书院、碧龙潭、姑塘海关等著名景点。在环山公路之外、海会镇以东与鄱阳湖之间有大片呈缓坡状的滩涂地，非常适于建设层数不高的旅游宾馆和度假别墅，并开发高尔夫球场、游艇俱乐部、越野自行车场、高空滑翔场等。因此，这个地方完全可以参照国内外最先进的旅游设施规划，建设最高档的运动度假基地，以满足当代年轻人的运动娱乐需求。它将成为庐山旅游度假与时俱进的一个新亮点，代表了21世纪庐山旅游度假的新标准，使庐山永远立在时代的潮头，引领生活和消费的时尚。当然它也将成为庐山乃至江西全省旅游经济发展的火车头和排头兵。

3. 温泉有特色康体休疗养基地

庐山旅游目前最大的问题是时空分布不均，季节性很强。海会基地的建设将大大缓解牯岭山上的旅游压力，拓宽旅游经济发展的空间，但仍未从根本上解决冬季旅游萧条的问题。当然，山上部分面向港澳游客开展赏雪、观雾凇等活动不失为一种有益的尝试，但在山下建设温泉旅游度假基地是更有力的补充。

温泉（镇）地处环山公路南缘，西侧紧邻昌九高速公路和京九铁路，对外交通便利，区内及周边有归宗寺、康王谷（桃花源）、醉石、玉帘泉、秀峰（庐山）瀑布等景区景点。最为可贵的是，本地富含丰富的温泉资源，仅据庐山天沐温泉度假村一点探测，即有日出水量5000吨，出口水温高达72.5℃。泉水温高、质清，是全国最大的富氡温泉，富含钙、镁、硫、钾等二十余种有益于人体健康的矿物质和微量元素，素有“江南第一温泉”之美誉。

庐山温泉的开发利用源远流长。早在唐宋时期，白居易、苏轼、朱熹就曾到此游历，明代李时珍在其所著《本草纲目》中对庐山温泉的泉质、疗效也有详细记述。20世纪50年代以后，江西省总工会等单位也在此建有疗养设施。近段时期以来，温泉的开发更得到星子县委县政府和有关投资公司的高度重视，他们组织编制了有关规划，开发建设了天沐温泉度假村等高档休疗养设施，吸引了赣、鄂、皖、湘、粤等各省游客，取得了很好的经济效益和社会效益。可以相信，经过进一步的规划、开发与建设，温泉（镇）将成为庐山有特色的以休闲疗养为主要功能的旅游度假基地，以缓解游客登山爬坡的疲劳，改善庐山冬季旅游不佳的状况。同时适度建设一定规模的休疗养社区，以迎接中国老年化时代的到来。

（二）四大片区

庐山景点多而散，品位高但分布广，这是庐山旅游资源的特点。目前的“一日游”大多集中在山巅，山下的景点并未得到很好的利用。随着“三大旅游基地”的建设，这种状况将得到改善。依托各个基地以及相关城镇，庐山各个景区景点将被组织成“四大片区”，以集团化优势推向市场。

1. 牯岭片区

牯岭片区即庐山目前的核心片区，它以牯岭镇为基地，辐射了大小天池、东谷别墅、庐山植物园、芦林湖、如琴湖、含鄱口、黄龙潭、黑龙潭、锦绣谷、仙人洞、剪刀峡、龙首崖、御碑亭、三宝树等景区景点，大致与2005年庐山管理局的实际管辖范围相吻合。[①]该片区以观光旅游、科普和文化考察为主要功能。

2. 东麓片区

东麓片区以规划中的海会基地为核心，西观三叠泉瀑布和五老峰，南连白鹿洞书院和观音桥、太乙村，北达碧龙潭和姑塘海关，东濒烟波浩渺的中国最大淡水湖——鄱阳湖。它是以体育健身（如高尔夫、攀岩、高空滑翔、野外自行车），水上活动（赛艇、帆板、湖上渔家、游艇），自然与文化观光等为主要功能的综合性、现代化旅游度假片区。

3. 山南片区

山南片区以温泉（镇）为基地，沿环山南路自西向东分布有康王谷（桃花源）、醉石、玉帘泉、归宗寺、庐山秀峰（马尾、黄岩）瀑布等景区景点，并包括星子县城内的落星墩、点将台（鼓楼）、朱公坡等人文古迹。这个片区基本都处于星子县域范围之内，是以秀峰瀑布为主景，以温泉为接待基地，包括了农家乐（康王谷）、历史文化名城观光（星子县城）、温泉休疗养等多方面内容的片区。

4. 西麓片区

西麓片区地处庐山的西北角，它以九江市庐山区的莲花镇为基地，包括了莲花洞、好汉坡、东林寺、西林寺、石门涧等景点，以及外围和九江市区内的岳母墓、陶渊明祠、甘棠湖、浔阳楼、锁江楼、九江长江大桥等景区景点。它是以宗教朝拜（东、西林寺）、登山比赛（好汉坡）、城市旅游（九江）为主要

① 2005年12月28日九江市人民政府发文将庐山垦殖场等4家单位划归庐山管理局，使其实际的管辖范围由原来的46平方千米扩大到129.3平方千米。

内容的旅游片区。

（三）五个主要保护区

庐山地区留有众多灿烂的人文古迹，同时又保持着良好而独特的自然生态。庐山素有“绿色宝库”之称，植物品种多达5500种以上，且不少是珍稀保护物种。保护好庐山完整而独特的人文、自然环境既是对全人类义不容辞的责任，也是江西省未来旅游赖以生存发展的基础。

1. 大汉阳峰生态保护区

它以大汉阳峰为中心，包括龟背峰、五老峰、马耳峰、永坡山、大步岭、筲箕洼、百药塘等面积共达28.72平方千米的区域。区域内包括庐山自然保护区的核心保护区。该地区人烟稀少、山势陡峭、种源丰富，特别是百药塘一带天然林占到65%以上。

2. 铁船峰－道洼尖生态保护区

它是指石门涧之南的铁船峰、牧马场、道洼尖山一带，面积约2.06平方千米。该地区地形复杂、自然植被丰富，区内有庐山硕果仅存的落叶阔叶林、常绿阔叶林和落叶常绿阔叶混交林。

3. 大月山－大坳尖生态保护区

该保护区位于三叠泉、九叠谷之北、碧龙潭以南的铃岗岭、牛角栋、彭山、大月山一带，面积约为8.28平方千米。此区域是碧龙潭景区和三叠泉瀑布的主要水源地。区内森林覆盖率达80%以上，以人工次生林和人工林为主。

4. 东谷史迹保护区

东谷史迹保护区地处牯岭长冲河谷地带，以受近代西方文化影响的别墅群为主要景观资源，包括美庐、庐山会议旧址、国共两党领导人旧居以及庐山电影院、早期宗教建筑等。它是考察中国近代史的重要实物资料，同时其建筑设计和社区规划也有重大的艺术和科技价值。

5. 观音桥史迹保护区

观音桥是全国重点文物保护单位，是我国宋代石作单拱桥的杰出代表，在中国桥梁发展史上占有重要地位。在其附近还有三峡涧、栖贤寺、太乙村等自然景观和历史古迹。

在这些自然与人文保护区内应严禁任何新的建设活动。

六、实现整合应采取的相关举措

（一）调整庐山风景区的范围

1992 年，根据 1982 年编制的庐山风景名胜区首轮总体规划，国务院复函明确规定："庐山风景名胜区以庐山环山公路为界，东至蛤蟆石，南至温泉，西至通远，北至濂溪墓，总面积 302 平方千米（计算机实测为 358 平方千米），并包括浔阳（九江）、龙宫洞、石钟山和长江—鄱阳湖水上等外围景区。"

根据有效管理的现实可能性，同时考虑到庐山保护与利用的更佳空间范围，以做到"山—江—湖"整合，我们建议：庐山风景名胜区范围西、北、南仍以环山公路为界，东跨环山公路至鄱阳湖边，并舍弃九江市区内、龙宫洞、石钟山等外县（市）景区，形成一个山湖相连的整体管理范围，总面积约 453 平方千米。

（二）理顺管理体制

庐山目前有"一山五治"之说。1996 年通过的《江西省庐山风景名胜区管理条例》规定，"江西省庐山风景名胜区管理局为省人民政府管理庐山风景区的行政机构，按省人民政府的规定负责庐山山体的保护、规划、建设和管理。外围景区由所在地县、区人民政府负责管理，景区的保护、规划和建设应当受庐山管理局的指导、监督"。但现实的情况是，庐山管理局仅仅对山上的 46 平方千米（大致与牯岭镇域范围相吻合）拥有实际的管辖权，山下的部分大多由所在地地方政府掌控。由于旅游开发的利益之争，山上山下矛盾很大。

根据国务院颁布的《风景名胜区管理条例》，"国务院建设主管部门负责全国风景名胜区的监督管理工作。国务院其他有关部门按照国务院规定的职责分工，负责风景名胜区的有关监督管理工作。省、自治区人民政府建设主管部门和直辖市人民政府风景名胜区主管部门，负责本行政区域内风景名胜区的监督管理工作。省、自治区、直辖市人民政府其他有关部门按照规定的职责分工，负责风景名胜区的有关监督管理工作。”因此，必须做到使新的管理机构能真正在整合后的庐山风景名胜区范围内实施有效的管理权。

另外，在整合管理体制的过程中，要做到“两分开”，即政企分开、保护与发展的主体分开。庐山的管理机构作为一级政府或政府派出机构，不应直接参与景区景点的旅游开发工作，而应作为一个执法监督机关，作为公众利益的代表，主要负责庐山的保护、规划和管理工作。商业性质的旅游开发项目可交由市场，由具体的独资公司或股份合作公司运行和操作，但他们的行为必须接受庐山管理机构的监督和指导。

值得庆幸的是，庐山市在千呼万唤后终于成立了，这就为整合自然资源与社会资源提供了可靠保障和平台。

（三）优化建设项目

由于缺乏统一规划、缺乏整合的管理体制，庐山目前的旅游开发可谓山上山下遍地开花。从东林寺的扩建、石门涧的开发、碧龙潭的营运到海会与温泉镇的规划、星子“山南百里长廊”、康王谷“桃花源”设想乃至山上“螺蛳壳里做道场”的仰里坪、青莲谷接待项目、玄妙观与清真寺扩建等，真是不一而足。每个单位都在做自己的打算，都希望在自己有限的空间里创造无限的商机。但这样的结果必然导致重复建设和无序竞争，规划和建筑水平参差不齐，规划原则和目标或重复雷同或背道而驰，完全不利于庐山的整体保护和真正有效的开发利用。

在庐山实现物质空间和管理体制的整合之后，一些重大的问题必须得到明确的答复，相关的中小项目在总体原则指导下，也能迎刃而解。主要工作包括以下几方面。

（1）停止庐山管理局拟议中的大汉阳锋、铁船峰地区的旅游开发和仰天坪会议中心的建设，以保护生态保护区的自然资源。

（2）拆除青莲寺至三叠泉的轨道缆车，停止规划中的青莲谷接待站的建设，以保护三叠泉的上游水源。观赏三叠泉主要改由海会一侧的庐山东门进入，这样更有利于游客体会三叠泉直落千丈的宏大气势，并有利于带动海会地区的发展。

（3）鼓励和支持海会基地的发展，但新增建设项目应安排在环山公路以外，并充分考虑观山（五老峰）、观湖（鄱阳湖）的景观视廊和通道。

（4）鼓励和支持温泉基地的发展，但康王谷地区应保持阡陌纵横、世外桃源般的农家气氛，不应寺庙化、城镇化、现代化。

（5）整治莲花镇周边地区环境，优化与十里铺及九江市区的联系，改建庐山西北大门，组织好汉坡登山比赛，使历史上的“民国第一道”重新焕发生机。

（6）原则上不鼓励新的景区、景点的开发建设，把工作重点集中于整合现有开发项目，使已有的资源（如石门洞、碧龙潭等）能尽快得到经济回报。

（7）原则上不支持旧有寺庙的扩建、改建，重在根据现状条件，发挥不同思路，创造风格不同的人文景观，既有令人叹为观止的宏大庙宇，也有让人发思古之幽情的残垣断壁。

（8）牯岭地区的房屋只拆不建。随着庐山管理机构的下迁及相关学校、医院、住宅的外移，拆除破败的现有建筑，腾出被居民占据的历史别墅，经维护修缮作为高层次的旅游接待设施。

（9）山上的道路重在维护，不再扩建，水、电、暖等基础设施不再增容。但山下特别是海会、温泉、威家、莲花镇等地区要进行高档次规划建设，以吸引山上的游客和居民下迁。

总之，要通过一系列手段，将庐山总体规划的指导思想落到实处，从而避免总体规划成为仅仅“纸上画画”“墙上挂挂”的一纸空文。

七、结语

庐山是江西的名山、祖国的瑰宝、世界的文化景观遗产，承担了太多的责任，也凝聚了国人的期盼。庐山规划建设的好坏不仅在江西省内具有示范作用，对全国乃至全世界风景名胜区的保护与发展也有重大的影响，因此必须以新时代的战略思想为指导，按照科学发展的观点、与时俱进的原则，创建符合 21 世纪的新庐山。

（一）总体规划要做到三个“度”

首先，规划立意要有高度。苏轼在《题西林壁》中写道：“横看成岭侧成峰，远近高低各不同。不识庐山真面目，只缘身在此山中。”如果仅仅从一时一地的利益出发，规划建设的立意必会失之偏颇。因此，总体规划要站在整个庐山的高度，要看到当今世界的发展潮流，高瞻远瞩，才不会一叶障目，才能真正编制出符合庐山整体利益和长远保护与发展目标的总体规划。

其次，现状分析要有深度。庐山地域广阔，涉及人、物众多，各方利益盘根错节，历史与现状问题错综复杂，因此必须深入细致地调研，找出问题的症结，理出有效的解决方法。

最后，提出措施要有力度。总体规划是庐山长期保护与发展的整体策略，但在具体文本中要把相关措施落到实处，使有关各方一目了然、有章可循，这样才不至于使总体规划文件被束之高阁，成为一纸空文。

（二）要有科学发展的观点

当今中国，发展是硬道理，庐山也不例外。任何撇开发展大谈保护的观点和做法都是有失公允、难有效力的。以人为本，任何对自然资源的保护都是以促进人类社会的发展和幸福为其终极与最大目标。在倡导庐山地方人民从国家整体利益、庐山长远利益看问题的同时，我们也不能不关注地方和谐社会的建设。只有发展的问题解决了，保护的措施才能成为有源之水、有本之木。这也是庐山总体规划一再强调通过海会、温泉等山下部分的发展来促进和引导山上保护的原因。实际上，随着地方经济的发展和城市化的快速进程，九江市区、星子星城等的发展也有利于吸纳庐山山上过多的人口和功能。

（三）要有与时俱进的观点

鲁迅先生曾说过一句话“北大是常为新的”，实际上这句话赋予庐山也非常合适。庐山在中国历史发展的各个阶段总是站在时代的潮头，它从一个侧面浓缩了中华文化的发展史。胡适先生曾说：庐山的三处史迹分别代表了中国文化发展进程中的三大趋势。20 世纪以来，庐山在中国政治舞台上又上演了一出出历史大剧，甚至在改革开放初期，一部《庐山恋》的电影不知给国人带来了多少清新的空气。当今时代，生态环境与历史文化保护渐趋主流，康体健身已成时尚，养老休闲产业方兴未艾，许多重大政治与经济目标还有待我们实现。如果我们能审时度势、创造条件、抓住机会，一定会使庐山再次成为人们瞩目的焦点和学习的榜样。可以说，庐山各方面条件都是具备的，只是尚缺人为的努力。

（四）不怕困难，志在必得

有人说："庐山总体规划给我们描绘了很好的前景，但实施起来实际困难很大。"但"世上无难事，只要肯登攀"，任何美好的事物都不可能易如反掌地得到，我们必须要有一种大无畏的革命精神。毛泽东同志曾题诗曰："暮色苍茫看劲松，乱云飞渡仍从容。天生一个仙人洞，无限风光在险峰。"当时时值三年困难时期，困难众多。彼时彼地，主席满怀忧愤和苍凉，但仍不失必胜的决心。当今时代，国富民强、政通人和，可调用的人力和资源极其丰富，难道我们面对小小的庐山还有什么克服不了的困难吗？"有志者事竟成"，相信有全国人民的大力支持，有庐山全体人民的共同努力，我们一定能够迎来21世纪庐山更加灿烂辉煌的明天！

主要参考文献

安旗，薛天纬. 1982. 李白年谱. 济南：齐鲁书社.

北京清华同衡规划设计研究院文化遗产保护研究所. 2013. 全国重点文物保护单位庐山会议旧址及庐山别墅群保护规划.

北京清华同衡规划设计研究院文化遗产保护研究所. 2013. 世界文化遗产庐山保护总体规划（2013—2030）.

卞显红. 2011. 基于自组织理论的旅游产业集群演化阶段与机制研究——以杭州国际旅游综合体为例. 经济地理，31（2）：327-332.

卞显红. 2011. 旅游产业集群成长阶段及持续成长驱动力分析——以杭州国际旅游综合体为例. 商业经济与管理，（12）：84-91.

陈雯婷，金权杰，陈澄. 2011. 基于城市化背景下的旅游综合体研究. 现代城市，6（2）：28.

单霁翔. 2009. 文化景观遗产的提出与国际共识（二）. 建筑创作，（6）：189-191.

单霁翔. 2008. 实现文化景观遗产保护理念的进步. 北京规划建设，（5）：116-121.

董双兵，翟蕾，翟燕. 2011-05-30. 生态旅游综合体发展模式探讨. 中国旅游报：007.

杜向风. 2012. 地产开发模式转型升级背景下的旅游地产规划设计. 世界家苑，（10）：91-92.

冯立梅，蒋晓伟，刘小英，等. 2003. 庐山旅游气候资源评价及深度开发. 江西师范大学学报（自然科学版），（4）：173-176.

冯铁宏. 2004. 庐山早期开发及相关建筑活动研究（1895—1935）. 北京：清华大学硕士学位论文.

贺伟. 2006. 会讲故事的庐山别墅. 南昌：江西美术出版社.
贺小梅，郑林，王艳珍，等. 2011. 庐山旅游映象研究. 经济地理，31（3）：523-527.
胡海辉，王鹏谨，张丽丽. 2007. 庐山风景区生态旅游现状分析及发展对策. 东北农业大学学报（社会科学版），（1）：44-46.
胡适. 1928. 庐山游记. 北京：商务印书馆.
胡宗刚. 1997. 胡先骕与庐山森林植物园创建始末. 中国科技史料，18（4）：73-87.
胡宗刚. 1998. 从庐山森林植物园到庐山植物园. 中国科技史料，（1）：62-74.
简·雅各布斯. 2006. 美国大城市的死与生. 金衡山译. 南京：译林出版社.
金冰心. 2014. 国内旅游综合体开发模式研究. 上海：上海社会科学院硕士学位论文.
金涛声. 2015. 李太白诗传. 成都：巴蜀书社.
经真. 2014. 庐山牯岭近代建筑文化景观价值研究. 北京：北方工业大学硕士学位论文.
肯·泰勒. 2007. 文化景观与亚洲价值：寻求从国际经验到亚洲框架的转变. 韩峰，田丰译. 中国园林，（11）：4-9.
李德立. 1932. 牯岭开辟记. 文南斗译. 九江：庐山眠石书屋.
李南. 2011. 莫干山——一个近代避暑地的兴起. 上海：同济大学出版社.
李四光. 1947. 冰期之庐山. 南京：中央研究院地质研究所专刊.
李小波，陈喜波. 2006. 城市景观的本土化解读与旅游意义. 成都：四川大学出版社.
刘易斯·芒福德. 2005. 城市发展史——起源、演变和前景. 宋俊岭，倪文彦，译. 北京：中国建筑工业出版社.
卢娜. 2011. 世界遗产视野下的庐山文化景观解读及旅游意义. 成都：四川师范大学硕士学位论文.
庐山遗产申报编辑委员会. 1996. 庐山世界遗产申报文本. 庐山风景名胜区管理局.
罗时叙. 2005. 人类文化交响乐——庐山别墅大观. 北京：中国建筑工业出版社.
玛丽安娜·鲍榭蒂. 1996. 中国园林. 闻晓萌，廉悦东译 . 北京：中国建筑工业出版社.

欧阳怀龙，欧阳芊. 2003. 庐山的建筑文化与中国历史发展大趋势. 建筑史，(3)：180-193.
欧阳怀龙. 1998. 庐山近代建筑史研究和世界自然与文化遗产的申报//汪坦，张复合. 第五次中国近代建筑史研究讨论会论文集. 北京：中国建筑工业出版社.
欧阳怀龙. 2012. 从桃花源到夏都——庐山近代建筑文化景观. 上海：同济大学出版社.
潘善环. 2013. 创意型旅游综合体开发理论模型研究. 旅游论坛，6(3)：6.
彭开福，张复合，村松伸，等. 1993. 中国近代建筑总览·庐山篇. 北京：中国建筑工业出版社.
钱毅. 2001. 庐山牯岭近代建筑的保护与再利用研究. 北京：清华大学硕士学位论文.
钱云. 2005. 庐山度假旅游地的形态演变与更新研究. 北京：清华大学硕士学位论文.
清华大学. 2012. 庐山风景名胜区总体规划(2011—2025).
清华大学建筑学院城市规划系. 2001. 庐山西谷控制性详细规划.
沈琳. 2013. 旅游综合体发展模式与发展路径研究. 上海：复旦大学硕士学位论文.
释观行. 2002. 庐山寺庙知多少. 庐山：归元寺.
孙志升. 2002. 到北戴河看老别墅. 武汉：湖北美术出版社.
陶渊明. 1997. 陶渊明集. 沈阳：辽宁教育出版社.
藤森照信. 2010. 日本近代建筑. 黄俊铭译. 济南：山东人民出版社.
王炳照. 1998. 中国古代书院. 北京：商务印书馆.
王希江，王铁. 2012. 北戴河建筑. 北京：中国建筑工业出版社.
吴必虎，徐婉倩，徐小波. 2012. 旅游综合体探索性研究. 地理与地理信息科学，28(6)：96-100.
吴宗慈. 1996. 庐山志(上册). 南昌：江西人民出版社.
向岚麟，吕斌. 2009. 文化地理学视角下的文化景观研究进展. 人文地理，(6)：7-13.
熊玮，徐顺民，张国宏. 2005. 庐山. 南昌：江西美术出版社.
徐顺民，熊炜，徐效钢，等. 2001. 庐山学——庐山文化研究. 南昌：江西人民出版社.

叶永忠，李培学，瞿文元. 2014. 河南鸡公山国家级自然保护区科学考察集. 北京：科学出版社.

易红. 2009. 中国文化景观遗产的保护研究. 咸阳：西北农林科技大学硕士学位论文.

张国强，贾建中. 2003. 风景规划——《风景名胜区规划规范》实施手册. 北京：中国建筑工业出版社.

张辉. 2011. 关于庐山现代旅游发展的思考. 企业经济，(5)：154-156.

张辉. 2011. 近代中西文化交流背景下庐山牯岭的发展与变迁研究. 城市发展研究，18(9)：67-70.

张乐华，王凯红. 2005. 庐山植物园在中国近现代园林建设中的地位. 中国园林，(10)：19-23.

张雷. 2008. 营造庐山别墅的故事. 南昌：江西美术出版社.

张其兵，赵追. 2010. 环庐山游憩带研究. 国土与自然资源研究，(1)：67-68.

张若阳. 2012. 我国旅游综合体开发模式研究. 济南：山东大学硕士学位论文.

钟旭东. 2013. 白鹿洞书院建筑环境浅析. 建筑与文化，(8)：50-52.

种昂. 2014. "公地"庐山. 经济观察报，2014-05-05：09.

周銮书. 1981. 庐山史话. 南昌：江西人民出版社.

周銮书. 2002. 天光云影——周銮书文集. 南昌：江西教育出版社.

周文斌，万金保，郑博福. 2012. 江西"五河一湖"生态环境保护与资源综合开发利用. 北京：科学出版社.

Albert H S, Hammond R J. 1921. Historic Lushan: The Kuling Mountains. Hankow: Arthington Press.

Anthony D K. 1984. The Bungalow: The Production of A Global Culture. London: Routledge & Kegan Paul.

Cross G. 2012. Saratoga Springs: From genteel spa to Disneyified family resort. Journal of Tourism History, 4(l): 75-84.

Edward Selby Little. 1899. The Story of Kuling.

Elkins T H. 1989. Human and Regional Geography in the German-speaking lands in the first forty years of the Twentieth Century// Entrikin J N, Brunn S D. Reflections on Richard Hartshorne's: The Nature of Geography. Washington DC: Occasional

Publications of the Association of the American Geographers.

Fowler P J. 2003. World Heritage Cultural Landscapes 1992-2002. Paris: UNESCO World Heritage Centre.

ICOMOS-IFLA. 2009. Guidelines for Evaluating Cultural Landscape Nominations for the World Heritage List.

Livingstone D. 1992. The Geographical Tradition. Oxford: Wiley-Blackwell.

Meinig D W. 1979. The Interpretation of Ordinary Landscapes. New York: Oxford University Press.

Sauer C O. 1925. The Morphology of Landscape. University of California Publications in Geography, 2(2): 19-54.

Taylor K. 1998. From physical determinant to cultural construct: shifting discourses in reading landscape as history and ideology//Proceedings of Fifteenth Annual Conference of The Society of Architectural Historians Australia and New Zealand. University of Melbourne.

附录一 近代庐山规划大事记（19世纪末～2011年）

时间	规划内容	主持者及单位	实施情况
1896～1899年，1905年扩大	《牯岭东谷规划》(*Plan of Kuling Estate*，1905)	李德立主持，由波赫尔负责编制规划	截至20世纪30年代初，规划大部分实施，并于1919年成为民国四大避暑地（牯岭、莫干山、鸡公山、北戴河）之一
1935～1936年	《国家公园计划》	哈雄文作为庐山建筑院部设计委员会负责人	以国家公园式管理体制，于1926年成立庐山管理局，推行法制和科研，颁布《庐山森林保护法》，并严控东谷等地低密度建筑活动，形成了较完备的市政设施，为建成国民政府的“夏都”奠定了基础
1956年～	“疗养城”规划	由当时苏联专家提出构想	以“疗养城”为目标，开辟了除东西谷别墅区之外的新疗养区、院，修建了一些公园和公共服务设施（图书馆、电影院等）
1960年	庐山地区规划	陈植、陈俊瑜、黄康宇进行前期咨询，后由中南建筑设计院编制规划	对庐山风景区进行了较全面的规划，改善了牯岭镇的城市布局，进行了合理分区，对中心区进行了人口及建筑规模的控制，规划目标基本实现
1979～1988年	先进行庐山风景名胜区风景名胜资源评价，再进行庐山风景名胜区总体规划，对庐山及周边景区进行了全面系统的规划	由江西省城乡规划设计研究总院、庐山管理局建设处、同济大学联合调查，再由同济大学丁文魁教授、江西省城乡规划设计研究总院朱观海、庐山管理局建设处工程技术人员共同编制总体规划	截至2000年，规划制定的目标基本全面实现

续表

时间	规划内容	主持者及单位	实施情况
1985～1986年	庐山旅游开发规划	以日本黑川纪章为首的事务所进行编制	曾提交了第一阶段报告《庐山旅游开发规划》基本构思和第二阶段报告《江西省庐山风景名胜区观光开发综合基本计划》。因合同原因，规划未按计划完成
2000～2001年	庐山牯岭西谷中心区总规、控规、修规	清华大学建筑学院城市规划系、建筑学院历史与文物保护研究所联合进行规划竞标，中标后由清华大学建筑学院城市规划系以金笠铭、张敏为首进行此规划的编制工作	对牯岭西谷的现状进行了翔实调查，并对建筑、环境交通、公共服务及市政设施完善进行了有效改进与控制
2003～2004年	《庐山风景名胜区总体规划》大纲	由清华大学建筑学院城市规划系的金笠铭、张敏，建筑学院历史与文物保护研究所的张复合，清华大学环境学院的张鸿涛，北京林业大学园林学院的梁伊任、魏民等为主，在庐山管理局大力配合下完成	对庐山的人文及自然景观重新进行了全面调查和评估；对庐山在保护与利用上存在的主要问题进行了针对性分析；广泛征求了管理者、专家、经营者、居民、游客对庐山现状及规划的意见；提出“山—江—湖”一体化及“大庐山”的理念，以科学发展观为规划核心理念；确定了庐山规划的范围与形式；确定了庐山规划各分期目标等
2005～2012年	《庐山风景名胜区总体规划》成果编制	由清华建筑学院城市规划系、清华城市规划院的金笠铭、张敏、郦大方、胡洋，北京林业大学园林学院的梁伊任、魏民，清华大学环境学院的张鸿涛，南昌大学的万金保等为主联合团队负责编制，庐山管理局建设处规划局全力支持配合	于2012年8月住房和城乡建设部建城函〔2012〕176号《住房城乡建设部关于庐山风景名胜区总体规划的函》批复，通过国务院审批，正式实施

附录二　庐山风景名胜区规划参编人员（2002～2011年）

庐山牯岭西谷控制性详细规划参编人员（2000～2002年）

金笠铭　张　敏　郦大方　钱　毅　张复合　党安荣　张　赛　董巧巧
冯铁宏　廖志强　张晋庆　王东宇　张亚轩　王　强　张方直　杜凡丁
张柳娟　刘名瑞　苏　甦

庐山风景名胜区管理局总体规划（2011年版总体规划）修编领导小组

组　长：郑　翔

副组长：魏改生　张家鉴　朱汉浩　陈述勤　王迎春　曹光明　李延国

成　员：傅　俭　黄忠仁　蔡淼龙　李飞云　欧阳怀龙　胡映武　田姣荣
裘卫东　洪建国　邓见生　王　琅　邹范龄　王书贵　干为民
张显江　周伶玲　朱齐昌　张　鑫　杨晓兰　张　雷　周　凯

庐山风景名胜区核心景观保护规划参编人员

项目负责人： 金笠铭　郦大方　张　敏

项目参与者： 金笠铭　郦大方　张　敏　张复合　党安荣　廖志强　钱　毅　胡　洋　董巧巧　张　赛　王　强　张方直　冯铁宏　杜凡丁　张柳娟

庐山风景名胜区总体规划（2011年版总体规划）编制组

总体规划大纲编制组

规划顾问组：周维权　郑光中　沃祖全　杨　锐

项目负责人：金笠铭

规划负责人：郦大方　张　敏

专项负责人：张复合　梁伊任　张鸿涛　魏　民

编制成员：

清华大学：凤存荣　胡　洋　钱　云　冯铁宏　徐昊旻　吴春旭　苏　甦　刘名瑞　杜凡丁　黄　鲲　王宝卓　薛　柯　张雪松　孙　娜　田文军　刘　涛　陈　涛　绍金燕　张　静

中央财经大学：包胜勇

北京林业大学：陈云文　丁　宁　王婧兰　曾　伟　杨　宇

总体规划成果编制组

项目总负责人：金笠铭

规划负责人：金笠铭　张　敏　郦大方

专项负责人：梁伊任　张鸿涛　魏　民　胡　洋　万金保

编制成员：

清华大学：任胜飞　徐昊旻　王　莹　凤存荣　张晓莉　赵　英　吴春旭

邹延杰　蒋芸敏　金　喆　宁　涛　胡志宏　袁　梅　季　星
戴　荣　薛从余　许　可　马　波
北京林业大学：陈云文　丁　宁　王婧兰
中央财经大学：包胜勇
南昌大学：葛　刚　万　兴　王建永　朱邦辉　曾海燕

后 记

《问道庐山：论庐山风景名胜区规划》自组稿到成书，已历时8年了。各位作者均几易其稿，力求对庐山风景名胜区的规划有更深入准确的论述。全书收录了不同视角和不同学科的文章，试图使读者能更好地走近庐山、认知庐山、关爱庐山。

庐山是“世界文化景观”遗产，不仅是属于江西省的，也是属于全国的，更是属于全人类的。因此，规划好、管理好、利用好庐山，是一项神圣又重大的历史使命，既不能辜负江西父老乡亲的重托，也不能辜负全国人民的期盼，更不能辜负地球人的垂青。

庐山是中华灿烂文化的缩影，其景观资源弥足珍贵，其历史渊源博大精深。我们深感不仅要有严谨务实的科学精神，还必须有博采众长的人文情怀；不仅要忠实传承源远流长的历史精华，还必须紧密跟踪与时俱进的发展趋势；不仅要高度重视庐山的各种自然、人文景观要素，还必须密切关注庐山的各类人群和社区重建。只有这样，才能最大限度地把庐山的过去、现在与未来编织成一幅更加美好、更加和谐、更加科学的蓝图。

庐山的规划始终伴随着中国社会发展的进程，有很强的时代感和先进性。特别是近30余年，在国家日益开放和强盛的大背景下，庐山进一步融入了国际的发展潮流，不仅成功申报了“世界文化景观”遗产，而且人们越来越认识到科学地保护好庐山将始终是规划要坚守的使命和主题。只有科学的保护，才能实现科学的发展。

无论是科学的保护还是科学的发展，都必须有科学的管理体制和法制。科学的管理体制和法制需要国家尽快制定《国家公园法》，期待庐山成为“国家文化公园”，也期待庐山能纳入长江国家文化公园。此法将对包括庐山等一批国家风景名胜区的规划编制、管理体制及利用经营等做出明确的界定。我们期待着《国家公园法》的早日实施。

“雄关漫道真如铁，而今迈步从头越。”庐山规划任重而道远。2011年版总体规划仅仅是庐山规划接力赛中的一棒而已，这一棒要起到承上启下的作用。但由于规划编制时管理体制、规出多门、规划时效等原因，此规划还存在一定的历史局限性。本书中的论文大多为2015年前撰写，未来的庐山围绕科学保护和发展还有相当多的挑战需要去面对，还有相当多的问题需要去解决。但世上无难事，只要肯登攀。特别是进入新时代，随着庐山管理体制改革的推进，以及“多规合一”与依法治山的进一步落实，庐山的科学保护与发展势必将迎来更加辉煌的明天。

特别感谢为本轮庐山规划贡献了才智和精力的全体参与者，包括：编制庐山牯岭西谷中心区总控规、庐山核心景区保护规划、2011年版庐山总体规划大纲及总规成果的项目组全体成员；感谢为保障规划顺利实施而全力协作支持的庐山管理局总规修编领导小组全体成员；感谢在规划过程中默默无闻给予大力帮助的庐山管理局建设处的张雷、郑少强、徐文辉、魏量等工作人员；感谢积极配合我们调研工作的庐山管理局各相关机构及庐山的原住民和游客；感谢住房和城乡建设部、江西省国家重点风景名胜区总体规划编制领导小组、江西省住房和城乡建设厅、江西省各相关职能部门的大力支持；感谢住房和城乡建设部城建司的王凤武、李如生、赵建溶，江西省住房和城乡建设厅的马志武、叶澄中、丁新权等对规划编制工作的具体指导和帮助；感谢对规划编制给予指导的各位专家，他们是周维权、郑光中、沃祖全、杨锐、周銮书、王景慧、谢凝高、张国强、张家鉴、马纪群、刘管平、董光器、梁永基、唐学山、林源祥、吴人韦、朱观海、叶居新、杨明桂、刘信中、黄细嘉、姚糖、周建国等。

特别感谢在庐山总规大纲成果提交前吴良镛先生的肯定评价。感谢为本书封面题字的陈浩凯先生，为本书撰写序言的陈为邦先生、郑光中先生、沃祖全先生。感谢参加编写本书的全体编委，他们是金笠铭先生、欧阳怀龙先生、周伶玲先生、郦大方先生、魏民先生、梁伊任先生、钱云先生、钱毅先生、经真女士、李欣宇先生、凤存荣先生、胡洋先生、王莹女士、吴春旭先生、张鸿涛先生、张敏先生（以上按本书文章先后顺序排列）。感谢为本书启动提供大力支持的王东宇先生。感谢为本书制作付出无私劳动的所有编者：王莹女士、任胜飞先生、赵英女士、温颜女士、金喆女士、马小涵女士、唐予晨女士等，感谢庐山管理局建设处的张雷先生为本书提供的精美照片。感谢张复合先生、李修竹女士、刘景伟先生、杜凡丁先生、冯铁宏先生等为本书提供的有价值的资料和文献。感谢黄天其先生对本书中相关内容的指导。感谢所有编者的家人一如既往的关爱和支持。

对北京清华同衡规划设计研究院有限公司在庐山总体规划编制过程中给予的认真严谨的技术审核与把关表示衷心的感谢。

感谢科学出版社在本书编写与完善过程中始终如一的鼎力支持。

本书编写组

2020年12月5日